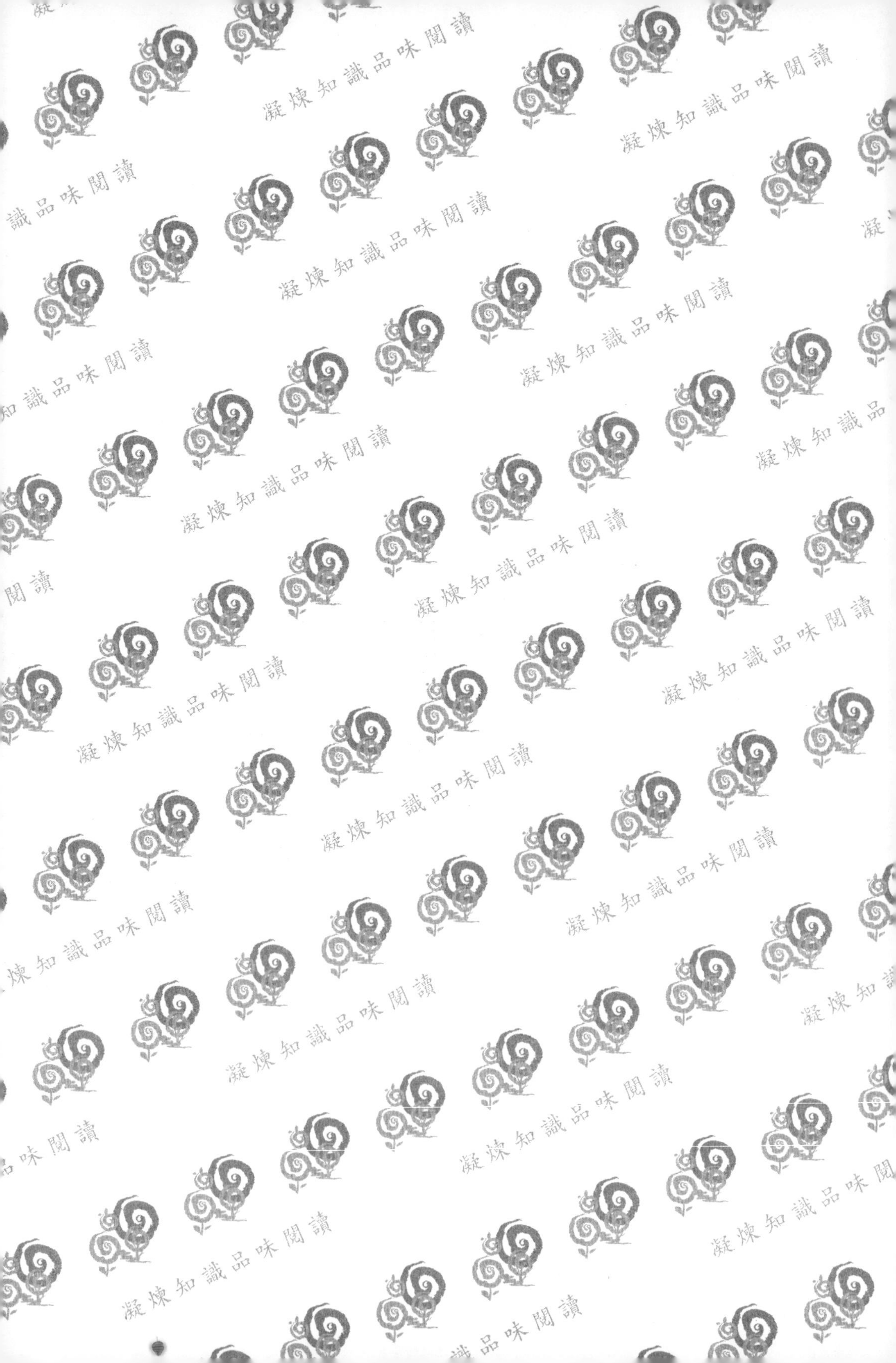
凝煉知識品味閱讀

圖解系列

圖解

作業研究

第二版

趙元和
趙英宏
趙敏希／著

五南圖書出版公司 印行

作者序

資源有限、慾望無窮乃是自然的天律。人們總是希望以最少資源獲得最大利益或以最低成本追求最高品質；這些規律也默默地推動著社會的進步。第二次世界大戰期間，一群英國科學家成功的運用數理分析方法，將有限的戰爭資源做最有效的運用。戰後許多學者、專家進一步將這些數理分析方法做更有系統的整理、改善、延伸，而形成「作業研究」(Operation Research) 一門學科。作業研究課程初期僅為工業工程或企業管理所必修，但由於作業研究技術提升及應用領域不斷擴大，以致工程、社會、醫學等各科系所陸續開課，成為培訓各種領域數理分析專才的重要課程。

作業研究課程包括實數線性規劃、敏感度分析、運輸問題、指派問題、整數線性規劃、高階線性規劃、多準則決策規劃、網路模式、計畫評核術與要徑法、動態規劃、非線性規劃，以及競賽決策等重要技術。任何作業研究領域內的一個問題，都需要經過相當冗長與繁複的特殊數學演算程序始克得解。

單純法 (Simplex Method) 是作業研究的基本演算法，惟單純法不易於有限的課堂時間內講述清楚，即使充分理解單純法的演算法則，也甚難以手工演算而可迅速求解，因此必須藉助於電腦軟體。所幸，在你的個人電腦裡的微軟公司 Excel 試算表軟體內，附有一個「規劃求解」增益集，可以輕易地解決絕大部分的線性規劃問題。

《圖解作業研究》一書係以圖案解說實數線性規劃、敏感度分析、運輸與指派問題、整數線性規劃、多準則決策規劃、計畫評核術與要徑法，以及非線性規劃等作業研究重要觀念，更以「規劃求解」增益集為工具解說各類作業研究問題，並立即以試算表求得其解。

作業研究所欲解決的問題都十分生活化，但常因繁複的演算法而無法求得最佳解答。如能分析問題的本質及正確迅速的求解，更能將作業研究的功用發揮極致。目前作業研究已為商學、工程、社會、醫學相關系所必選修科目之一，希望在本書的協助之下，能讓學習更為真確。所附「作業研究軟體」僅就多準則決策規劃、計畫評核術與要徑法的線性規劃提供更方便的求解過程。本書之編寫已力求完整，惟作者才疏學淺，疏漏之處在所難免，尚祈專家不吝賜教，以期再版時修改。

趙英宏、趙敏希、趙元和 謹識
於 臺北VBA工作室

本書目錄

本書目錄

本書目錄

第 9 章 非線性規劃

第1章

作業研究導論

章節體系架構

Unit 1-1 作業研究能解決哪些問題？

作業研究的起源

資源有限、慾望無窮乃是自然的天律，如何配置有限資源並做最有效的利用，更是人類社會活動的最高指導原則，也是進步的原動力。1940 年 9 月，英國物理學家 P. M. S. Blackett 為了提高雷達在實際作業的效率與準確度，集合一群多重領域的人才進行研究，成員包括兩個生理學家、兩個數理物理學家、一個天文學家、一個陸軍軍官、一個心理學家、一位物理學家和兩個數學家，也就是後來知名的「布列克智囊團」，這類的研究方式便被稱為作業研究 (Operations Research)。終戰後更多學者繼續投入研究，並引用到民間各行各業企業活動，這些研究發展出許多有效的決策分析技術，而形成「作業研究」一門科學。

企業管理的矛盾性

營利是企業經營的本質，為求人力及資源的有效運用，將這些資源分門別類設置不同部門以求最高效率，由於這些目標所衍生的部門作業方式，使得各部門產生不同見解的矛盾，例如就存量政策而言；生產部門為了以最低成本生產最大產量，希望生產方式長期不變，產品種類少，產品的存量大；營業部門也在最大銷量與最低行銷成本的目標下希望有大量存貨，但要求產品樣式多以因應客戶多樣化的需求；財務部門則在最小營運資金的壓力下，總希望在旺季時只要滿足需求即可，在淡季時必須盡量降低存貨以減少資金的積壓；人事部門為了穩定員工的流動率，減少招募與訓練新人的費用，提高工作情緒，即使在淡季也希望維持一定的工作產量。

這些矛盾的問題充斥著企業經營的各個層面，因此主管或企畫部門必須擬定一個存量政策，以對公司整體利益而非對某一個部門的利益為目標，衡量對每一個部門所產生的影響，做出綜合性的決策。對這一類在具有衝突競爭因素下，尋找最佳的決策以得到最大目標的滿足度的工作，就是作業研究的目的。

作業研究能解決哪些問題？

企業經營是在各層面的衝突競爭因素中，謀求企業的最大利益；事實上，人類各層面的活動也充滿了衝突競爭的因素，因此各種在資源有限條件下謀求最大獲益或最小損失或最少成本的問題，均是作業研究所能解決的問題，如右圖。

小博士解說

在資源有限的條件下，尋覓最大利益或最小損失（成本）之類的決策問題，均屬作業研究的範疇。這些決策問題最終以線性規劃模式描述之。線性規劃模式不是一般數學方法可以求解，而需藉助於特殊的演算法則。

作業研究能解決的問題

⋮

業務經理將有限的業務促銷預算適當配置於電視、廣播、報紙、雜誌等廣告媒體，以期獲得最大促銷效益。

基金管理師將一定的資金選擇最佳的投資機會，以便獲得最佳的投資回收率。

生產工廠在原物料、資金及人力限制條件下，如何規劃最佳的產品生產組合以獲得最大利潤。

資源有效運用獲得最大收益題例

資源有效運用且獲得最大收益

資源有限條件下尋覓最大收益或最少損失或成本的問題

作業研究

無可行解

資源有效運用且獲得最少損失或成本

基金管理師將一定的資金選擇最佳的投資機會，以便獲得最低風險度。

服務業以最少服務點 (如郵局) 涵蓋全部服務區域的服務地點設置選擇。

將分布全國的倉庫商品以最低運輸成本運送到各需求點。

⋮

資源有效運用獲得最小成本題例

Unit 1-2 線性規劃的典型問題

線性規劃是作業研究領域中最為基本、普遍而有效應用的模型之一，在軍事、商業、工業、農業、經濟、管理、交通運輸、醫療系統，以及行為與社會科學等眾多領域都獲致了豐碩的成果。1947 年，美國數學家 G. B. 丹齊克提出線性規劃的一般數學模型和求解線性規劃問題的通用方法——單純法，為這門學科奠定了基礎，也可適用於設計來解決極大規模問題的高效率的電腦程式，使線性規劃模型普遍用於實際問題上的解決。此外，線性規劃也被廣泛的用來發展其他作業研究問題模型的解決方法，因此對線性規劃的充分瞭解，也是對其他作業研究問題模型探討過程中必須具備的基本知識。

以下題述是線性規劃所能解決的典型決策問題：

某飲料公司新近研發兩種新型飲料 A 與飲料 B。該兩種飲料係由三種原料混合而成，但這三種原料的供應量受到限制；其每月可購得的最大量如下表：

原料	最大可購得的量
原料 1	20 公秉
原料 2	5 公秉
原料 3	21 公秉

每公秉飲料所需的各種原料，如下表所示：

飲料	原料 1	原料 2	原料 3
飲料 A	0.4 公秉	0.0 公秉	0.6 公秉
飲料 B	0.5 公秉	0.2 公秉	0.3 公秉

該飲料公司經過詳細成本計算，飲料上市後可以完全售出，每公秉飲料 A 可淨賺 40,000 元、每公秉飲料 B 可淨賺 30,000 元，試為該飲料公司決定飲料 A 與飲料 B 各應生產若干公秉，才能在原料取得受限的情形下獲得最大利潤？

任何適用線性規劃求解的決策問題，均可從問題的題述中找到下列的解題要素：

- 決策變數 (Decision Variable)：問題所要求解的數量如飲料 A 與飲料 B 的產量；
- 目標函數 (Objective Function)：問題所要達成的目標如上題的最大利潤；
- 限制式：問題中所須滿足的條件如上題中的使用原料 1 不能多於 20 公秉等。

任意適合線性規劃求解的決策問題敘述

選定決策變數

根據線性規劃求解的問題敘述，找出所需決定的數量賦予一個變數，以便線性規劃數學模式的構建與求解；這些變數通稱為決策變數 (Decision Variable)。

前述飲料公司的問題是，求解飲料 A 與飲料 B 各應生產若干公秉以使獲利最大，因此其決策變數應該是飲料 A 與飲料 B 的產量。

決策變數通常以符號表示之。飲料 A 與飲料 B 產量可以 x 與 y 表示之，亦可以 x_1 與 x_2 表示之，或更具涵義的 DrinkA 與 DrinkB 表示之。通常以一維的 x_1，x_2，x_3，或二維的 x_{11}，x_{12}，…，x_{22}，等表示之。

設定目標函數

前述飲料公司的決定飲料 A 與飲料 B 的產量，使該公司獲得最大利潤 (習慣以 Z 表示之)。得

總利潤 $$Z=40,000x+30,000y \quad (1)$$

因為追求最大利潤是該公司的目標，且利潤是因決策變數 x 與 y 的變化而改變，故表示總利潤的公式通常稱為目標函數 (Objective Function)， 且以 Z 表示之。為便於計算，目標函數亦可寫成

$$Z=40x+30y \text{ (千元)} \quad (2)$$

通常目標函數前加註極大化 (max) 或極小化 (min)。例如本題可寫成極大化或 Max $Z=40x+30y$

建立限制式

根據前述飲料問題可知，飲料 A 與飲料 B 的需求量很大，因此尚無限制條件。生產飲料 A 與飲料 B 的原料取得則受到限制。每生產一公秉飲料 A 需要 0.4 公秉的原料 1，每生產一公秉飲料 B 需要 0.5 公秉的原料 1，故生產 x 公秉的飲料 A 與生產 y 公秉的飲料 B 所需的原料 1 為 $0.4x+0.5y$。

因為原料 1 最多可以購得 20 公秉，故得限制式 $0.4x+0.5y\le 20$

原料 2 的限制式為 $0.0x+0.2y\le 5$ 或 $0.2y\le 5$

原料 3 的限制式為 $0.6x+0.3y\le 21$

因為不得有負的產量，故另加一個非負條件 $x,y\ge 0$

Unit 1-3 線性規劃數學模式的構建

將線性規劃問題的目標函數及限制式以下列方式組合，即為線性規劃數學模式

極大化　$Z = 40x + 30y$

受限於 (Subject to)

$0.4x + 0.5y \le 20$	原料 1 的限制式
$0.2y \le 5$	原料 2 的限制式
$0.6x + 0.3y \le 21$	原料 3 的限制式
$x, y \ge 0$	決策變數非負條件

換言之，線性規劃數學模式構建步驟如下：

決策變數如以 DrinkA、DrinkB 代表，以 Profit 代表目標函數，則飲料生產決策的線性規劃模式可寫成：

極大化　$\text{Profit} = 40 \times \text{DrinkA} + 30 \times \text{DrinkB}$

受限於 (Subject to)

$0.4 \times \text{DrinkA} + 0.5 \times \text{DrinkB} \le 20$	原料 1 的限制式
$0.2 \times \text{DrinkB} \le 5$	原料 2 的限制式
$0.6 \times \text{DrinkA} + 0.3 \times \text{DrinkB} \le 21$	原料 3 的限制式
$\text{DrinkA}, \text{DrinkB} \ge 0$	決策變數非負條件

線性規劃模式中，決策變數、目標函數係數、限制式關係符號左端的技術係數、限制式關係符號右端常數，均應採用一致的計量單位；且為避免計算誤差擴大，計量單位的採用，應使數學模式中的係數及右端常數避免絕對值有太大的差異為原則。例如：前述飲料問題中的利潤值以千元為單位較能符合前述原則。

由於線性規劃問題的決策變數通常很多，因此以 x，y，z，…符號或更具涵義的變數名稱表示並不恰當，通常以一維的 x_1，x_2，x_3，…或二維的 x_{11}，x_{12}，x_{13}，…，x_{21}，x_{22}，… 表示之。建立限制式時，應考量每個決策變數在問題中能否有負值出現，而加設決策變數的非負條件。

線性規劃數學模式構建步驟

選定決策變數 → 設定目標線性函數 → 建立資源限制條件 → 加入決策變數非負條件

線性規劃決策問題	高福公司擬製造中價位高爾夫球具袋，其製作過程所需時間及單位利潤列示如下表： （見下表） 因為價位中等，預期產品可以完全銷售，若高福公司在未來 3 個月有 630 小時的裁剪人力、600 小時的縫製人力、708 小時的檢驗人力與 135 小時的包裝人力可供運用，在追求最大利潤的前提下，各型球具袋的產量應該是多少?
選定決策變數	問題中所要決定的數量是各型球具袋的產量，因此設定標準型球具袋的產量為 x_1，豪華型球具袋的產量為 x_2。
設定目標線性函數	目標是在追求最大利潤的問題，而利潤 Z 因產量而變化，故得目標線性函數為　極大化 $Z=100x_1+90x_2$
建立限制式	630 小時的裁剪人力得 $0.7x_1+x_2\leq630$ 600 小時的縫製人力得 $0.5x_1+5x_2/6\leq600$ 708 小時的檢驗人力得 $x_1+2x_2/3\leq708$ 135 小時的包裝人力得 $0.1x_1+0.25x_2\leq135$
非負條件	各型球具袋的產量可為零但不可能負值，得 $x_1\geq0$，$x_2\geq0$
建立線性規劃模式	極大化　$Z=100x_1+90x_2$ 受限於：$0.7x_1+x_2\leq630$ $0.5x_1+5x_2/6\leq600$ $x_1+2x_2/3\leq708$ $0.1x_1+0.25x_2\leq135$ $x_1\geq0$，$x_2\geq0$

	製程所需時間(時)				每具利潤(元)
	裁剪	縫製	檢驗	包裝	
標準型	0.7	0.5	1	0.1	100
豪華型	1	5/6	2/3	0.25	90

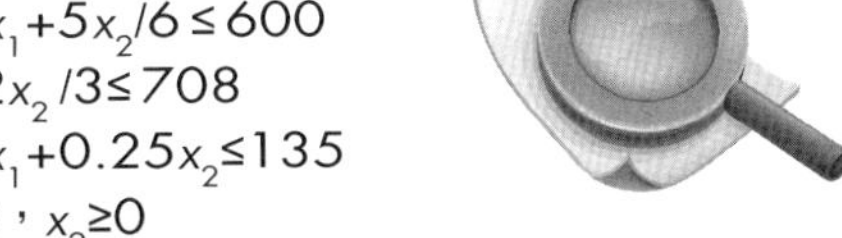

Unit 1-4 線性規劃數學模式的通式與特性

適用線性規劃技術求解的企業決策問題均具備有一些決策變數、一個目標函數及多個限制條件的限制式，其區別僅在於決策變數及限制條件的多少、目標函數之為極大化或極小化，所以其數學模式有其類似性。因此，設有一個具備 n 個決策變數、m 個限制條件的決策問題，可得如下的線性規劃模式通式：

極大化（或極小化）$Z = c_1x_1 + c_2x_2 + c_3x_3 + \cdots\cdots + c_{n\text{-}1}x_{n\text{-}1} + c_nx_n$

受限於 $a_{11}x_1 + a_{12}x_2 + a_{13}x_3 + \cdots\cdots a_{1n}x_n \le b_1$

$a_{21}x_1 + a_{22}x_2 + a_{23}x_3 + \cdots\cdots a_{2n}x_n \le b_2$

$a_{31}x_1 + a_{32}x_2 + a_{33}x_3 + \cdots\cdots a_{3n}x_n \le b_3$

……

$a_{m1}x_1 + a_{m2}x_2 + a_{m3}x_3 + \cdots\cdots a_{mn}x_n \le b_m$

其中：$x_1, x_2, x_3, \cdots\cdots, x_n$ 代表 n 個決策變數，

$c_1, c_2, c_3, \cdots\cdots, c_n$ 稱為目標函數係數，

$a_{11}, a_{12}, a_{13}, \cdots, a_{1n}; a_{21}, a_{22}, a_{23}, \cdots a_{2n}; \cdots\cdots, a_{m1}, a_{m2}, a_{m3}, \cdots a_{mn}$ 為在各限制條件中的係數，稱為技術係數。每個限制條件有 n 個技術係數，m 個限制條件共有 $m \times n$ 個技術係數。

$b_1, b_2, b_3, \cdots\cdots, b_m$ 為代表資源條件的限制式右端常數（Right Hand Side，簡稱為 RHS）

限制式可以是等式(=)、大於等於(≥)或小於等於(≤)關係，但是絕對不可以僅是大於(>)或小於(<)的關係式。

線性規劃模式中的決策變數在目標函數或限制式中必須以線性關係出現，否則無法適用線性規劃解題技術求得最佳解。具有下列形式的目標函數或限制式，均因含有決策變數的乘積或商數、決策變數的乘方或超越函數並不符合線性規劃模式的特性而非屬線性：

極大化　$Z = 3.4x_1 + 2.4x_2^{1.4} + 1.7x_3$

極小化　$Z = 3.4x_1 + 2.4x_2x_3 + 1.7x_3$

$3\sqrt{x_1} + 2x_2 + 3x_3 \le 25$

小博士解說

線性規劃模式中的 n 個決策變數與 m 個限制式並無一定要 n > m、n = m 或 n < m 的關係。撰寫模式應注意 ① 目標函數及各限制式均必須是線性函數，② 限制式不可僅用 > 或 < 的關係符號。

線性規劃模式建置注意事項

1 線性規劃模式應按目標函數、限制式的順序排列

極大化 $Z=40x+30y$

受限於(Subject to)

$0.4x+0.5y \le 20$	原料 1 的限制式
$0.2y \le 5$	原料 2 的限制式
$0.6x+0.3y \le 21$	原料 3 的限制式
$x,y \ge 0$	決策變數非負條件

2 線性目標函數應包含所有決策變數

極大化 $Z=40x+30y$ 中

如果缺了決策變數 x (飲料 A 的產量)，表示飲料 A 的產量與利潤無關，而與實情不符；同理，

如果缺了決策變數 y (飲料 B 的產量)，表示飲料 B 的產量與利潤無關，也與實情不符。

3 莫忘各決策變數的非負條件限制式

線性規劃模式中除了資源限制的限制式外，也應依據問題內容考量各決策變數能否為負值而加設非負條件限制式。

4 限制式的右端常數僅能正數

限制式的右端常數代表可用資源，其值應屬正數。

5 限制式中的關係符號僅能是 =、≤、≥ 而不可是 > 或 <

如果將限制式 $0.4x+0.5y \le 20$ 改為 $0.4x+0.5y<20$，表示可用的 20 公秉原料 1 不願意完全用盡，何來最大利潤；如果 $0.4x+0.5y \le 20$ 改為 $0.4x+0.5y>20$，表示希望使用超過可用的 20 公秉原料 1，應屬不可能的事。

Unit 1-5 線性規劃模式的解

以飲料公司的線性規劃模式為例

極大化 $Z = 40x + 30y$

受限於(Subject to)

$0.4x + 0.5y \le 20$ 原料 1 的限制式

$0.2y \le 5$ 原料 2 的限制式

$0.6x + 0.3y \le 21$ 原料 3 的限制式

$x, y \ge 0$ 決策變數非負條件

任意決策變數值的組合，均稱為線性規劃模式的解 (Solution)。將決策變數值的組合代入目標函數所得的值，稱為目標函數值。例如 $x = -10$，y = 50 或 $x = 40$，$y = 20$ 等組合，均稱為飲料公司的飲料產量模式的解。

但因 $x = -10$ 無法滿足決策變數的非負條件；故決策變數值 $x = -10$，$y = 50$ 的組合並非飲料問題的可行解 (Feasible Solution)。

以決策變數值 $x = 40$，$y = 20$ 的組合代入原料 1 的限制式得

$$0.4 \times 40 + 0.5 \times 20 (=26) > 20$$

因為不符原料 1 限制式的限制條件，故決策變數值 $x = 40$，$y = 20$ 的組合也非飲料問題的可行解（Feasible Solution）。

滿足所有限制式的決策變數值的組合，稱為線性規劃問題的可行解 (Feasible Solution)，否則稱為不可行解 (Infeasible Solution)。

線性規劃問題的可行解有許多，其中有一組或多組可行解代入目標函數可得較其他可行解佳（極大問題較大，極小問題較小）的目標函數值，則這些可行解稱為最佳可行解 (Best Feasible Solution) 或最佳解 (Optimal Solution)。

飲料 A 產量	飲料 B 產量	可得利潤	原料 1 用量≤20	原料 2 用量≤5	原料 3 用量≤21	解的性質
–1	50	1460	24.6	10.0	14.4	不可行
40	20	2200	26.0	4.0	30.0	不可行
20	25	1550	20.5	5.0	19.5	不可行
20	20	1400	18.0	4.0	18.0	可行解
23	20	1400	19.2	4.0	19.8	可行解
25	20	1600	20.0	4.0	21.0	最佳解

線性規劃模式的解

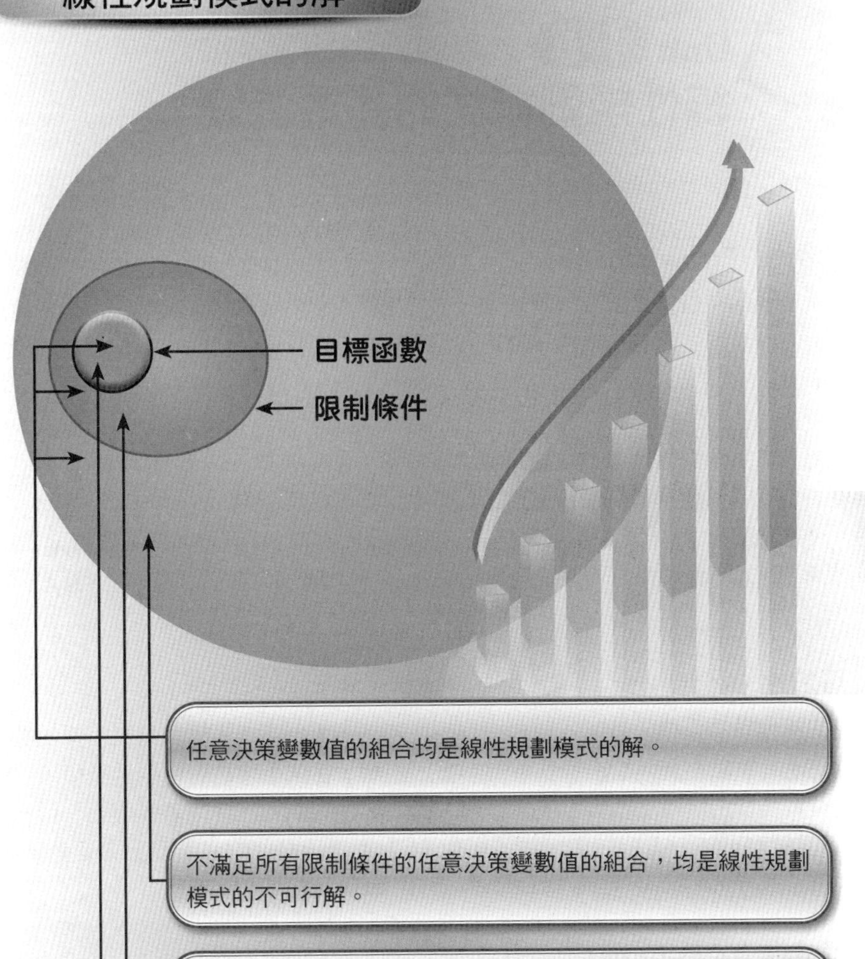

任意決策變數值的組合均是線性規劃模式的解。

不滿足所有限制條件的任意決策變數值的組合，均是線性規劃模式的不可行解。

滿足所有限制條件的任意決策變數值的組合，均是線性規劃模式的可行解。

一組或多組的可行解使目標函數值極大（或極小）者稱最佳解組合，均是線性規劃模式的解。

知識補充站

任意一組決策變數的實數值代入目標函數，均可獲得一個目標值，故這些決策變數值稱為線性規劃模式中的**解**；如果這些決策變數值不能滿足所有限制式的關係，則稱為線性規劃模式中的**不可行解**；如能滿足所有限制式的關係，則稱為線性規劃模式中的**可行解**。

Unit 1-6 線性規劃模式的基本假設

線性規劃問題的求解是基於以下四個基本假設。

1. 比例性 (Proportionality)

決策變數在目標函數或限制式中必須是線性關係的要求，使每個決策變數值對目標函數值或限制式的右端常數 (RHS) 的貢獻成比例關係。此即為線性規劃的成比例性基本假設。

目標函數 $Z = 3.4x_1 + 2.4x_2 + 1.7x_3$ 中，決策變數 x_i 每增減 1 對目標函數值的貢獻隨目標函數係數 3.4 成比例增減之；同理，決策變數 x_2、x_3 每增減 1 對目標函數值的貢獻隨目標函數係數 2.4、1.7 成比例增減之。限制式 $3x_1 + 2x_2 + 3x_3 \leq 31$ 中，決策變數 x_1 每增減 1 對該限制式的資源需求增減 3；同理，決策變數 x_2 每增減 1 對該限制式的資源需求增減 2、決策變數 x_3 每增減 1 對該限制式的資源需求增減 3。

2. 可加性 (Additivity)

決策變數在目標函數或限制式中的線性關係，使每個決策變數值對目標函數值或限制式值的貢獻不受其他決策變數的影響，因此，各決策變數對目標函數值或限制式值的貢獻為個別決策變數貢獻值之總和。此即線性規劃可加性的基本假設。目標函數 $Z = 3.4x_1 + 2.4x_2 + 1.7x_3$ 中，決策變數 x_2 對目標函數值的貢獻不受決策變數 x_3 的影響，反之亦然。

3. 可分性 (Divisibility)

可分性的基本假設是指決策變數的值可以非整數。因為飲料為流質產品，故飲料生產問題中代表飲料 A 與飲料 B 生產量的決策變數可以是非整數，如生產 3 公秉或 7.8 公秉等。但是如汽車、手機等產品，其產量則必須是整數，則不符合可分性的基本假設。不符合可分性的線性規劃問題，則必須依整數規劃技術解決之。

4. 確定性 (Certainty)

確定性係指目標函數中的目標函數係數、限制式中的技術係數或限制式中的右端常數 (RHS)，均為已知之常數。

只要符合線性關係的目標函數或限制式均符合成比例性與可加性，依據決策變數之為可分性選擇一般線性規劃或整數線性規劃解題技巧。線性規劃模式中的目標函數係數、限制式的技術係數或限制式的右端常數，均因競爭環境、生產技術或可用資源而改變，其不確定性均屬常態，則可透過敏感度分析來掌握其變動性對最佳解的影響。

線性規劃模式建置注意事項

比例性

確定性 線性規劃的基本假設 可加性

可分性

違反比例性假設

下二圖的橫座標 x 代表決策變數，縱座標 y 代表目標值或使用資源。左圖不論 x 值多少，其 y 值均依一定比例增減，當能符合比例性的基本假設；右圖的 x 值小於 a 時，其 y 值依某一個比例增減，x 值大於 a 時，其 y 值又依另一個比例增減，因此無法寫出符合比例性的線性目標函數或限制式。

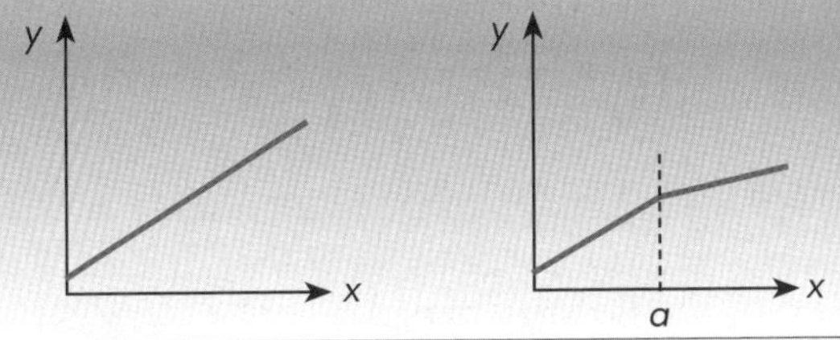

違反可加性假設

如果依據決策問題的題述所寫出的限制式中任一項含有兩個決策變數，則該決策問題違反線性規劃的可加性假設。例如：限制式$3x_1+2x_1x_2 \leq 20$ 中，如果 $x_2=2$ 則當決策變數 x_1 增減 1 時，資源使用量增減$3\times1+2\times1\times2=7$；如果 $x_2=3$ 則當決策變數 x_1 增減 1 時，資源使用量增減$3\times1+2\times1\times3=9$。換言之，決策變數$x_1$增減1時，資源使用量增減受 x_2 值影響。

違反可分性假設

如果決策問題中的一個或多個決策變數必須是整數，則必須採用整數線性規劃技術才能求解之。

違反確定性假設

如果依據決策問題所寫出的目標函數係數、限制式的技術係數或限制式的右端常數有非已知的常數，則違反確定性假設，而無法採用線性規劃技術求解之。

Unit 1-7 圖解作業研究軟體安裝

圖解作業研究所附的作業研究軟體為適用於微軟公司 Microsoft Excel 2010 版本以上的試算表軟體，其安裝步驟如下：

1. 將本書所附「圖解作業研究軟體」光碟片置入與主機連線的光碟機（假設你個人電腦主機連線的光碟機設置在 H 槽）。
2. 執行圖解作業研究軟體的自我解壓縮程式「圖解作業研究軟體2021.exe」。

   將滑鼠游標指在視窗下方工作列最左端「視窗」圖示上，按滑鼠右鍵，選擇「執行(R)」，並輸入H:\ 圖解作業研究軟體2021.exe如下圖以執行光碟上的「圖解作業研究軟體2021.exe」執行檔

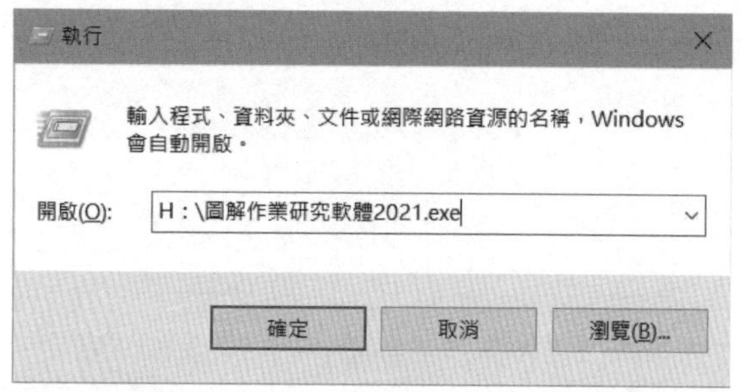

   執行後出現下圖的畫面。另外亦可進入檔案總管，找尋「圖解作業研究軟體」光碟上唯一的執行檔「圖解作業研究軟體2021.exe」，以滑鼠雙擊「圖解作業研究軟體2021.exe」執行檔亦可出現相同畫面。

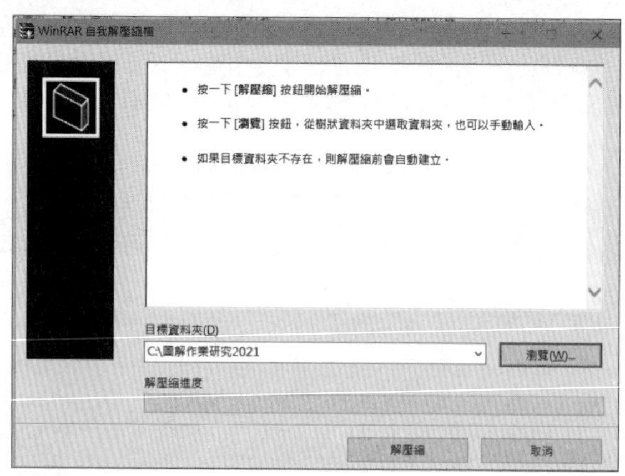

3. 選擇「圖解作業研究軟體」存放位置。

   如上圖圖解作業研究軟體存放的預設資料夾為「C:\ 圖解作業研究」，可以不修改或直接修改軟體所欲存放的資料夾，或單擊「瀏覽 (W)…」鈕以選擇軟體

所欲存放的資料夾。資料夾選定後，單擊「安裝」按鈕，以將軟體解壓縮並存放於指定的資料夾。檔案解壓縮後軟體安裝完成。

另需開啟「開發人員」及「增益集」索引標籤，以便設定圖解作業研究軟體的安全性與選單位置。在試算表標準界面選擇☞檔案/選項☜後的畫面，再點選「自訂功能區」出現如下圖：

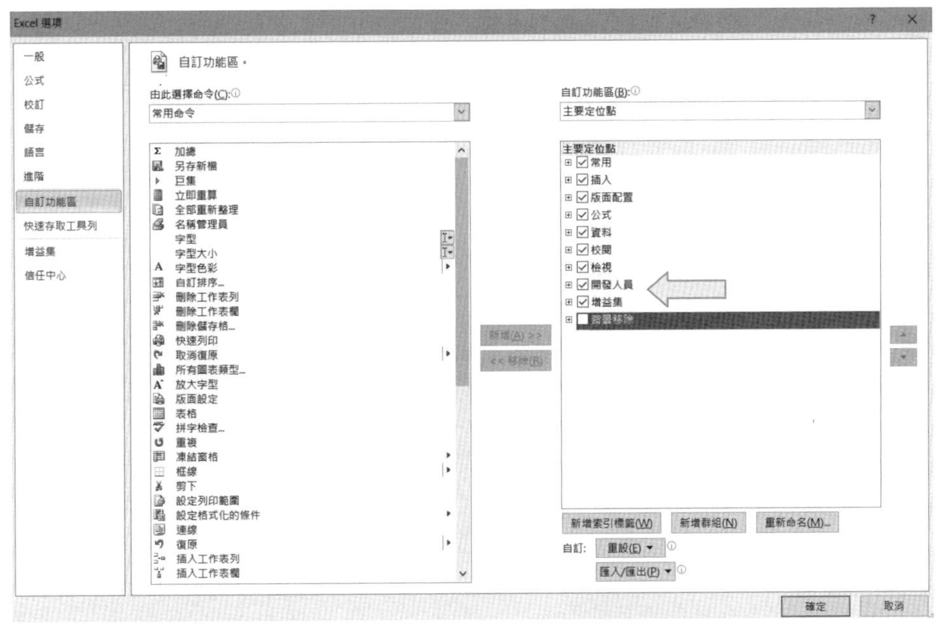

選取右側自訂功能區中的「開發人員」及「增益集」後，再以滑鼠單擊「確定」鈕，即可在標準界面的標籤區出現「開發人員」及「增益集」索引標籤如下圖。

Unit 1-8 軟體程式的啟動

1. 開啟微軟公司 Microsoft Excel 2010 版本以上的試算表軟體。
2. 選擇☞檔案\開啟舊檔☜或單擊一般工具列上的開啟舊檔按鈕🗁後，出現「開啟舊檔」對話方塊畫面，瀏覽到圖解作業研究軟體存放的資料夾（假設為 C:\圖解作業研究）如下圖。點選圖解作業研究軟體的試算表檔案 FOR.xlsm 如下圖。

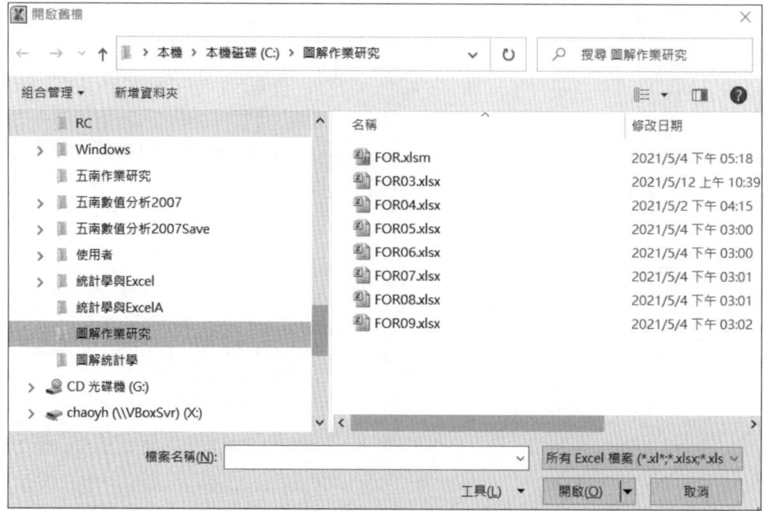

3. 單擊「開啟檔案」對話方塊中的「開啟O」按鈕，以載入FOR.xlsm試算表並出現如下圖的畫面。點選「增益集」索引標籤，則在畫面左上方出現「FOR」功能表，表示圖解作業研究軟體已經順利載入，並即可執行。

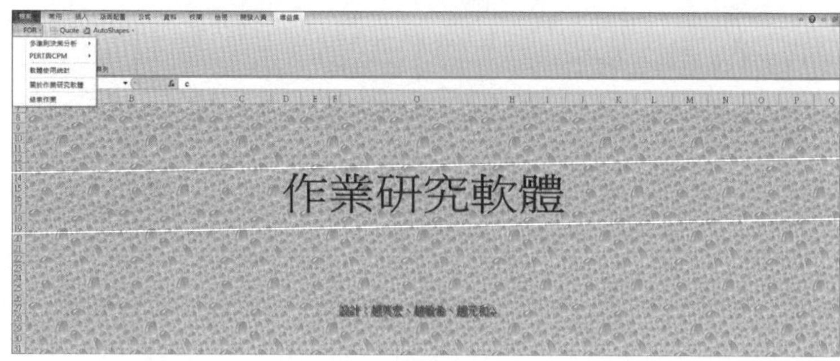

圖解作業研究

4. 點選功能表上的功能項目「FOR」出現下圖的功能項目；功能項目中右側有一項右三角形者，表示尚有副功能表項目，如點選「多準則決策分析」功能項目，則右側出現其相當的副功能表，如下二圖。

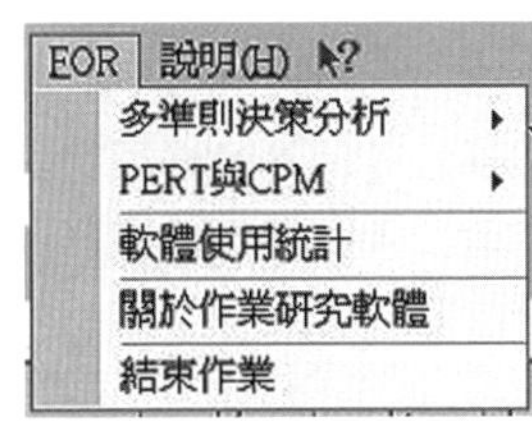

FOR 說明(H)　輸入需要解答的問題
多準則決策分析　加權目標法(Weights Method)
PERT與CPM　優先目標法(Preemptive Method)
軟體使用統計　層級分析法(AHP)
關於作業研究軟體
結束作業

5. 應在圖解作業研究軟體試算表以外的試算表上，點選☞FOR\多準則決策分析\加權目標法 (Weights Method)\建立加權目標法試算表☜，則出現如下圖的「建立加權目標法試算表」畫面，即可輸入決策變數個數 (n)、線性限制式個數 (m)、決策準則個數 (p) 等資料進行加權目標法試算表的建立工作。

建立加權目標法試算表
試算表名稱　加權目標法試算表
決策變數個數(n)
線性限制式個數(m)
決策準則個數(p)
確定
取消

如果不在圖解作業研究軟體試算表以外的試算表上，點選☞FOR\多準則決策分析\加權目標法 (Weights Method)\建立加權目標法試算表☜或其他功能，則出現如下圖的提醒畫面。

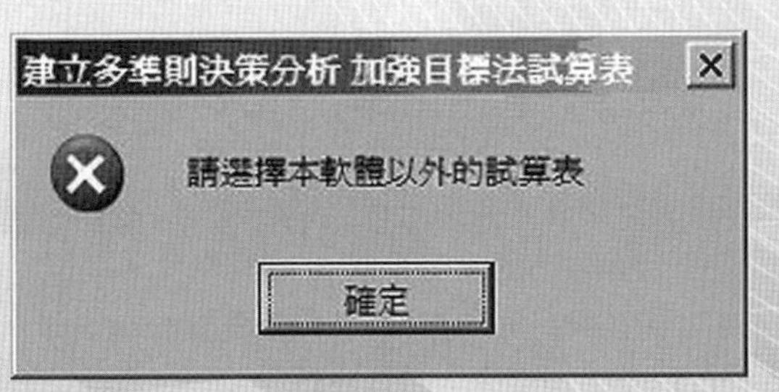

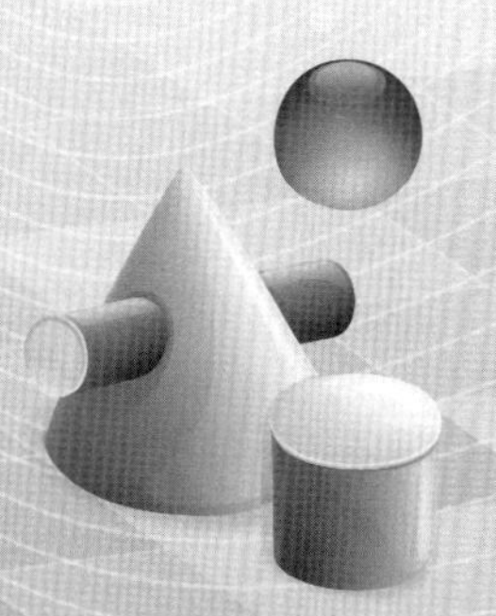

Unit 1-9 軟體環境設定的建議

微軟公司試算表軟體除了標準界面提供的試算及函數功能外，尚可錄製或撰寫巨集指令提升試算表的功能，換言之，試算表軟體提供讀者撰寫程式的功能，因此造成一些程式病毒的寄所溫床。微軟公司試算表軟體對於這種有潛在危險的程式碼採取「巨集設定」與「信任位置」兩種方式應對：

1. 巨集設定：是對於所有含有巨集指令的試算表（副檔名是xlsm）指定處理的方式。

以滑鼠依上圖畫面單擊「開發人員」索引標籤下「程式碼」群組中的「巨集安全性」指令，即出現如下「信任中心」畫面；畫面左側有「信任位置」與「巨集設定」兩個選項。選擇「巨集設定」則出現如下畫面。可以點選的巨集設定方式有四種：

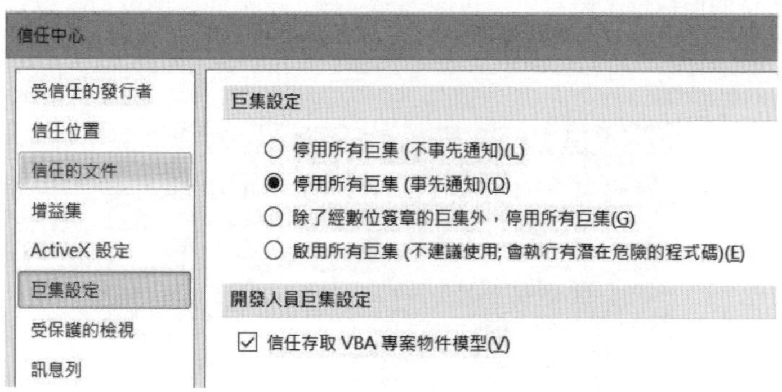

○停用所有巨集（不事先通知）：凡是含有巨集指令的試算表均拒絕執行。

○停用所有巨集（事先通知）：凡是含有巨集指令的試算表，先於索引標籤下顯示如下黃色底的畫面，除告知使用者巨集已經停用，且讓使用者可以以滑鼠單擊「啟用內容」，而接納並執行這個試算表內所含的巨集指令。

安全性警告　已經停用巨集。　啟用內容

○除了經數位簽章的巨集外，停用所有巨集：僅允許有數位簽章的巨集，其餘一律拒絕執行。

○啟用所有巨集（不建議使用，會執行有潛在危險的程式碼）：完全不設防巨集指令的危險性，也不告知或詢問而直接執行。

2. 信任位置：是對某個位置（指資料夾）採取信任的態度，換言之，相信在該資料夾內所有含有巨集指令的試算表均不具危險性，而接納執行。

於「信任中心」畫面點選信任位置即出現如下畫面；畫面右側的信任位置是一些資料夾，圖中有「C:\圖解作業研究\」、「C:\五南數值分析2007\」兩個資料夾。畫面下方也提供新增位置(A)、移除(R)與修改(M)按鈕，供信任位置（即資料夾）的增刪修改。即使巨集設定中選擇「停用所有巨集（不事先通知）」，也不影響信任位置內的試算表檔的執行。

以滑鼠單擊「新增位置」鈕即出現如下畫面，可以直接輸入信任的資料夾路徑或單擊「瀏覽」鈕來選取信任的資料夾。

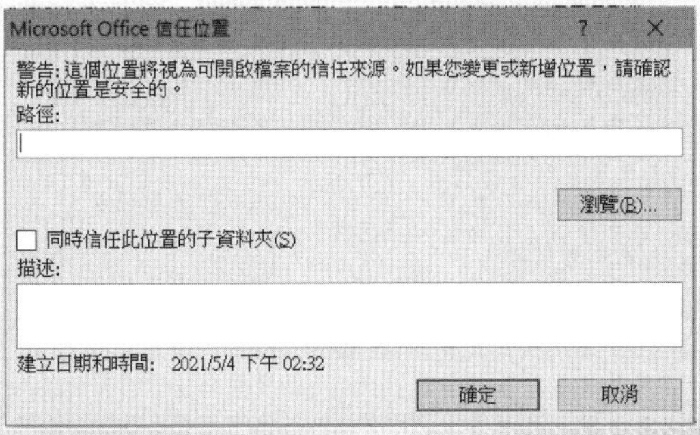

「圖解作業研究軟體」係以EXCEL試算表的巨集指令開發未經數位簽章的親和性軟體，因此試算表的安全環境必先設定妥當始能正常使用。建議設定方式有二：

1. 將存放圖解作業研究軟體的資料夾設定為信任位置（不論巨集設定為何，均可使用）。
2. 將巨集設定為停用所有巨集（事先通知）。

Unit 1-10 軟體程式的結束

圖解作業研究軟體程式的結束有下列三種方式：

1. 由主功能表選擇☞檔案 (F)/關閉檔案 (C)☜。
2. 由主功能表選擇☞FOR/結束作業☜。
3. 單擊視窗右上方的試算表關閉鈕。

關於圖解作業研究軟體

在圖解作業研究軟體畫面的功能表上，選擇☞FOR/關於作業研究軟體☜後或程式開啟時，偶爾隨機（四分之一的機會）出現如下圖的畫面，簡述本軟體的主要功能及版權事項。

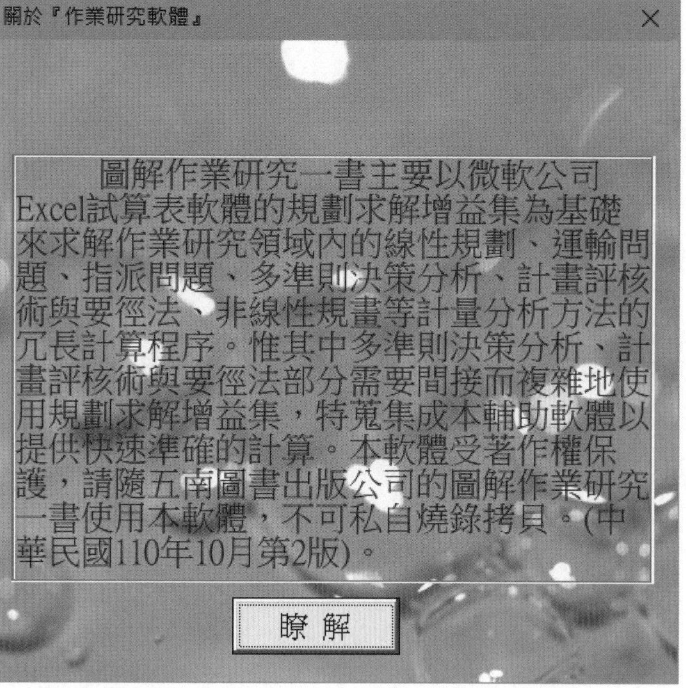

小博士解說

圖解作業研究軟體使用了微軟試算表軟體內隨附的「規劃求解」增益集；而這個增益集存放的位置（資料夾）因軟體版本而異，故本軟體如在微軟 Excel 2007 試算表軟體執行，請選用「圖解作業研究軟體2007.exe」安裝，其餘類推之。

軟體使用統計資訊

在圖解作業研究軟體畫面的功能表上，選擇☞FOR/軟體使用統計☜後出現如下圖的畫面，提供本軟體使用次數、首次使用日期、首次使用時間、上次使用日期，上次使用時間，以及軟體安裝編號等資訊。

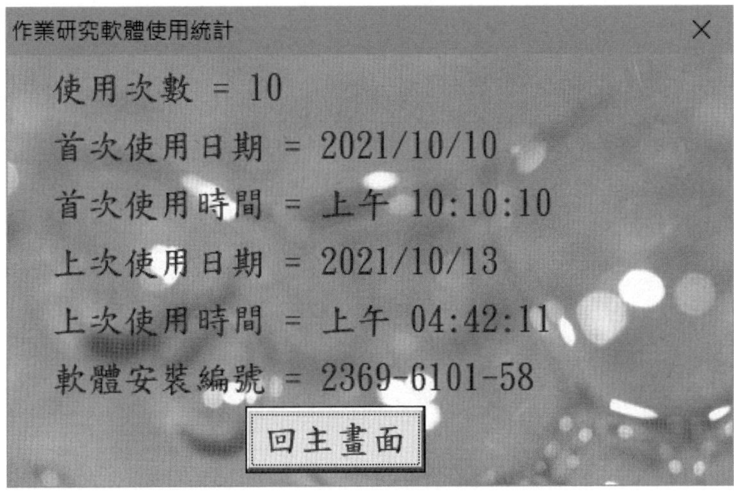

第 2 章

線性規劃圖解法

章節體系架構 

Unit 2-1 線性方程式解的圖示法

當線性規劃問題中只有兩個決策變數時，其由限制式所構成的可行解的集合可以圖解法來表示之。圖解法雖然只適用於兩個決策變數的線性規劃問題，但其解法有助於線性規劃一般解法的瞭解與掌握。

如以平面直角座標的 x 軸代表某一決策變數，y 軸代表另一決策變數，則目標函數式或限制式中的等號部分均可以一直線表示之。

二元一次方程式 $ax + by = c$ 為平面直角座標上的一條直線；其在平面上的位置與斜度則因常數 a、b、c 而異。

1. 當 $a \neq 0$，$b \neq 0$ 時，則二元一次方程式 $ax + by = c$ 可化成
   $y = -\frac{a}{b}x + \frac{c}{b} = mx + p$

其中 $m = -\frac{a}{b}$ 代表直線的斜率，正值的斜率表示直線偏離 y 軸向第 I 象限傾斜；負值的斜率表示直線偏離 y 軸向第 II 象限傾斜；$p = \frac{c}{b}$ 為直線的截距表示直線的位置，亦即直線與 y 軸相交處的 y 軸座標值。

直線 $x + y = 3$ 可以改寫成 $y = -x + 3$，其負斜率係使直線由 y 軸偏向第 II 象限，且與 y 軸相交於 $y = 3$ 處，如右圖。直線 $x - y = -2$ 可以改寫成 $y = x + 2$，其正斜率係使直線由 y 軸偏向第 I 象限，且與 y 軸相交於 $y = 2$ 處，如右圖。

2. 當 $a = 0$，$b \neq 0$ 時，則二元一次方程式 $ax + by = c$ 可化成 $y = \frac{c}{b}$，則直線斜率為 0，故為平行於 x 軸且位於與 y 軸截距為 $\frac{c}{b}$ 處的直線。
3. 當 $a \neq 0$，$b = 0$ 時，則二元一次方程式 $ax + by = c$ 可化成 $x = \frac{c}{a}$，則直線斜率為 ∞，故為平行於 y 軸且位於與 x 軸截距為 $\frac{c}{a}$ 處的直線。直線 $x = 2$ 及 $y = 3$，如右圖。

直線上所有點的 x、y 軸座標值均能滿足二元一次方程式 $ax + by = c$，亦即直線為方程式之解集合。

目標函數如 $Z = 3x + 4y$ 中，目標值 Z 為待求解的數值；其值取決於決策變數 x、y 的最佳解值。將該目標函數改寫成 $y = -0.75x + 0.25Z$ 後，得知目標函數恆為直線，且該目標函數的斜率為 -0.75，使目標函數直線由 y 軸偏向第 II 象限，並與 y 軸相交於 0.25Z 處。

小博士解說

線性規劃模式的可行解區域，係由模式中各線性限制式的直線所圍成的空間。如果該空間為密閉空間必有唯一或多重解；如果該空間為開放空間，可能有唯一或多重解或無限值解。

線性方程式 $ax+by=c$ 的圖示

平面座標象限

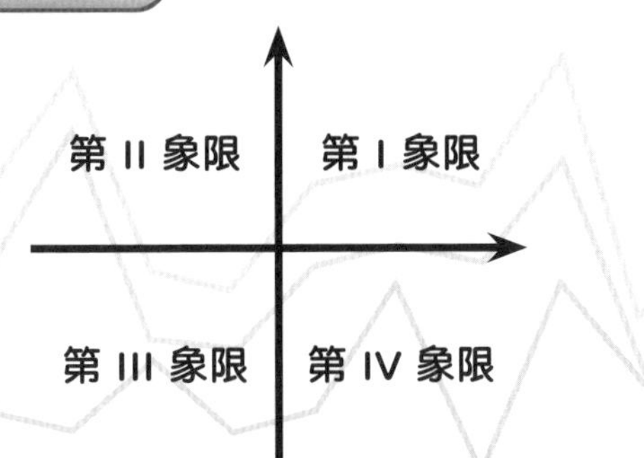

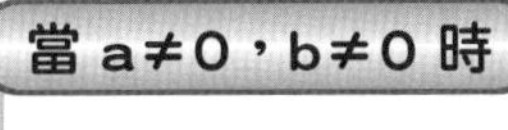

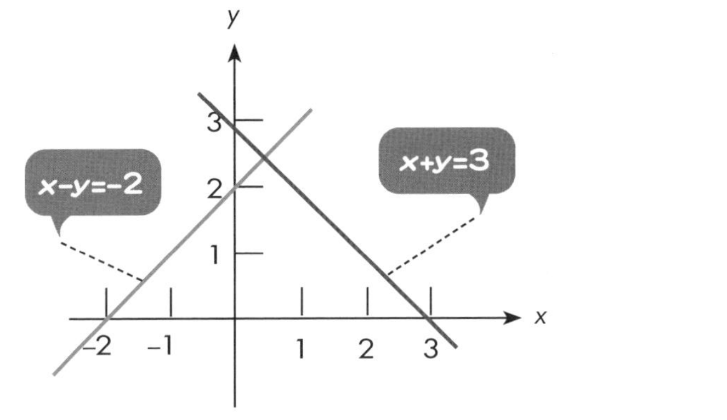

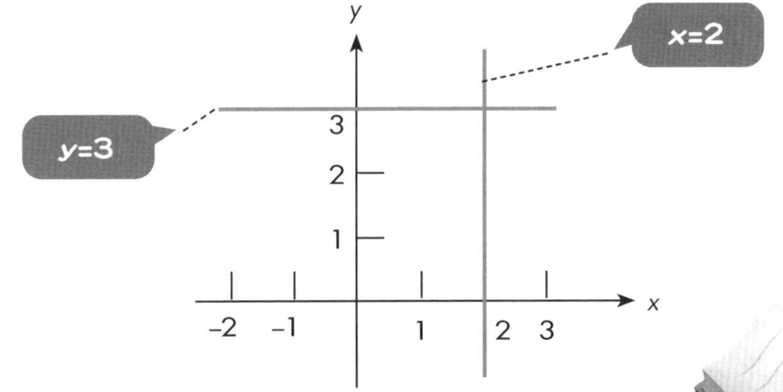

Unit 2-2 限制式解的圖示法

求含有不等式限制式的解集合，應先以其等式部分繪得一直線，則含有不等式限制式的解集合，為該等式直線上所有點及等式直線之某側全部區域上的點的集合。

於限制式等式部分直線之一側任選一點（盡可能選座標原點），如果該點的座標值滿足限制式，則直線與任選一點同側的所有點構成該限制式的解集合；否則，直線與任選一點另一側的所有點構成該限制式的解集合。

欲求限制式 $x-y \geq -2$ 的解集合區域。先以限制式的等式部分 $x-y=-2$ 繪得一直線；再以原點座標值 (0.0，0.0) 代入限制式，因滿足限制式的不等關係，即 $0.0-0.0 \geq -2$，故直線上所有點及直線在原點同側的所有點，構成該限制式的解集合，如右圖所示。

欲求限制式 $x+y \geq 3$ 的解集合區域。先以限制式的等式部分 $x+y=3$ 繪得一直線；再以原點座標值 (0.0，0.0) 代入限制式。因為不滿足限制式的不等關係，即 $0.0+0.0<3$，故直線上所有點及直線在原點另一側的所有點，構成該限制式的解集合，如右圖所示。

欲求限制式 $x+y \geq 0$ 的解集合區域。先以限制式的等式部分 $x+y=0$ 繪得一直線；因為該直線經過原點，故只能以原點以外的任意一點的座標值代入限制式測試之。例如以座標值為 (1.0，1.0) 的某點代入限制式，因為 $1.0+1.0 \geq 0$ 滿足限制式的不等關係，故直線上所有點及與座標值為 (1.0，1.0) 的某點同側的所有點構成該限制式的解集合，如右圖所示。

如果橫座標軸 x 代表決策變數 x，則其非負限制式 $x \geq 0$ 的解為 x 軸及 x 軸以上的第 I、II 象限。

如果橫座標軸 y 代表決策變數 y，則其非負限制式 $y \geq 0$ 的解為 y 軸及 y 軸右側的第 I、IV 象限。該兩非負限制式的解集合為第 I 象限。

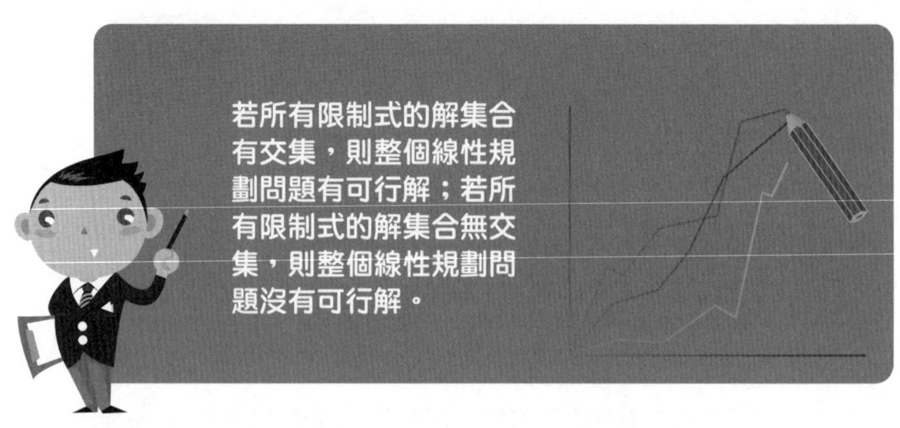

限制式解的圖示法

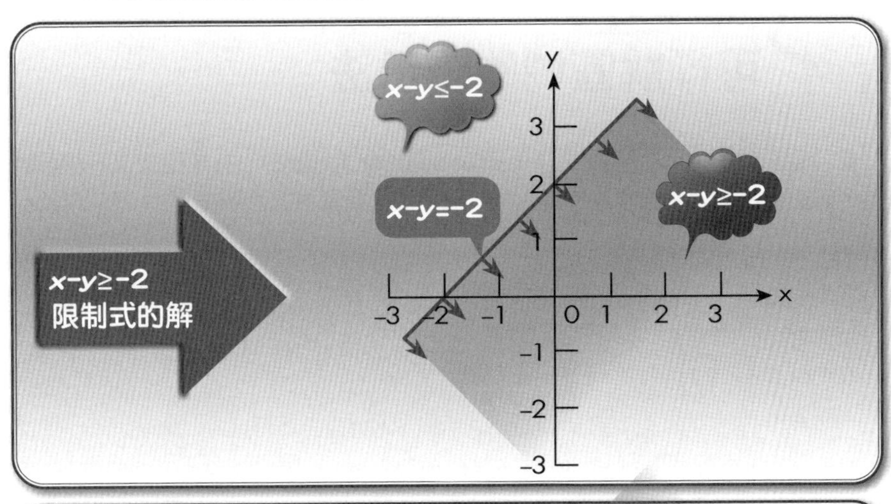

x−y≤−2
x−y=−2
x−y≥−2
x−y≥−2
限制式的解

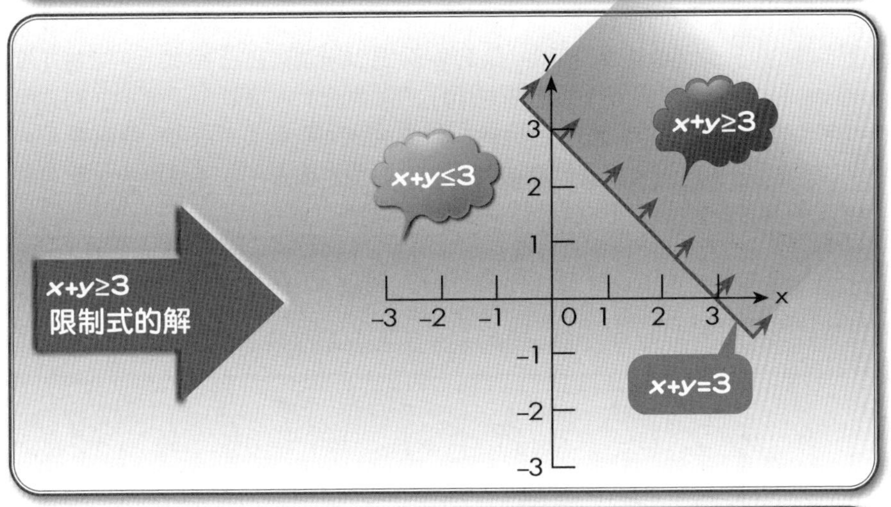

x+y≥3
x+y≤3
x+y≥3
限制式的解
x+y=3

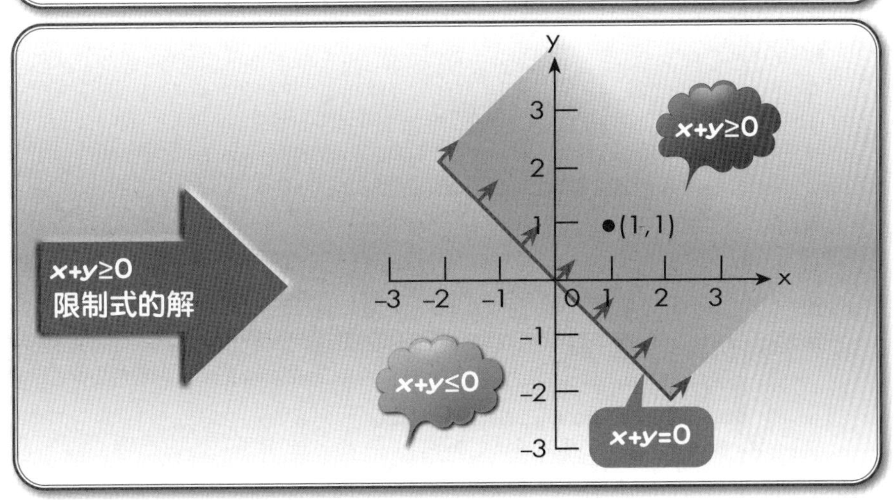

x+y≥0
(1,1)
x+y≥0
限制式的解
x+y≤0
x+y=0

Unit 2-3 可行解區域的圖示法

線性規劃問題的可行解區域 (Feasible Solution Region)，為其模式中所有限制式解集合的交集區域。茲以前述飲料生產問題的線性規劃模式說明如下：

極大化總利潤	$Z = 40x + 30y$（千元）	(1)
$0.4x + 0.5y \le 20$	原料 1 的限制式	(2)
$y \le 25$	原料 2 的限制式	(3)
$0.6x + 0.3y \le 21$	原料 3 的限制式	(4)
$x, y \ge 0$	非負限制式	(5)

限制式 (5) 事實上代表 $x \ge 0$ 與 $y \ge 0$ 兩個限制式。限制式 $x \ge 0$ 的解集合，為 y 軸及第 I 與第 IV 象限所有點的集合；限制式 $y \ge 0$ 的解集合，為 x 軸及第 I 與第 II 象限所有點的集合；則此兩解集合的交集（第 I 象限）即為限制式 (5) 的解集合，如右頁圖。

限制式 (2)、限制式 (3) 及限制式 (4) 的解集合如右頁圖。重疊各限制式解集合，其交集則如下圖，即為飲料生產線性規劃問題的可行解集合或可行解區域。

以上乃為便於解說，將各限制式的解集合以個別圖表示之；實務上，應可將各限制式的解集合在同一座標平面上逐步加上，自然可以得到所有限制式的解集合的交集。在推求所有限制式的可行解區域（所有限制式解集合的交集）時，限制式可按方便的順序選用之，尚無限制式選用順序的限制。請執行 PowerPoint 檔「限制式解集合 .pptx」，以瞭解限制式解集合的合成。

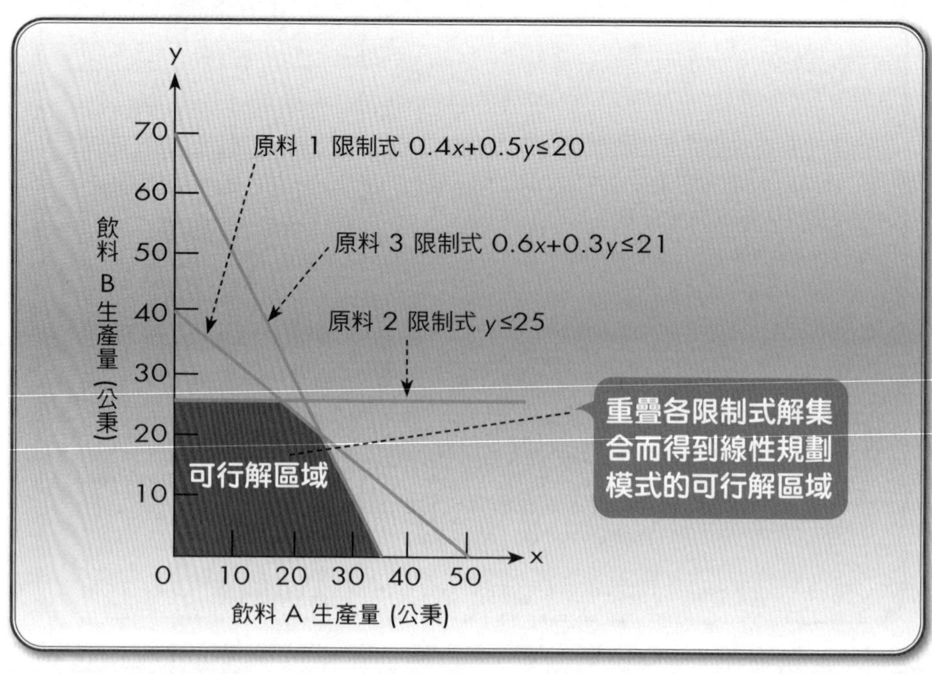

可行解區域的圖示法

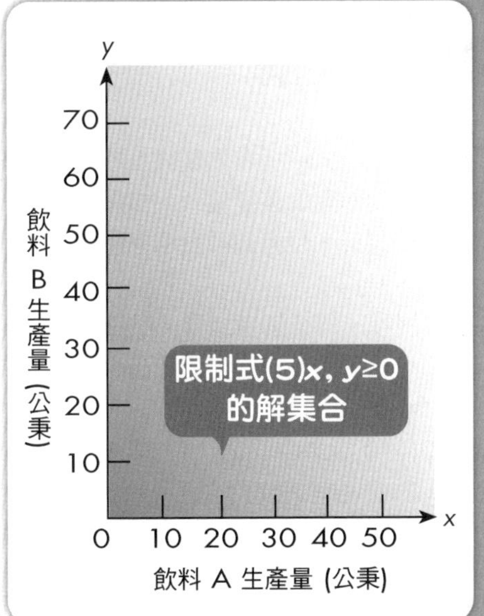

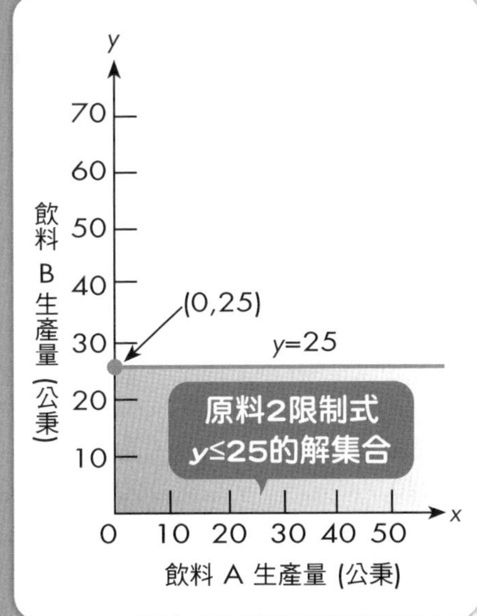

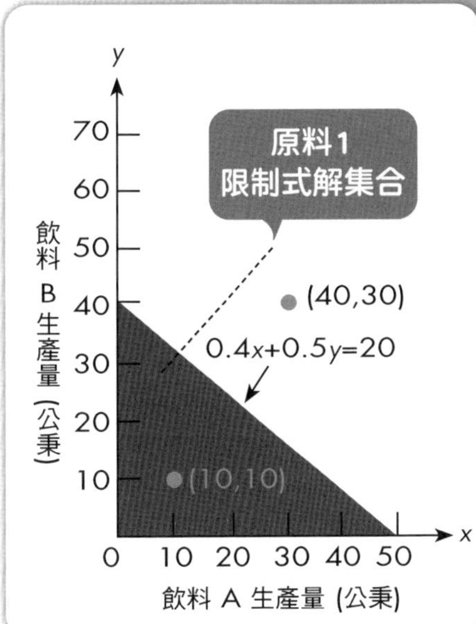

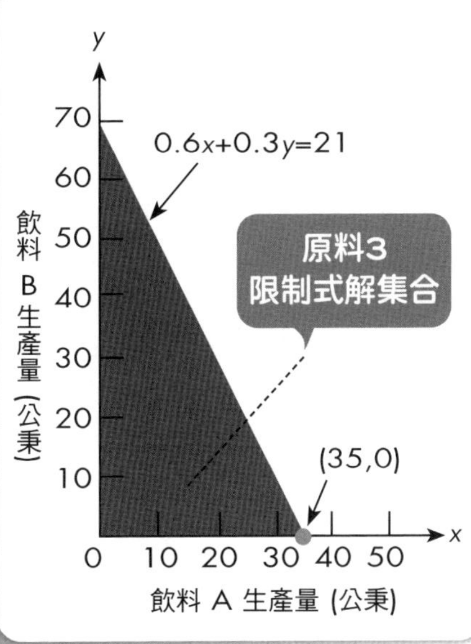

知識補充站

線性規劃模式中的限制式愈多，則所圍成的密閉可行解區域多邊形的邊數與端點數也愈多。目標函數直線必與該可行解區域的一個端點接觸（唯一解）或一個邊疊合（多重解）。其解有極大值也有極小值。

Unit 2-4 以目標函數線尋覓最佳解

可行解區域內所有點的座標值，均滿足線性規劃模式中所有限制式，飲料生產的線性規劃問題，即在這些可行解區域內找得一點，使該點的座標值代入目標函數，可得較可行解區域內的其他點的目標函數值均大，則該最大目標函數值的點座標值，即為飲料生產線性規劃問題的最佳解。

因為線性規劃可分性 (Divisibility) 的基本假設，可行解區域內的點數為無限，逐點代入目標函數推求比較其目標函數值當屬不可行，因此只好從目標函數直線的幾何特性尋求解決方案。

若將目標函數 $Z = 40x + 30y$ 中的利潤 (*Z*) 設定為 240（以千元為單位，故 240 代表 240,000 元），則直線方程式 $40x + 30y = 240$ 的解集合如右圖所示。若將利潤 (*Z*) 設定為 720（代表利潤 720,000 元），則直線方程式 $40x + 30y = 720$ 的解集合如右圖所示。

同理，將利潤 (*Z*) 設定為 1200（代表利潤 1,200,000 元），則直線方程式 $40x + 30y = 1200$ 的解集合亦如右圖所示。觀察右圖之不同利潤值的目標函數直線均相互平行，惟其與 x 軸的截距則隨利潤值的加大而增加。因此，若將目標函數直線往右上方平行移動使與 x 軸的截距加大，則可預期其利潤值亦應增加；但是平行移動到什麼位置才是截距最大，或利潤值最大又是另一個課題。

目標函數直線上所有落於可行解區域內的點，才能滿足線性規劃模式的所有限制式，其所推得的目標函數值才有意義；故若將目標函數直線往右上方平行移動到離開可行解區域，則目標函數直線上的點座標值，即因不能滿足所有限制式而不具意義。

若將目標函數直線平行移動到如右圖所示的位置，則因目標函數直線與可行解區域僅有一點的接觸，若再往右上方平行移動，必脫離可行解區域，而不能滿足所有限制式，故圖上目標函數直線的位置為極致位置，其截距最大，利潤值亦為最大。目標函數直線與可行解區域的接觸點座標值，即為飲料 A 與飲料 B 的最佳產量（最佳解），將該點的座標值代入目標函數即得最大利潤。

目標函數中決策變數的係數均為常數，故兩個決策變數的目標函數直線，必因不同目標函數值而相互平行。

可行解區域的圖示法

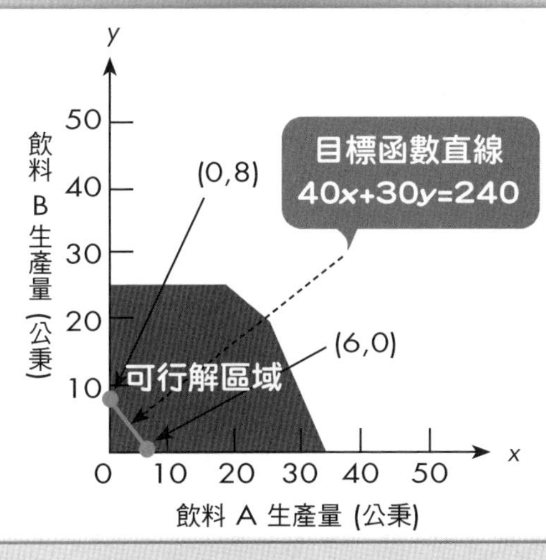

y
50
40
30
20
10
0
10
20
30
40
50
x
飲料B生產量(公秉)
飲料A生產量(公秉)
目標函數直線
40x+30y=240
(0,8)
(6,0)
可行解區域

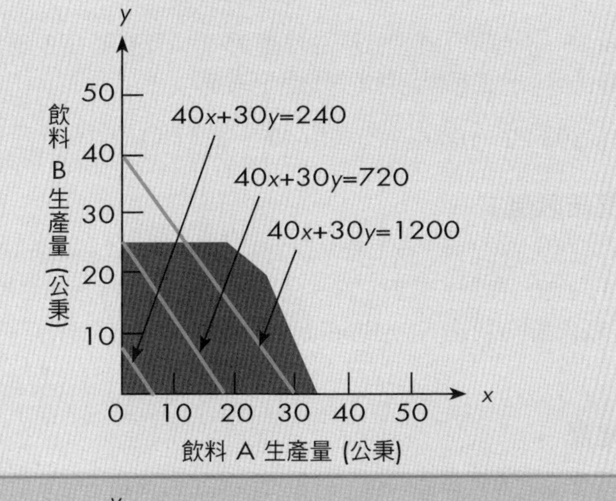

y
50
40
30
20
10
0
10
20
30
40
50
x
飲料B生產量(公秉)
飲料A生產量(公秉)
40x+30y=240
40x+30y=720
40x+30y=1200

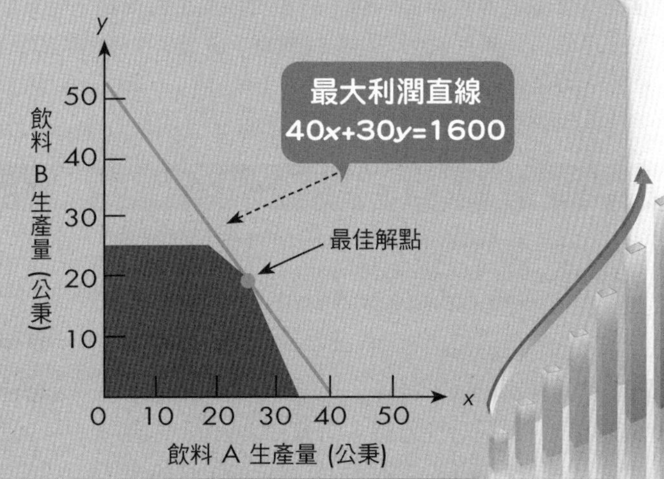

y
50
40
30
20
10
0
10
20
30
40
50
x
飲料B生產量(公秉)
飲料A生產量(公秉)
最大利潤直線
40x+30y=1600
最佳解點

Unit 2-5 資源使用情形分析

計算最佳解點

前述平行移動目標函數直線到與可行解區域，僅有一點接觸，且再進一步平行移動，則將脫離可行解區域，因此該接觸點的座標值即為最佳解。最佳解的座標值固然可以直接從平面直角座標系統讀取，然為避免讀取的誤差，可從判定最佳解接觸點係由那兩條限制式直線的交點，再以代數法解該兩限制式的直線方程式，即可求得最佳解點的座標值。

觀察前圖可知，最佳解接觸點係由原料 1 限制式與原料 3 限制式兩直線方程式的交點。亦即解下列兩直線方程式的交點。

$0.4x + 0.5y = 20$ 與 $0.6x + 0.3y = 21$

解之，得 $x = 25$，$y = 20$；亦即飲料 A 生產 25 公秉及飲料 B 生產 20 公秉為本飲料生產問題的最佳解，代入目標函數即得最大利潤值

$40 \times 25 + 30 \times 20 = 1000 + 600 = 1,600$ 千元，即 1,600,000 元。

繫結與未繫結限制式

含有最佳解點的限制式，稱為繫結限制式 (Binding Constraint)，如右圖的原料 1 ($0.4x + 0.5y \le 20$) 限制式，與原料 3 ($0.6x + 0.3y \le 21$) 限制式；不含最佳解點的限制式，稱為未繫結限制式(Non-Binding Constraint) 如右圖的原料 2 ($y \le 25$) 限制式。

資源使用情形

兩個決策變數的線性規劃問題，固然可以使用圖解法求得其最佳解（飲料 A 與飲料B 的生產量），與極大化的利潤目標值，但是決策者尚需瞭解資源（原料 1、原料 2、原料 3 等）使用情形。依據計得的生產 25 公秉飲料 A 與生產 20 公秉飲料 B 最佳解，代入相關限制式，可得各資源使用情形如下表：

限制條件	最佳解時資源使用量	資源可用量	資源剩餘量
原料 1	$0.4 \times 25 + 0.5 \times 20 = 20$	20	0
原料 2	$0.0 \times 25 + 0.2 \times 20 = 4$	5	1
原料 3	$0.6 \times 25 + 0.3 \times 20 = 21$	21	0

由上表可知，原料 1 與原料 3 等資源全部使用於生產飲料 A 與飲料 B，但原料 2 則尚有 1 公秉並未使用；這種在小於等於 (≤) 限制式中尚未使用的資源，稱為閒置量 (Slack)。

資源使用情形分析

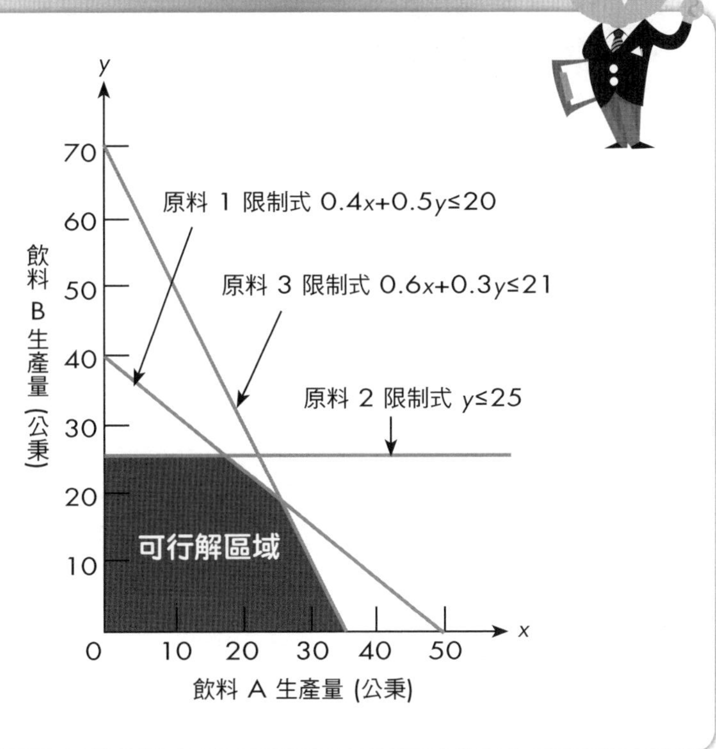

y
70
60
50
40
30
20
10
0
10
20
30
40
50
x
原料 1 限制式 0.4x+0.5y≤20
原料 3 限制式 0.6x+0.3y≤21
原料 2 限制式 y≤25
可行解區域
飲料 B 生產量 (公乘)
飲料 A 生產量 (公乘)

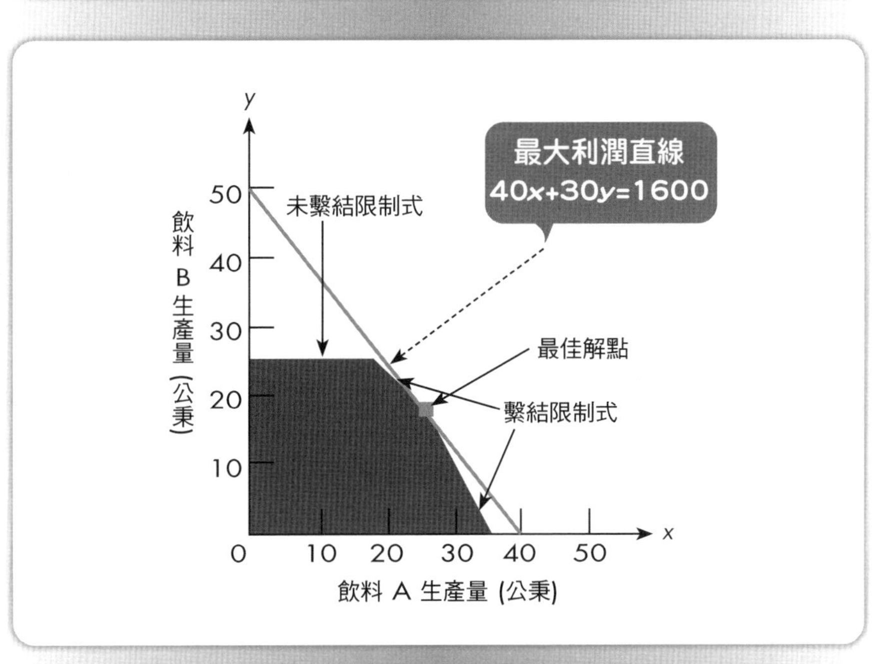

y
50
40
30
20
10
0
10
20
30
40
50
x
最大利潤直線
40x+30y=1600
未繫結限制式
最佳解點
繫結限制式
飲料 B 生產量 (公乘)
飲料 A 生產量 (公乘)

Unit 2-6 端點與最佳解

假若前述飲料生產問題中每銷售 1 公秉飲料 B 的利潤由 30,000 元提升為 60,000 元，而飲料 A 的利潤不變，則整個線性規劃模式中所有限制式均未改變，但目標函數改變則為

極大化或 Max $Z = 40x + 60y$

因為限制式並未改變，故其滿足各限制式的可行解區域相同；目標函數直線則因決策變數 y 的係數改變，而改變目標函數直線的斜率，則平行移動目標函數直線與可行解區域的最佳解接觸點，為原料 1 限制式 ($0.4x + 0.5y \le 20$) 與原料 2 限制式 ($y \le 25$) 兩式直線交點，如右圖。最佳解接觸點的座標值為 $x = 18.75$ 公秉與 $y = 25$ 公秉。因為飲料 B 的利潤提高，故最佳解為降低飲料 A 的生產量為 18.75 公秉，提高飲料 B 的生產量為 25 公秉來提高最大利潤。生產量改變後的最大利潤為

$Z = 40 \times 18.75 + 60 \times 25 = 750+1500=2,250$ 千元或 2,250,000 元

最佳解接觸點均發生於滿足模式中所有限制式的可行解區域的頂點 (Vertices 或 Corners)，在線性規劃的術語中，稱之為可行解區域的端點 (Extreme Points of Feasible Region)。因此，可獲得如下的結論：

線性規劃的最佳解發生於該線性規劃問題的可行解區域的端點。

按此結論，在推求線性規劃問題的最佳解時，不需計算比較可行解區域內的各點的目標函數值，而僅需就可行解區域的各個端點比較其目標函數值，即可求得最佳解。可行解區域的端點，即是線性規劃模式中各限制式之等式直線的交點；因為飲料生產問題的非負限制式 $x, y \ge 0$，應計為 $x \ge 0$、$y \ge 0$ 等 2 個限制式，故共有五個限制式，其五個交點計算如下表及右圖標示。

交點編號	限制式	限制式	交點 x 座標	交點 y 座標
①	$y = 0$	$x = 0$	0.00	0.00
②	$y = 0$	$0.6x + 0.3y \le 21$	35.00	0.00
③	$0.6x + 0.3y \le 21$	$0.4x + 0.5y \le 20$	25.00	20.00
④	$y = 25$	$0.4x + 0.5y \le 20$	18.75	25.00
⑤	$x = 0$	$y = 25$	0.00	25.00

兩個決策變數的線性規劃圖解法，只不過是協助找尋最佳解的可行解區域端點的技術而已。兩個以上決策變數的線性規劃問題，顯然不是平面上的可行解區域，而是多面的立體空間，而其可能的最佳解點仍是各限制式的交點。

端點與最佳解

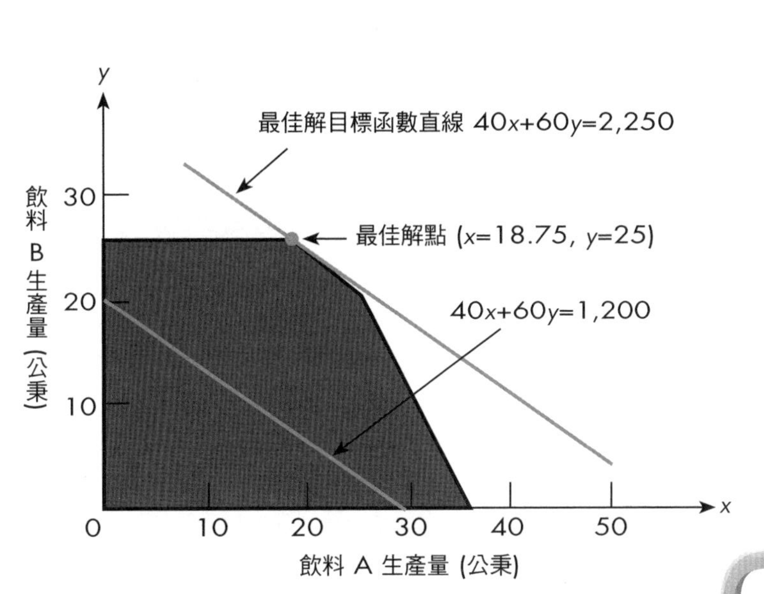
y
最佳解目標函數直線 40x+60y=2,250
最佳解點 (x=18.75, y=25)
40x+60y=1,200
飲料 B 生產量 (公秉)
30
20
10
0
10
20
30
40
50
x
飲料 A 生產量 (公秉)

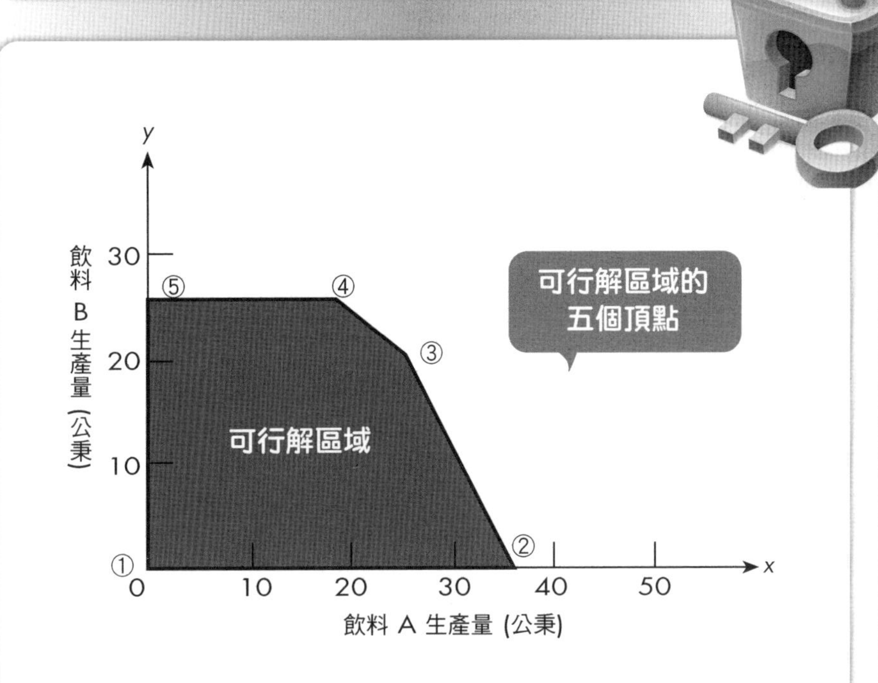
y
飲料 B 生產量 (公秉)
30
20
10
⑤
④
③
②
①
可行解區域
可行解區域的五個頂點
0
10
20
30
40
50
x
飲料 A 生產量 (公秉)

Unit 2-7 一個極小化的線性規劃問題

某人擬以 1,200,000 元購買甲、乙兩種基金。甲、乙兩種基金的單位成本、每年回收率及風險指數如下表：

基金	單位成本 (元)	每年回收率 %	風險指數
甲基金	50	10%	8
乙基金	100	4%	3

風險指數越高，則風險度越大。某人擬以最小投資風險度，期望每年至少回收 60,000 元，且投資於乙基金的金額不得少於 300,000 元，試推求最佳投資組合？

因為追求最低的投資風險度，故屬於一個極小化的線性規劃問題。依據選定的決策變數、設定目標函數、建立限制式的順序，建立線性規劃模式如下：

1. 因為需要決定購買甲基金與乙基金的數額，故選定下列的決策變數：
   x_1 =購買甲基金的單位數
   x_2 =購買乙基金的單位數

2. 在投資風險度最低的要求下，設定目標函數為
   極小化　$Z = 8x_1 + 3x_2$

3. 在可用資金 1,200,000 元的限制條件下，可得限制式
   $50x_1 + 100x_2 \le 1,200,000$

4. 在期望每年至少回收 60,000 元的限制條件下，可得限制式
   甲基金每單位每年可回收 $50 \times 0.1 = 5$ 元
   乙基金每單位每年可回收 $100 \times 0.04 = 4$ 元，故 $5x_1 + 4x_2 \ge 60,000$

5. 投資於乙基金的金額不得少於 300,000 元，可得限制式
   $x_2 \ge 3,000$（每單位 100 元）

6. 購買甲、乙基金單位數均需非負，故得限制式 $x_1 \ge 0$，$x_2 \ge 0$

將目標函數及限制式整理得線性規劃模式如右圖。

因為決策變數僅有兩個，故可用圖解法求解之。設平面直角座標系的 x 軸代表決策變數 x_1；y 軸代表決策變數 x_2。

首先，以各限制式的等式直線方程式各繪得一直線，並以原點座標值代入各限制式判斷各限制式的可行解區域係落於限制式等式直線的靠近原點區域，或遠離原點的區域；各限制式可行解區域的交集，即為整個線性規劃問題的可行解區域，如右圖所示。

追求最低的投資風險度的線性規劃模式

極小化　$Z=8x_1+3x_2$

受限於

$50x_1+100x_2 \le 1,200,000$	可用資金限制
$5x_1+4x_2 \ge 60,000$	每年至少回收額限制
$x_2 \ge 3,000$	至少購買乙基金的單位數
$x_1 \ge 0$	購買甲基金數必須非負
$x_2 \ge 0$	購買乙基金數必須非負

重疊各限制式的解集合得可行解區域

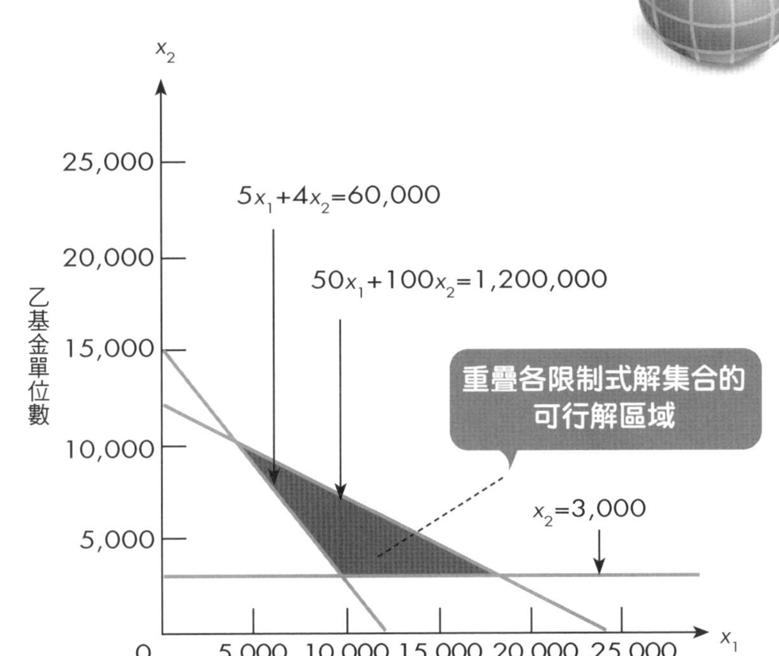

Unit 2-8 圖解法解題步驟

一個極小化的線性規劃問題（續）

其次，設定一個目標函數值繪得一目標函數直線，並往直線與 x 軸截距值減少的方向平行移動該目標函數直線，直到當目標函數直線進一步移動，即脫離可行解區域的位置，則此時目標函數直線與可行解區域的接觸點座標值，即為最佳解。

設最低風險指數為 54,000，則目標函數直線如右圖所示，因為整條目標函數直線落於該模式可行解區域以外，故該直線上所有點均不是本模式的最佳解。直線在 x_1 軸上的截距為 6,750，應該增加目標函數直線在 x_1 軸上的截距（因而增加投資風險度），使目標函數直線能落於可行解區域內。

增加最低風險指數為 120,000，則目標函數直線如右圖所示，其在 x_1 軸上的截距為 15,000。因為是極小化問題，故需將目標函數直線往左下方平行移動，以使在 x_1 軸上的截距值減少（因而目標函數值也減少），直到目標函數直線即將脫離可行解區域時，則目標函數直線與可行解區域的接觸點，即為最佳解點如右圖所示。

由右圖可讀得最佳解點的座標值為 $x_1 = 4,000$ 單位，$x_2 = 10,000$ 單位；或解 $50x_1 + 100x_2 \le 1,200,000$ 與 $5x_1 + 4x_2 \ge 60,000$ 兩限制式的等式直線方程式

$$50x_1 + 100x_2 = 1,200,000$$
$$5x_1 + 4x_2 = 60,000$$

亦可解得 $x_1 = 4,000$ 單位，$x_2 = 10,000$ 單位。
最低風險指數為 $8 \times 4000 + 3 \times 10000 = 62,000$

極大（小）化問題圖解法步驟

綜合飲料公司尋求飲料 A 與飲料 B 的最佳產量，以追求最大利潤（極大化問題）；並探求適當投資組合，以追求最低投資風險度（極小化問題）說明，可得極大（極小）化問題圖解法之解題步驟如下：

1. 決定每一限制式的可行解區域。
2. 決定滿足所有限制式的可行解區域。
3. 設定任意目標值以繪製該目標函數直線。
4. 往可以使目標函數值增加（極大化）或減少（極小化）的方向，平行移動目標函數直線，直到進一步移動，將使目標函數直線脫離可行解區域時停止。
5. 目標函數直線與可行解區域的接觸端點，即為最佳解點。

圖解法解題步驟

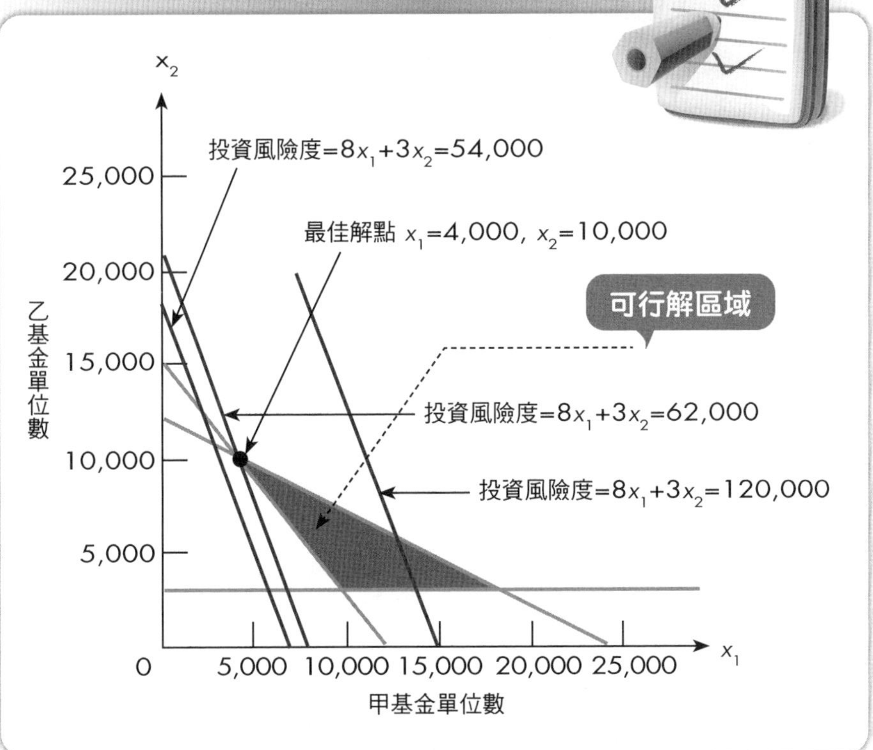

極大(極小)化問題圖解法步驟

1. 決定每一限制式的可行解區域。
2. 決定滿足所有限制式的可行解區域。
3. 設定任意目標值以繪製該目標函數直線。
4. 往可以使目標函數值增加（減少）的方向，平行移動目標函數直線，直到進一步移動，將使目標函數直線脫離可行解區域時停止。
5. 目標函數直線與可行解區域接觸的端點，即為最佳解點。

Unit 2-9 線性規劃圖解法動態展示

線性規劃圖解法歸納可知，應依據線性規劃模式中的各限制式畫出其解集合，再重疊各解集合，而得整個線性規劃模式的可行解區域；再任意設定一個目標函數值，而繪出目標函數直線。在極大（小）化問題中，移動目標函數直線，使直線在橫座標的截距逐漸增大（減小），直到目標函數直線與可行解區域只有一個頂點接觸，或僅與一個邊吻合，即得最佳解點與目標函數值。

依前述兩個線性規劃圖解法，實例設計各限制式解集合重疊，及目標函數直線移動的動態展示投影片（PowerPoint 檔案）。實例及相關檔案如下：

某飲料公司新近研發兩種新型飲料 A 與飲料 B。該兩種飲料係由三種原料混合而成，但這三種原料的供應量受到限制；其每月可購得的最大量如下表：

原料	最大可購得的量
原料 1	20 公秉
原料 2	5 公秉
原料 3	21 公秉

每公秉飲料所需的各原料則如下表所示：

飲料	原料 1	原料 2	原料 3
飲料 A	0.4 公秉	0.0 公秉	0.6 公秉
飲料 B	0.5 公秉	0.2 公秉	0.3 公秉

該飲料公司經過詳細成本計算，飲料上市後可以完全售出，每公秉飲料 A 可淨賺 40,000 元 ，每公秉飲料 B 可淨賺 30,000 元，試為該飲料公司決定飲料 A 與飲料 B 各應生產若干公秉，才能在原料取得受限的情形下獲得最大利潤？

圖解法動態展示，請開啟 PowerPoint 檔案：飲料公司最大利潤產量問題.pptx。動態展示最終畫面如右圖。

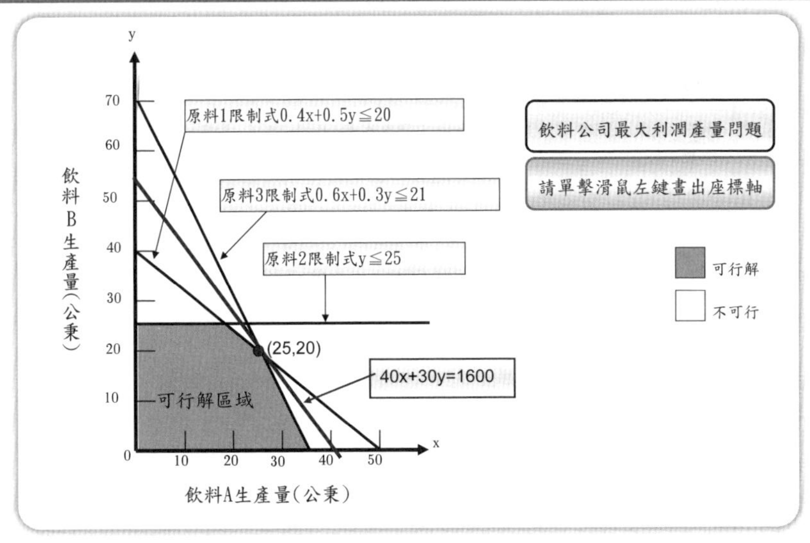

某人擬以 1,200,000 元購買甲、乙兩種基金。甲、乙兩種基金的單位成本、每年回收率及風險指數如下表：

基金	單位成本 (元)	每年回收率 %	風險指數
甲基金	50	10%	8
乙基金	100	4%	3

風險指數越高，則風險度越大。某人擬以最小投資風險度，期望每年至少回收 60,000 元，且投資於乙基金的金額不得少於 300,000 元，試推求最佳投資組合？

圖解法動態展示，請開啟 PowerPoint 檔案：最低投資風險度投資組合問題 .pptx

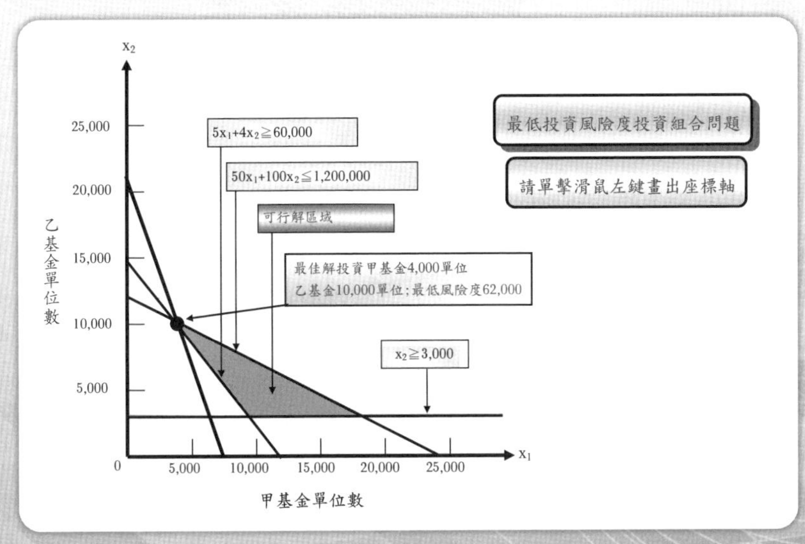

Unit 2-10 線性規劃最佳解的特殊情形 (一)

前述極大化與極小化圖解法例題中，目標函數直線與可行解區域都僅有一個可行解區域端點接觸，故其最佳解是唯一的 (Unique Optimal Solution)；目標函數直線與可行解區域則尚有其他的關係，說明如下：

多重最佳解

當目標函數直線與結合 (Binding) 限制式等式直線平行（斜率相同）時，則目標函數直線與可行解區域的接觸，不僅是一點而是一個線段，亦即可行解多邊形區域的某個邊，在此線段（邊）上的所有點均屬最佳解，且其目標函數值均相同。這種線性規劃問題的解，稱為多重解 (Alternate Optimal Solution)。多重解的最佳解，發生於可行解區域的兩個端點上及兩個端點間直線上無限多點。

在極大化利潤的飲料生產問題中，若每銷售 1 公秉飲料 B 的利潤由 30,000 元提升為 50,000 元，則目標函數改為 $Z = 40x + 50y$。

目標函數直線的斜率與原料 1 限制式 (2) 的斜率相同，故為多重解如右圖所示。其最佳解位於端點③與端點④及其間的任意一點。端點③的最佳解值為 $x = 25$，$y = 20$；端點④的最佳解值為 $x = 18.75$，$y = 25$。該兩端點及其間的任意一點的座標值代入目標函數，均可得到相同的目標函數值（即最大利潤）。

端點③（座標值 $x = 25$，$y = 20$）的目標函數值為

$40 \times 25 + 50 \times 20 = 2{,}000$（即 2,000千元或 2,000,000 元）

端點④（座標值 $x = 18.75$，$y = 25$）的目標函數值為

$40 \times 18.75 + 50 \times 25 = 2{,}000$（即 2,000 千元或 2,000,000 元）

設端點③與端點④直線上有一點 s，其距離端點④的長度為端點③與端點④間長度的 0.6 倍（如右圖）時，則該 s 點的座標值為

$$x = 18.75 + 0.6 \times (25 - 18.75) = 22.5$$
$$y = 25 + 0.6 \times (20 - 25) = 22$$

以 $x = 22.5$、$y = 22$ 代入目標函數得目標函數值為

$40 \times 22.5 + 50 \times 22 = 2{,}000$（即 2,000 千元或 2,000,000 元）

多重解對決策者應屬正面的結果，因為決策者在相同的獲利下可以有多種的產品生產選擇可用。

線性規劃最佳解的特殊情形（一）

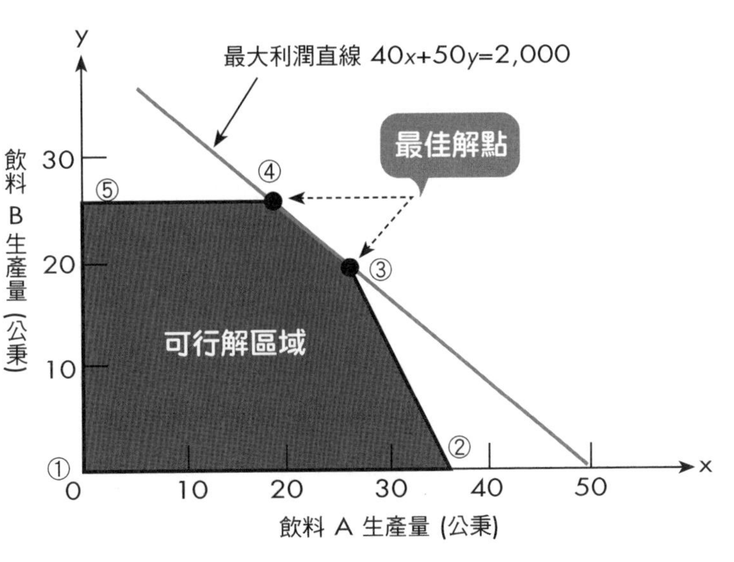

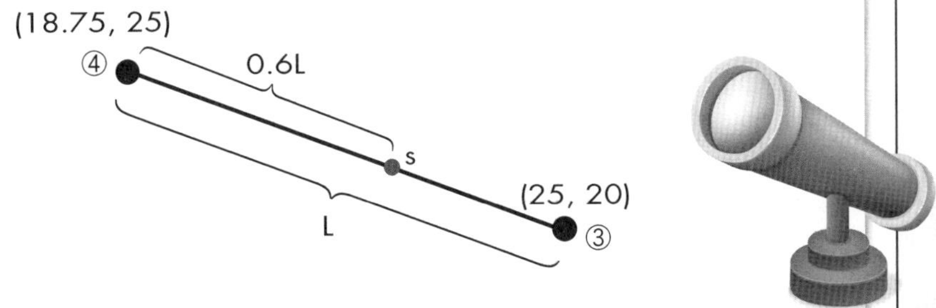

知識補充站

可行解區域是由線性規劃模式中所有限制式直線所圍成的密閉或開放空間。如為密閉可行解區域，則目標函數直線必與該可行解區域的一個端點接觸（唯一解）或一個邊疊合（多重解）。其解有極大值也有極小值。如為開放可行解區域，則目標函數直線可能與該可行解區域的一個端點接觸（唯一解），或一個邊疊合（多重解），或無法與一個端點接觸，或一個邊疊合而形成無限值解。其解有極大值或極小值。

Unit 2-11 線性規劃最佳解的特殊情形（二）

無可行解

當線性規劃模式中的所有限制式可行解區域無法產生交集的可行解區域，則該線性規劃問題無可行解 (Infeasible Solution)。

在極大化利潤的飲料生產問題中，若飲料公司決定飲料 A 至少生產 30 公秉，飲料 B 至少生產 15 公秉，則應該增加下列限制式

$x \geq 30$
$y \geq 15$

右圖左下方的陰影部分，為原來非負決策變數及原料的限制式所得的可行解區域，右上方陰影部分則為最低產量限制式 ($x \geq 30$) 及 ($y \geq 15$) 的可行解區域；但該兩個可行解區域並無交集，故整個線性規劃模式並無可行解區域，屬無可行解 (Infeasible Solution) 的線性規劃問題。

依據飲料 A 與飲料 B 最低生產量 30 公秉與 15 公秉的限制條件，代入相關限制式，可得各資源使用情形如下表：

限制條件	最佳解時資源使用量	資源可用量	資源剩餘(+)不足(–)量
原料 1	$0.4 \times 30 + 0.5 \times 15 = 19.5$	20	+0.5
原料 2	$0.0 \times 30 + 0.2 \times 5 = 3$	5	+2
原料 3	$0.6 \times 30 + 0.3 \times 15 = 22.5$	21	–1.5

原料 1 與原料 2 可以滿足指定最低生產量且尚有剩餘，但原料 3 則缺少 1.5 公秉，故無法滿足最低生產量的限制條件，而無可行解。

無可行解的線性規劃模式與目標函數無關，而與限制條件（即限制式）有關；如果限制條件太過嚴苛，則各限制式的可行解區域無法有交集區域，而造成無可行解的現象。改變目標函數的係數無法改善無可行解的現象。

如果飲料 A 與飲料 B 的最低產量可以調整，則因極大化的目標函數為 $Z = 40x + 30y$，應改減少飲料 B 的產量對總利潤影響較少。由上表知，原料 3 不足 1.5 公秉，而飲料 B 每公秉需要 0.3 公秉的原料 3，若飲料 A 最低產量維持 30 公秉，而將飲料 B 的產量減少 5 公秉，則各原料的需求量如下表：

限制條件	最佳解時資源使用量	資源可用量	資源剩餘(+)不足(–)量
原料 1	$0.4 \times 30 + 0.5 \times 10 = 17$	20	+3.0
原料 2	$0.0 \times 30 + 0.2 \times 10 = 2$	5	+3
原料 3	$0.6 \times 30 + 0.3 \times 10 = 21.0$	21	剛好夠用

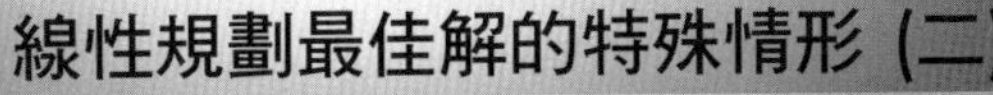
線性規劃最佳解的特殊情形 (二)

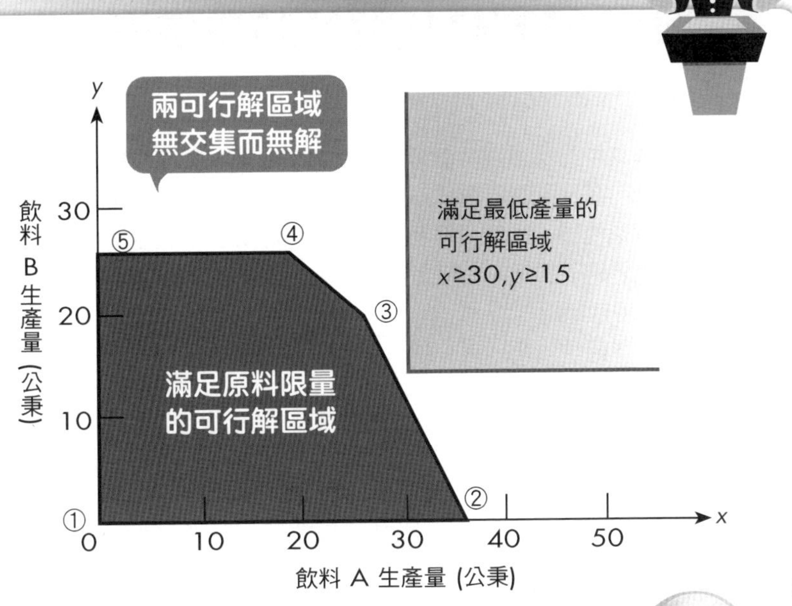
兩可行解區域
無交集而無解
滿足最低產量的
可行解區域
x≥30,y≥15
滿足原料限量
的可行解區域
飲料B生產量(公秉)
飲料A生產量(公秉)
y
x
①
②
③
④
⑤
0
10
20
30
40
50

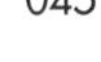
045

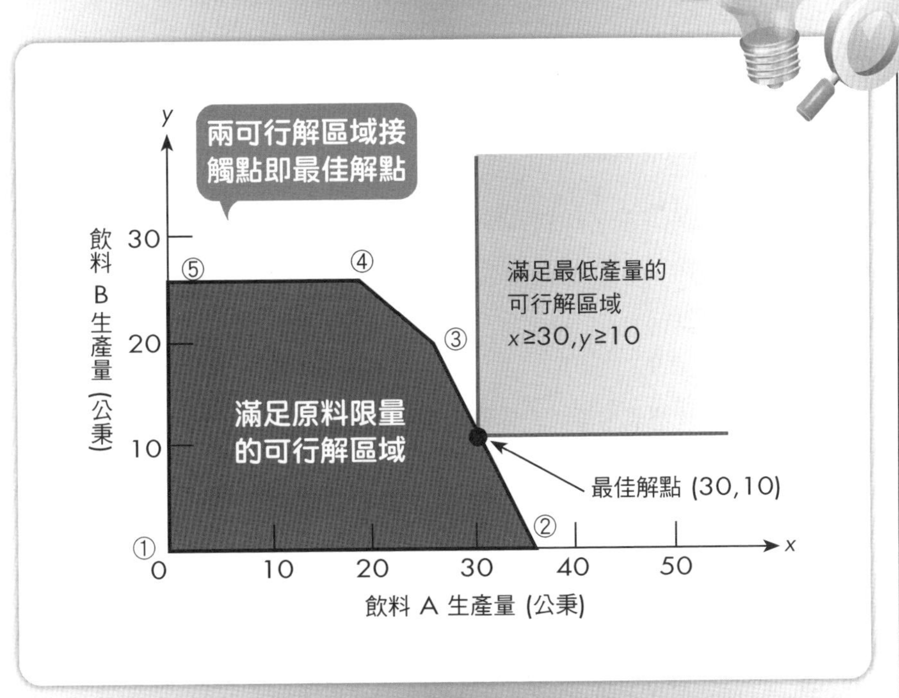
兩可行解區域接
觸點即最佳解點
滿足最低產量的
可行解區域
x≥30,y≥10
滿足原料限量
的可行解區域
最佳解點 (30,10)
飲料B生產量(公秉)
飲料A生產量(公秉)
y
x
①
②
③
④
⑤
0
10
20
30
40
50

Unit 2-12 線性規劃最佳解的特殊情形 (三)

無限值解

當線性規劃模式中的目標函數值可以無限制的增大（極大化問題），或減少（極小化問題），且仍然滿足所有限制式，則這個線性規劃模式有無限值解 (Unbounded Solution)。在現實環境裡，尚無可獲無限大利潤或無限小成本的理想境界，必定其模式中忽略了某些重要的限制條件。無限值解的兩變數線性規劃圖解法所顯現的是，其可行解區域往某一方向無限延伸。

例如，下列簡單線性規劃模式：

極大化　$Z = 2x_1 + x_2$

受限於　$x_1 \geq 2$

$x_2 \leq 5$

$x_1, x_2 \geq 0$

則其可行解區域及目標函數直線如右圖所示。該可行解區域可以向 x_1 軸方向無限延伸且尚滿足各限制式；目標函數直線往右平行移動均可落於可行解區域內，故可獲得無限大的目標函數值，故屬無限值解 (Unbounded Solution)。

無限值解通常是因為忽略某些限制條件所造成的，但有時極大化的目標函數改為極小化目標函數，有可能使其變為唯一最佳解。若改變為極小化目標函數 $Z = 2x_1 + x_2$，則其唯一最佳解為 $x_1 = 2$、$x_1 = 0$ 得目標函數值 $Z = 2 \times 2 - 0 = 4$，如右圖所示。

另一無限值解線性規劃模式為

極大化　$Z = x_1 + x_2$

受限於

$x_1 - x_2 \leq 10$

$x_1 \leq 20$

$x_1, x_2 \geq 0$

圖解如右圖，尚難覓得極大化的最佳可行解端點，惟仍可判得原點端點 (0.0，0.0) 是極小化的最佳解端點。

小博士解說

無限值解乃因線性規劃模式中限制式直線所圍成的空間不是密閉空間所致。一個有極大無限值解的問題，可能有極小化的唯一解或多重解；反之，一個有極小無限值解的問題，可能有極大化的唯一解或多重解。

線性規劃模式無限值解範例

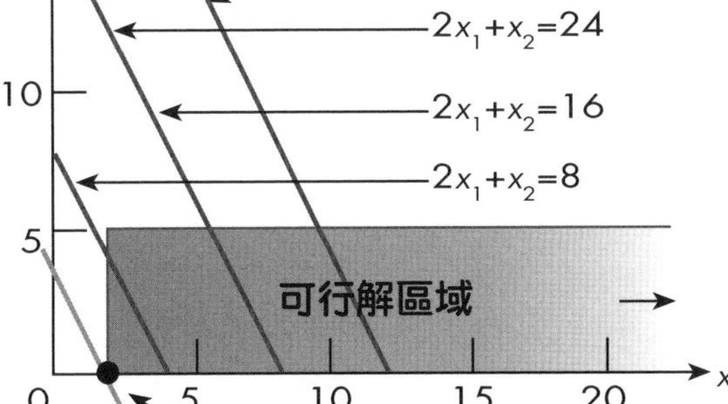

極小目標函數值的最佳解點 (2,0)

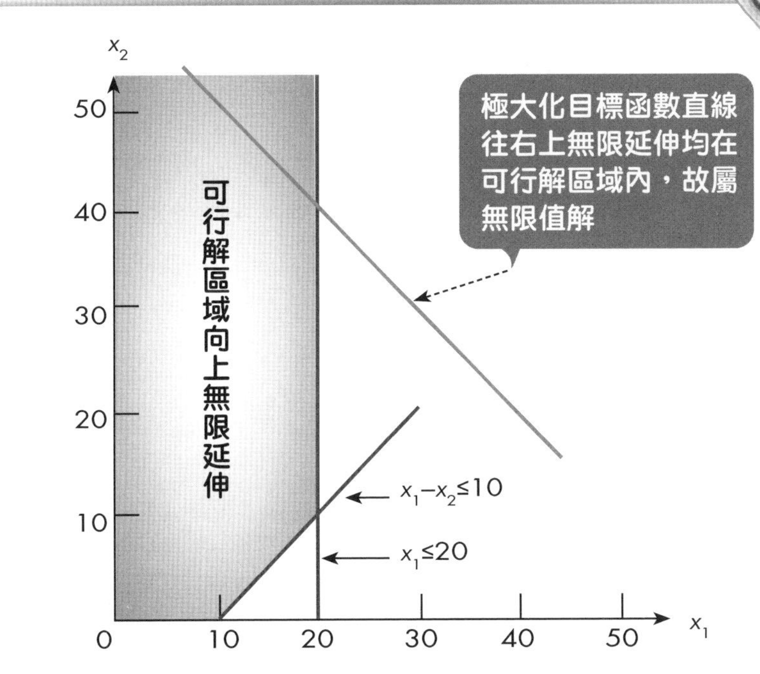

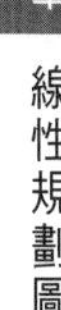

第 3 章

線性規劃模式求解

章節體系架構 ▼

Unit 3-1 試算表模式 (Excel Model)

試算表上任意一個儲存格 A 的值，可以直接或間接地依據其他一個或多個儲存格的值計算而得。若試算表的自動計算功能沒有關閉，則只要改變儲存格 A 的值所依賴的一個或多個儲存格的值，則試算表將會自動重新計算儲存格 A 的值。儲存格 A 通稱為目標儲存格 (Target Cell)，目標儲存格所據以計算的一個或多個儲存格，通稱為決策變數儲存格 (Decision Variable Cell)。這種試算表上某一個儲存格的值，依賴其他儲存格的值計算而得的關係，稱為試算表模式 (Excel Model)。

試算表模式中的儲存格間的計算關係，可以是很簡單或是很複雜，可以是投資風險計算、投資報酬率計算、分期付款計算或工程計算等，因此，也可依其計算的性質，而稱為投資風險模式、投資報酬率模式、分期付款計算模式或工程計算模式。模式的名稱並不是最重要的事項，最重要的是，各儲存格間的計算公式及計算先後次序的正確性。

右圖是於年利率 2.3% 的銀行在某月初存入 50,000 元孳生利息，且於此後每月月底提款 5,000 元，推算第 10 個月月底的存款餘額試算表。試算表中的利率欄位是年利率 2.3% 除以 12 而得相當月利率。

第 1 個月的月初餘額（儲存格 B4）就等於期初存款（儲存格 B2）50,000 元。每個月的利息為月初餘額乘以利率。每個月月底餘額為月初餘額加上利息減去提款額。第 2 個月及以後各個月的月初餘額為上一個月的月底餘額。準此規則，則第 10 個月月底餘額（儲存格 F13）533.18 元，直接地由儲存格 B13 加儲存格 D13 減儲存格 E13 或 B13+D13–E13；換言之，儲存格 F13 可以說是直接地由儲存格 B13、儲存格 D13、儲存格 E13 計算而得，或間接地由儲存格 B1、儲存格 B2、儲存格 D2 計算而得。在此試算表模式中，儲存格 F13 就是目標儲存格；儲存格 B1、儲存格 B2、儲存格 D2 就是決策變數儲存格。試算表模式中有下列兩種計算需求：

1. 改變一個或多個決策變數儲存格的值，以推算目標儲存格的值，這種計算稱為順向求解 (Forward Solving)。順向求解可以回答如：**「若」期初存款（儲存格 B2）改為 60,000 元，「則」第 10 個月月底餘額會是多少？**的問題。
2. 先設定目標儲存格的一個定值，反向推求一個或多個決策變數的值應該改為多少？這種由目標儲存格的定值反向推求決策變數儲存格的值，稱為逆向求解 (Backward Solving)。**「若」第 10 個月月底餘額設定為 0 元，年利率 2.3% 改為 2.5%，「則」期初存款、年利率及（或）期初存款應該是多少？**的問題就是逆向求解。

> 試算表模式都可回答「若」……「則」……的問題，故也稱若則分析 (What-if Analysis)。

以下試算表請參閱 FOR03.xlsx 中的試算表「月底存款」。

所有試算表模式 (Excel Model) 均含有一個目標儲存格，及一個或一個以上的決策變數儲存格，目標儲存格與決策變數儲存格的值之間存有某種數學關係，因此，目標儲存格的值是直接或間接地由決策變數儲存格的值計算而來。
下面的試算表模式是由三個決策變數儲存格 (儲存格 B1、B2、D2)，與一個目標儲存格 (儲存格 F13) 所構成。

	A	B	C	D	E	F
1	銀行年利率	2.30%				
2	期初存款	$50,000	月底提款	$5,000		
3	月	月初餘額	利率	利息	月底提款	月底餘額
4	1	$50,000.00	0.0019167	$95.83	$5,000.00	$45,095.83
5	2	$45,095.83	0.0019167	$86.43	$5,000.00	$40,182.27
6	3	$40,182.27	0.0019167	$77.02	$5,000.00	$35,259.28
7	4	$35,259.28	0.0019167	$67.58	$5,000.00	$30,326.86
8	5	$30,326.86	0.0019167	$58.13	$5,000.00	$25,384.99
9	6	$25,384.99	0.0019167	$48.65	$5,000.00	$20,433.64
10	7	$20,433.64	0.0019167	$39.16	$5,000.00	$15,472.81
11	8	$15,472.81	0.0019167	$29.66	$5,000.00	$10,502.47
12	9	$10,502.47	0.0019167	$20.13	$5,000.00	$5,522.59
13	10	$5,522.59	0.0019167	$10.58	$5,000.00	$533.18

若則分析 (What-if Analysis)

順向求解若則分析

「若」改變決策變數儲存格的值，「則」目標儲存格的值如何變化。

輸入決策變數儲存格的值，則目標儲存格的值自動計得。

逆向求解若則分析

「若」設定目標儲存格為某一定值，「則」決策變數儲存格的值該如何變化。

需要藉助試算表的目標搜尋指令或規劃求解增益集求解之。

僅有一個變動的決策變數且無限制式時，使用目標搜尋指令求解之。

有一個以上變動的決策變數且有限制式時，使用規劃求解增益集求解之。

Unit 3-2 若則 (What-if) 分析的順向求解

若則分析中的順向求解符合試算表的計算法則，求解僅是彈指之勞。若改變期初存款（儲存格 B2）為 60,000 元，則第 10 個月月底餘額（儲存格 F13）即刻改為 10,726.51 元，如下圖；若改變月底提款 （儲存格 D2） 為 5,500 元，則第 10 個月月底餘額（儲存格 F13）即刻改為 –4,510.17 元，如右上圖；若改變年利率（儲存格 B2）為2.5%，則第 10 個月月底餘額（儲存格 F13）即刻改為 580.12 元，如右中圖；若同時改變期初存款（儲存格 B2）為 55,000 元，月底提款（儲存格 D2）為 5,100 元，則第 10 個月月底餘額（儲存格 F13）即刻改為 4,621.17 元，如右下圖。

但是如果月底提款維持 5,000 元，請問期初存款應該是多少元，才能使第 10 個月月底餘額剛好等於 0 元？雖然可以在儲存格 B2 輸入不同的期初存款額，並觀察第 10 個月月底餘額（儲存格 F13）是否為 0 元，但可能觀察到的月底餘額是正值或負值，要剛好等於 0 值，實非易事。這種問題如果僅有一個決策變數儲存格的值可以改變，則可用 Excel 試算表附掛的目標搜尋 (Goal Seek) 指令求解之；如果有一個以上決策變數儲存格的值可以改變，則需用規劃求解增益集 (Solver) 求解之。

改變決策變數儲存格 (期初存款) 為 60,000 元

	A	B	C	D	E	F
1	銀行年利率	2.30%				
2	期初存款	$60,000	月底提款	$5,000		
3	月	月初餘額	利率	利息	月底提款	月底餘額
4	1	$60,000.00	0.0019167	$115.00	$5,000.00	$55,115.00
5	2	$55,115.00	0.0019167	$105.64	$5,000.00	$50,220.64
6	3	$50,220.64	0.0019167	$96.26	$5,000.00	$45,316.89
7	4	$45,316.89	0.0019167	$86.86	$5,000.00	$40,403.75
8	5	$40,403.75	0.0019167	$77.44	$5,000.00	$35,481.19
9	6	$35,481.19	0.0019167	$68.01	$5,000.00	$30,549.20
10	7	$30,549.20	0.0019167	$58.55	$5,000.00	$25,607.75
11	8	$25,607.75	0.0019167	$49.08	$5,000.00	$20,656.83
	9	$20,656.83	0.0019167	$39.59	$5,000.00	$15,696.42
	10	$15,696.42	0.0019167	$30.08	$5,000.00	$10,726.51

目標儲存格的值改變為 10,726.51 元

改變決策變數儲存格 (月底提款) 為 5,500 元，則目標儲存格 (第 10 個月月底餘額) 改為 –4,510.17 元。

	A	B	C	D	E	F
1	銀行年利率	2.30%				
2	期初存款	$50,000	月底提款	$5,500		
3	月	月初餘額	利率	利息	月底提款	月底餘額
4	1	$50,000.00	0.0019167	$95.83	$5,500.00	$44,595.83
5	2	$44,595.83	0.0019167	$85.48	$5,500.00	$39,181.31
6	3	$39,181.31	0.0019167	$75.10	$5,500.00	$33,756.41
7	4	$33,756.41	0.0019167	$64.70	$5,500.00	$28,321.11
8	5	$28,321.11	0.0019167	$54.28	$5,500.00	$22,875.39
9	6	$22,875.39	0.0019167	$43.84	$5,500.00	$17,419.23
10	7	$17,419.23	0.0019167	$33.39	$5,500.00	$11,952.62
11	8	$11,952.62	0.0019167	$22.91	$5,500.00	$6,475.53
12	9	$6,475.53	0.0019167	$12.41	$5,500.00	$987.94
13	10	$987.94	0.0019167	$1.89	$5,500.00	-$4,510.17

改變決策變數儲存格 (年利率) 為 2.5%，則目標儲存格改為 580.12 元。

	A	B	C	D	E	F
1	銀行年利率	2.50%				
2	期初存款	$50,000	月底提款	$5,000		
3	月	月初餘額	利率	利息	月底提款	月底餘額
4	1	$50,000.00	0.0020833	$104.17	$5,000.00	$45,104.17
5	2	$45,104.17	0.0020833	$93.97	$5,000.00	$40,198.13
6	3	$40,198.13	0.0020833	$83.75	$5,000.00	$35,281.88
7	4	$35,281.88	0.0020833	$73.50	$5,000.00	$30,355.38
8	5	$30,355.38	0.0020833	$63.24	$5,000.00	$25,418.62
9	6	$25,418.62	0.0020833	$52.96	$5,000.00	$20,471.58
10	7	$20,471.58	0.0020833	$42.65	$5,000.00	$15,514.23
11	8	$15,514.23	0.0020833	$32.32	$5,000.00	$10,546.55
12	9	$10,546.55	0.0020833	$21.97	$5,000.00	$5,568.52
13	10	$5,568.52	0.0020833	$11.60	$5,000.00	$580.12

決策變數同時改變期初存款為 55,000 元，月底提款為 5,100 元，則目標儲存格 (第 10 個月月底餘額) 改為 4,621.17 元。

	A	B	C	D	E	F
1	銀行年利率	2.30%				
2	期初存款	$55,000	月底提款	$5,100		
3	月	月初餘額	利率	利息	月底提款	月底餘額
4	1	$55,000.00	0.0019167	$105.42	$5,100.00	$50,005.42
5	2	$50,005.42	0.0019167	$95.84	$5,100.00	$45,001.26
6	3	$45,001.26	0.0019167	$86.25	$5,100.00	$39,987.51
7	4	$39,987.51	0.0019167	$76.64	$5,100.00	$34,964.16
8	5	$34,964.16	0.0019167	$67.01	$5,100.00	$29,931.17
9	6	$29,931.17	0.0019167	$57.37	$5,100.00	$24,888.54
10	7	$24,888.54	0.0019167	$47.70	$5,100.00	$19,836.24
11	8	$19,836.24	0.0019167	$38.02	$5,100.00	$14,774.26
12	9	$14,774.26	0.0019167	$28.32	$5,100.00	$9,702.58
13	10	$9,702.58	0.0019167	$18.60	$5,100.00	$4,621.17

Unit 3-3 目標搜尋 (Goal Seek) 的逆向求解

在試算表模式中，設定目標儲存格為某一定值，並尋覓一個且僅一個決策變數儲存格的值應該如何改變的問題是一種逆向求解的問題，這種問題僅能以試誤法 (Trial and Error) 求解之。如果以人工試誤法來改變一個決策變數儲存格的值，以觀察目標儲存格值的變化，再修正決策變數儲存格的值，使目標儲存格的值趨近於目標儲存格所設定之值，是相當費時的工作。

Excel 試算表軟體提供一個目標搜尋 (Goal Seek) 指令，以試誤法協助改變決策變數儲存格的值，使目標儲存格的值趨近於設定值在某個誤差範圍內。目標搜尋 (Goal Seek) 指令僅能求解一個且僅一個決策變數與一個目標值的逆向求解，超過一個決策變數的逆向求解，則需藉助於規劃求解 (Solver) 增益集。

月底餘額試算表模式中雖有期初存款、年利率及月底提款額等三個決策變數儲存格，但若假設 2.3% 的年利率及 5,000 元的月底提款額均維持不變，則變成一個期初存款決策變數儲存格 (B2) 與一個第 10 個月月底餘額的目標儲存格 (F13) 的逆向求解問題。要解決「若」第 10 個月月底餘額（儲存格 F13）為 0 元時，「則」期初存款額（儲存格 B2）應該是多少元的逆向求解或若則分析，則可依下列步驟呼用目標搜尋 (Goal Seek) 指令求解之：請參閱 FOR03.xlsx 中的試算表「目標搜尋 A」。

1. 以滑鼠選擇目標儲存格（本例為儲存格 F13）。
2. 選擇「資料」索引標籤「資料工具」群組「模擬分析」下拉清單的「目標搜尋 (G)」，則出現目標搜尋畫面（如右上圖）。若則分析(What-if Analysis)在試算表軟體稱為模擬分析。
3. 設定目標儲存格 (S)：指定目標儲存格的位址。
   目標儲存格 (S) 欄位顯示在進入目標搜尋指令以前選定的儲存格。因此在進入目標搜尋指令之前，先選定目標儲存格，則可避免修正目標搜尋畫面中的目標儲存格 (S) 欄位的內容；否則，選擇目標儲存格 (S) 欄位，再以滑鼠單擊目標儲存格即可。
4. 設定目標值：依據逆向求解的目標儲存格設定的值輸入於本欄位。
   因本例為「若」第 10 個月月底餘額（儲存格 F13）為 0 元時，「則」期初存款額（儲存格 B2）應該是多少元；故在目標值 (V)：欄位輸入 0。
5. 指定決策變數儲存格：依據逆向求解的題述，輸入決策變數儲存格的位址。
   選擇畫面上的變數儲存格 (C)：欄位，再以滑鼠單擊決策變數儲存格即可（本例為期初存款額儲存格 B2）。
6. 單擊「確定」或「取消」鈕，分別執行或取消目標搜尋指令。
7. 目標搜尋狀態畫面：目標搜尋執行完畢後出現本畫面，以告知目標搜尋的結果（亦即是否求得解答）。如果求得解答，單擊「確定」或「取消」鈕分別改變，或不改變試算表上決策變數及目標儲存格的內容。

目標搜尋

目標儲存格(S): F13

目標值(V):

變數儲存格(C):

確定 取消

這就是執行目標搜尋指令後出現的目標搜尋畫面

目標搜尋

目標儲存格(S): F13

目標值(V): 0

變數儲存格(C): $B$2

確定 取消

依據逆向求解題述輸入目標值並指定變數儲存格位址

目標搜尋狀態

對儲存格 F13 進行求解，
已求得解答。

目標值: 0

現有值: $0.00

確定 取消 逐步執行(S) 暫停(P)

本目標搜尋狀態畫面告知逆向求解問題已經得解

	A	B	C	D	E	F
1	銀行年利率	2.30%				
2	期初存款	$49,477	月底提款	$5,000		
3	月	月初餘額	利率	利息	月底提款	月底餘額
4	1	$49,476.93	0.0019167	$94.83	$5,000.00	$44,571.76
5	2	$44,571.76	0.0019167	$85.43	$5,000.00	$39,657.19
6	3	$39,657.19	0.0019167	$76.01	$5,000.00	$34,733.20
7	4	$34,733.20	0.0019167	$66.57	$5,000.00	$29,799.77
8	5	$29,799.77	0.0019167	$57.12	$5,000.00	$24,856.89
9	6	$24,856.89	0.0019167	$47.64	$5,000.00	$19,904.53
10	7	$19,904.53	0.0019167	$38.15	$5,000.00	$14,942.68
11	8	$14,942.68	0.0019167	$28.64	$5,000.00	$9,971.32
12	9	$9,971.32	0.0019167	$19.11	$5,000.00	$4,990.43
13	10	$4,990.43	0.0019167	$9.57	$5,000.00	$0.00

經過目標搜尋，可得若期初存款為 49,477 (實際是 49476.9326014441) 元，則第 10 個月月底餘額將是 0 元。請試若要第 10 個月月底餘額將是 500 元，則期初存款應為多少元？答案是 4,9967.4495226955 元。

Unit 3-4 目標搜尋 (Goal Seek) 的精確度

下面試算表模式中，儲存格 A1 是儲存格 A3 的平方值；因此在儲存格 A3 輸入任意值，可在儲存格 A1 得到其平方值，這屬於順向求解；反之，若在儲存格 A1 的值設定為某值，則儲存格 A3 的值應該是多少？這就屬於求解某數平方根值的逆向求解問題。

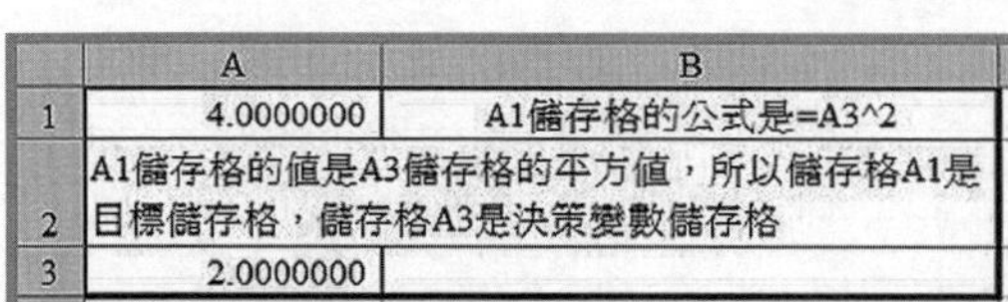

	A	B
1	4.0000000	A1儲存格的公式是=A3^2
2	A1儲存格的值是A3儲存格的平方值，所以儲存格A1是目標儲存格，儲存格A3是決策變數儲存格	
3	2.0000000	

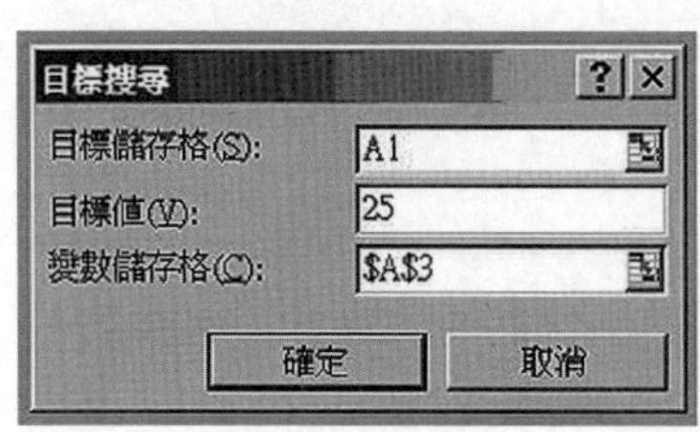

左圖是求解 25 平方根值的目標搜尋畫面；亦即設定目標儲存格為儲存格 A1，目標值為 25，決策變數儲存格為儲存格 A3。經單擊「確定」鈕後的目標搜尋狀態畫面告知得解的訊息，再單擊「確定」鈕後得到如下的試算表。

	A	B
1	24.9999252	A1儲存格的公式是=A3^2
2	A1儲存格的值是A3儲存格的平方值，所以儲存格A1是目標儲存格，儲存格A3是決策變數儲存格	
3	4.9999925	

求得的解是 4.9999925 的平方是 24.9999252 似與 5 的平方是 25 有所差異。此乃因目標搜尋指令執行試誤法求解時，最多試誤 100 次或前後兩次的決策變數值相差在 0.001 以內就停止試誤。若能調整試誤次數或最大誤差，便可獲得更佳的目標搜尋結果。

調整目標搜尋精確度

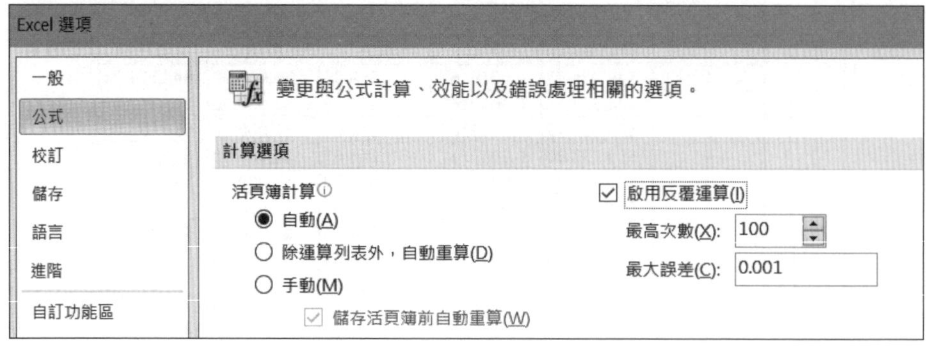

選擇☞檔案/選項☜後出現如前頁末的Excel選項畫面，再選擇左側的「公式」即出現右側的計算選項。選擇啟用反覆運算，試算表預設試誤的最高次數為 100 次，最大誤差為 0.001。如果目標搜尋在經過試誤 100 次後，仍無法達到前後兩次決策變數值相差絕對值小於預設的最大誤差 0.001，則可提高試誤的最高次數。如果目標搜尋得解，但精確度不足，則應將最大誤差值調得更小。請參閱 FOR03.xlsx 中的試算表「目標搜尋準確度」。

	A	B
1	25.0000000	A1儲存格的公式是=A3^2
2	A1儲存格的值是A3儲存格的平方值，所以儲存格A1是目標儲存格，儲存格A3是決策變數儲存格	
3	5.0000000	

左圖是將最大誤差值調為 0.000001 後，目標搜尋求解 25 平方根值的結果，實際的平方根值為 5.00000000280012。

但是 –5 的平方也是 25 啊！

目標搜尋結果的正負號

數值 +5 與 –5 的平方均是 25，目標搜尋的結果能否解得 25 的平方根值是 –5？答案是肯定的。目標搜尋結果所得決策變數儲存格（本例為儲存格 A3）值的正負號與進入目標搜尋前該儲存格值的正負號相同。

	A	B
1	4.0000000	A1儲存格的公式是=A3^2
2	A1儲存格的值是A3儲存格的平方值，所以儲存格A1是目標儲存格，儲存格A3是決策變數儲存格	
3	-2.0000000	

左側試算表決策變數儲存格的值為 –2，其平方值是如目標儲存格值為 4。再進入目標搜尋畫面指定求解 25 的平方根值，得到如下的試算表。

	A	B
1	25.0000000	A1儲存格的公式是=A3^2
2	A1儲存格的值是A3儲存格的平方值，所以儲存格A1是目標儲存格，儲存格A3是決策變數儲存格	
3	-5.0000000	

左側經目標搜尋後的決策變數儲存格值為 –5，乃因進入目標搜尋以前，該決策變數儲存格值為 –2 所致（同號）。

知識補充站

目標搜尋 (Goal Seek) 及規劃求解 (Solver)，都是 Excel 試算表軟體裡逆向求解的重要指令或增益集；其重要區別在於目標搜尋只能逆向求解一個決策變數，而規劃求解可逆向求解一個以上的決策變數；目標搜尋無法設定限制條件，而規劃求解可以設定限制條件。

Unit 3-5 規劃求解 (Solver Model) 模式

試算表模式中，不論順向求解或逆向求解，對於決策變數儲存格的值毫無限制，其值可正、可負、可大、可小；若在試算表模式中加入一些限制式來限制某些決策變數值的範圍，或某些決策變數的線性算術組合必須大於等於、等於或小於等於等各種限制，則形成規劃求解模式。一個試算表僅能有一個規劃求解模式。

雖然任意設定決策變數儲存格的值都可以計得目標儲存格的值，但也要檢視這些決策變數儲存格值的組合是否符合所有限制式的條件限制，若能完全滿足所有限制式的條件，則這組決策變數儲存格的值稱為規劃求解模式的可行解 (Feasible Solution)；否則，稱為不可行解 (Infeasible Solution)。

規劃求解模式的逆向求解，除了可以求解目標儲存格的值設定為某一定值時，各決策變數應該改變為何值；更可設定目標儲存格值極大（或極小）時，各決策變數應該改變為何值。以前述飲料生產問題的線性規劃模式（複述如下）建立規劃求解模式如下：請參閱 FOR03.xlsx 中的試算表「最佳飲料生產量 A」。

極大化總利潤 $Z = 40x + 30y$ （千元） (1)

$0.4x + 0.5y \le 20$ 原料 1 的限制式 (2)

$0.2y \le 4$ 原料 2 的限制式 (3)

$0.6x + 0.3y \le 21$ 原料 3 的限制式 (4)

$x, y \ge 0$ 非負限制式 (5)

	A	B	C	D	E	F	
1		飲料A	飲料B				公式
2	最佳生產量(公秉)	1.00	1.00	總利潤			
3	每公秉利潤(千元)	40	30	70.00			(1)
4		限 制	式			原料供應量	
5	原料1供應量限制	0.40	0.50	0.90	≤	20	(2)
6	原料2供應量限制	0.00	0.20	0.20	≤	5	(3)
7	原料3供應量限制	0.60	0.30	0.90	≤	21	(4)
8	飲料A產量必非負	1.00		1.00	≥	0	(5)
9	飲料B產量必非負		1.00	1.00	≥	0	(5)

決策變數儲存格 (儲存格 B2、C2)

目標儲存格 (儲存格 D3)

各限制式 (儲存格 B5：F9)

	A	B	C	D	E	F	
1		飲料A	飲料B				公式
2	最佳生產量(公秉)	20.00	20.00	總利潤			
3	每公秉利潤(千元)	40	30	1400.00			(1)
4		限　　制	式			原料供應量	
5	原料1供應量限制	0.40	0.50	18.00	≦	20	(2)
6	原料2供應量限制	0.00	0.20	4.00	≦	5	(3)
7	原料3供應量限制	0.60	0.30	18.00	≦	21	(4)
8	飲料A產量必非負	20.00		20.00	≧	0	(5)
9	飲料B產量必非負		20.00	20.00	≧	0	(5)

模式中，假設飲料 A、飲料 B 各生產 20 公秉，滿足產量非負條件及所需原料 1、原料 2、原料 3 均少於可供應量，故屬可行解且得總利潤 1,400 千元。
這個總利潤是否最佳尚待比較之。

	A	B	C	D	E	F	
1		飲料A	飲料B				公式
2	最佳生產量(公秉)	20.00	25.00	總利潤			
3	每公秉利潤(千元)	40	30	1550.00			(1)
4		限　　制	式			原料供應量	
5	原料1供應量限制	0.40	0.50	20.50	≦	20	(2)
6	原料2供應量限制	0.00	0.20	5.00	≦	5	(3)
7	原料3供應量限制	0.60	0.30	19.50	≦	21	(4)
8	飲料A產量必非負	20.00		20.00	≧	0	(5)
9	飲料B產量必非負		25.00	25.00	≧	0	(5)

模式中，假設飲料 A 生產 20 公秉、飲料 B 生產 25 公秉，雖獲得較高的總利潤 1,550 千元，但需要 20.5 公秉的原料 1，大於供應量 20 公秉，故屬不可行解。

	A	B	C	D	E	F	
1		飲料A	飲料B				公式
2	最佳生產量(公秉)	20.00	24.00	總利潤			
3	每公秉利潤(千元)	40	30	1520.00			(1)
4		限　　制	式			原料供應量	
5	原料1供應量限制	0.40	0.50	20.00	≦	20	(2)
6	原料2供應量限制	0.00	0.20	4.80	≦	5	(3)
7	原料3供應量限制	0.60	0.30	19.20	≦	21	(4)
8	飲料A產量必非負	20.00		20.00	≧	0	(5)
9	飲料B產量必非負		24.00	24.00	≧	0	(5)

模式中，假設飲料 A 生產 20 公秉、飲料 B 生產 24 公秉，滿足生產量非負及所需原料均可獲得充分供應且獲得總利潤 1,520 千元，雖高於飲料 A、飲料 B 各生產 20 公秉的總利潤 1,400 千元，但無法確定總利潤是最高的。

喔！這樣測試太不科學了！也沒有一個可以確認最大總利潤的方法！請用 Excel 的規劃求解增益集求解吧！

Unit 3-6 規劃求解 (Solver) 增益集

第二章所介紹的線性規劃圖解法，僅適用於含有兩個決策變數的線性規劃問題，然而實務上，線性規劃問題所含決策變數個數均超過兩個，甚至千百個之多，因此必須以其他的代數法來尋覓其最佳解。

單純法 (Simplex Method) 是尋覓線性規劃問題最佳解的重要代數解法。現今許多線性規劃軟體仍按單純法的演算法設計之。單純法求解線性規劃問題的演算步驟相當複雜繁瑣，詳細演算步驟及程式請參閱五南圖書出版公司出版的《作業研究》（趙元和、趙敏希、趙英宏編著）第三章線性規劃——單純法。

微軟公司發行的 Excel 試算表軟體均附有規劃求解 (Solver) 增益集，以解決線性規劃、整數規劃及非線性規劃等問題。增益集 (Add-in) 是附掛於試算表軟體的一種程式，可由任何第三者撰寫附掛。規劃求解 (Solver) 增益集就是由美國 Frontline Systems, Inc. 所撰寫，微軟公司購買附掛在試算表上的增益集，因此 Excel 試算表的使用者都可以用來解決線性規劃等相關問題。

本書就是以規劃求解 (Solver) 增益集為主，介紹各種問題的求解方法。

檢視規劃求解增益集是否載入

試算表軟體安裝時，並未載入「規劃求解」（Solver）增益集以節省記憶體空間，因此必須先檢視您所使用的試算表軟體是否已經載入「規劃求解」（Solver）增益集。

檢視「資料」索引標籤，如果最右側是否有「分析」群組出現且有「規劃求解」如下圖，如有，即表示規劃求解增益集已經載入，否則未載入。

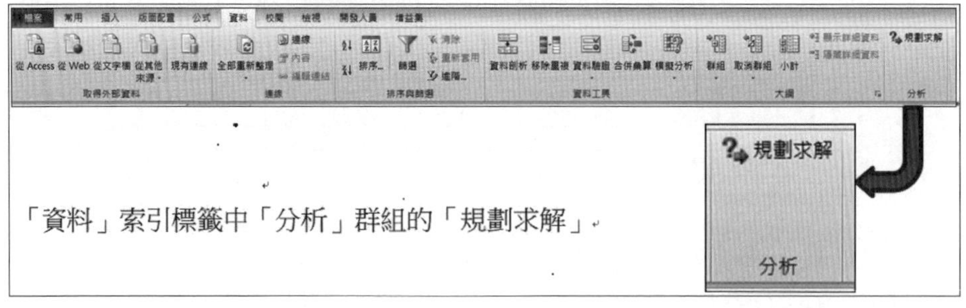

「資料」索引標籤中「分析」群組的「規劃求解」

載入規劃求解增益集

如果規劃求解增益集尚未載入，則點選「開發人員」索引標籤中的「增益集」，就出現增益集選擇畫面如下：

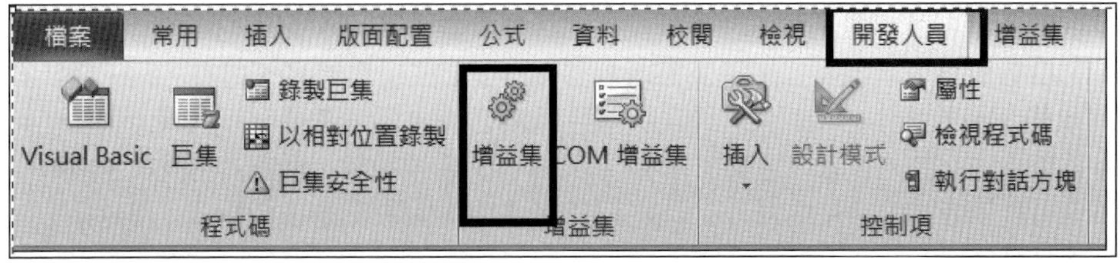

勾選規劃求解增益集，再單擊「確定」鈕即可載入規劃求解增益集。

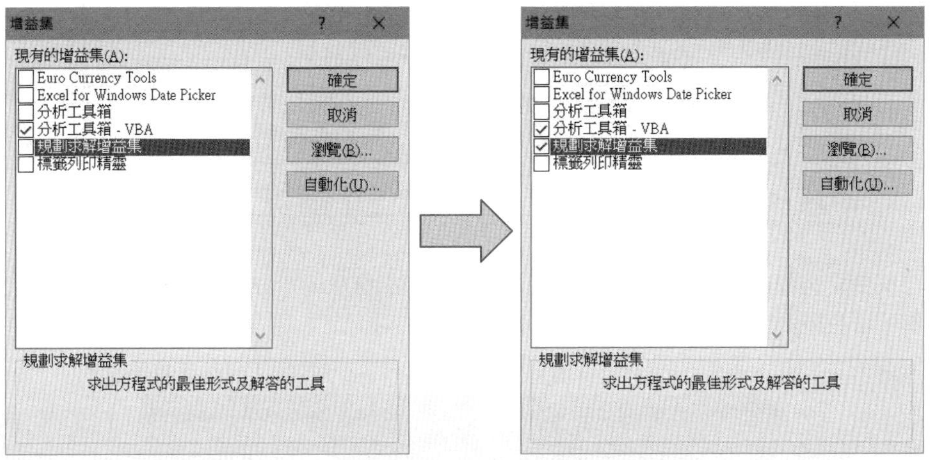

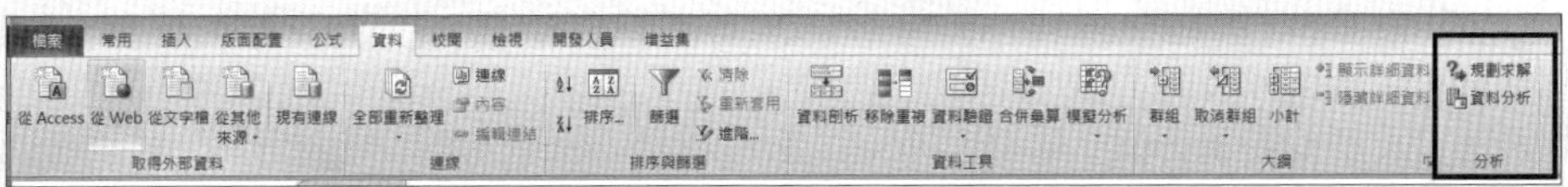

Excel 2007 以後版本的試算表「規劃求解」增益集，是在「資料」功能區索引標籤內「分析」群組裡。
「目標搜尋」則在「資料」功能區索引標籤內「資料工具」群組裡。
請記住喔！

Unit 3-7 規劃求解 (Solver) 參數設定

最佳飲料生產量問題線性規劃模式的目標函數係數、各限制式的技術係數及右端常數等資料，均已置入試算表上適當儲存格而形成規劃求解模式如下圖（請參閱FOR03.xlsx檔案中的試算表「最佳飲料生產量A」）；決策變數亦以試算表上某些儲存格表示之，並先置入任意值（本例均設為1）；目標函數及限制式左側線性函數均以含有計算公式的儲存格表示之。這些設定參數均需轉知規劃求解程式（增益集）以便尋覓最佳解。

	A	B	C	D	E	F	G
1		飲料A	飲料B				公式
2	最佳生產量(公秉)	1.00	1.00	總利潤			
3	每公秉利潤(千元)	40	30	70.00			(1)
4		限	制 式			原料供應量	
5	原料1供應量限制	0.40	0.50	0.90	≦	20	(2)
6	原料2供應量限制	0.00	0.20	0.20	≦	5	(3)
7	原料3供應量限制	0.60	0.30	0.90	≦	21	(4)
8	飲料A產量必非負	1.00		1.00	≧	0	(5)
9	飲料B產量必非負		1.00	1.00	≧	0	(5)

選定目標儲存格(D3)後，在「資料」功能索引標籤的「分析」群組點選「規劃求解」增益集而出現如下的「規劃求解參數」畫面。

規劃求解參數

設定目標式:(T) $D$3

至: ◉ 最大值(M) ○ 最小(N) ○ 值:(V) 0

藉由變更變數儲存格:(B)

$B$2:$C$2

設定限制式:(U)

$D$5 <= $F$5
$D$6 <= $F$6
$D$7 <= $F$7
$D$8 >= $F$8
$D$9 >= $F$9

新增(A) 變更(C) 刪除(D) 全部重設(R) 載入/儲存(L)

☐ 將未設限的變數設為非負數(K)

選取求解方法:(E) Simplex LP 選項(P)

求解方法

針對平滑非線性的規劃求解問題，請選取 GRG Nonlinear 引擎。針對線性規劃求解問題，請選取 LP Simplex 引擎，非平滑性的規劃求解問題則選取 Evolutionary 引擎。

說明(H) 求解(S) 關閉(O)

畫面中有「設定目標式：」、「藉由變更變數儲存格：」、「設定限制式：」等三個欄位用來指定存放目標函數計算式的儲存格，存放決策變數的儲存格及存放各限制式公式的儲存格。另有「將未設限的變數設為非負數」核取方塊（Check Box），用以將限制式設定以外的決策變數設定為非負值，及一個「選取求解方法」的下拉式選單。

目標函數儲存格設定

將游標點選畫面中「設定目標式：」的輸入欄位，再點選儲存目標函數的儲存格（本例為儲存格D3），則「設定目標式：」 欄內改為$D$3。設定目標式：後的「至：」欄位有最大值(M)、最小值(N)、值(V)等三個選項。

點選「最大值M」表示求解目標儲存格最大時，各決策變數儲存格應有的數值。

點選「最小值N」表示求解目標儲存格最小時，各決策變數儲存格應有的數值。

點選「值V」並於其右側欄位輸入一個數值，表示求解當目標儲存格設定為該數值時，各決策變數儲存格應有的數值。

決策變數儲存格設定

「藉由變更變數儲存格：」欄位用以指定決策變數儲存格的位址。將滑鼠置於「藉由變更變數儲存格：」欄位內或單擊欄位右側的「縮小」鈕，然後以滑鼠點選模式中的決策變數儲存格。如果模式中決策變數儲存格是連續緊鄰的，則以滑鼠拖曳所有決策變數儲存格，放開滑鼠後「藉由變更變數儲存格：」欄位置入所有決策變數儲存格的位址；如果模式中決策變數儲存格是零散而不連續的，則按住「Ctrl」鍵再以滑鼠點選所有決策變數儲存格，放開「Ctrl」鍵後「藉由變更變數儲存格：」欄位置入所有決策變數儲存格的位址，且以逗點隔開各不連續的儲存格位址。

限制式設定：輸入線性規劃模式中所有限制式（如下單元說明），

$D$5<=$F$5 原料1的限制式

$D$6<=$F$6 原料1的限制式

$D$7<=$F$7 原料1的限制式

$D$8<=$F$8 決策變數（飲料A產量）非負

$D$9<=$F$9 決策變數（飲料B產量）非負

規劃求解所使用的解決方法

「選取求解方法」的下拉式選單可以選擇下列三種演算法或解決方法之一：

一般化縮減梯度 (Generalized Reduced Gradient, GRG) 非線性用於平滑非線性的問題。

LP 單純形 (LP Simplex) 用於線性規劃的問題。

演化式 (Evolutionary) 用於非平滑的非線性規劃問題。

經過如上設定後，規劃求解參數畫面可以讀成：「**請規劃求解增益集依LP 單純形 (LP Simplex)方法改變決策變數儲存格B2、C2的值，且受限於五個限制式，使目標函數儲存格D3的值為最大值**」。

Unit 3-8 限制式的設定

當目標函數及決策變數儲存格位置設定後，應將各限制式輸入之。輸入限制式時，單擊規劃求解參數畫面內的「新增」鈕，出現新增限制式畫面。

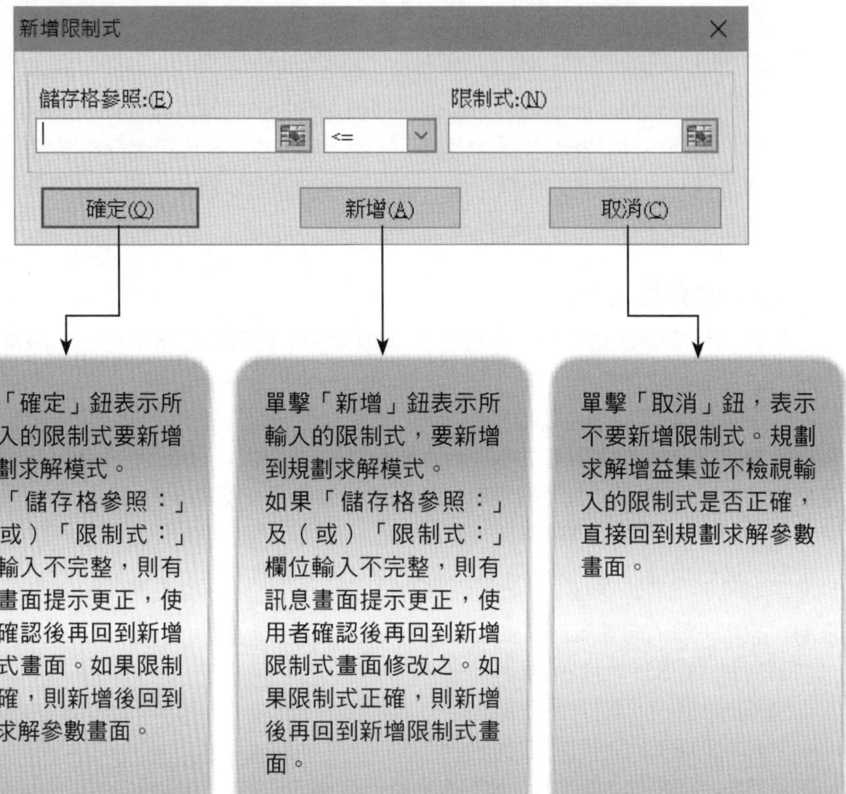

新增限制式畫面上有三個輸入欄位，以原料 1 供應量限制式為例，在「儲存格參照：(E)」欄位，點選含有原料 1 供應量限制式左端線性函數計算公式的儲存格 ($D$5)；中間的欄位可以點選限制式的關係式 (<=)；在「限制式：(N)」欄位，則點選原料 1 供應量限制式的右端常數的儲存格 ($F$5)。可供挑選的關係式為 <=、=、>=、int、bin、diff等六項；故試算表上儲存格 E5：E9 所含的關係式僅為增加模式的可讀性而已，並非規劃求解增益集參考要項。

一個限制式輸入之後，可單擊新增限制式畫面上的「新增」鈕，以清除三個欄位的內容，以便再輸入其他限制式。單擊「確定」鈕，則表示所有限制式已經設定完畢而回到規劃求解參數畫面。

最佳飲料生產量問題規劃求解模式中限制式輸入後，規劃求解參數中的限制式如下圖，含有前三個原料限制條件與後二個決策變數非負的限制條件。

限制式輸入後可以再新增新的限制式或變更或刪除現有的限制式。單擊「新增」鈕可以再新增一個或多個限制式。要變更某個現有限制式，則在規劃求解參數畫面以滑鼠選擇所要變更的限制式，再單擊「變更」鈕即出現變更限制式畫面（與新增限制式畫面相同），「儲存格參照：」、「限制式：」等欄位已填入所要變更的限制式以便變更之；要刪除某個現有限制式，則在規劃求解參數畫面以滑鼠選擇所要刪除的限制式，再單擊「刪除」鈕即可刪除之。

單擊「全部重設」鈕可以將所有設定的參數清除，清除前以畫面尋求使用者的再次確認以期慎重。

如果勾選「將未設限的變數設為非負數(K)」，則規劃求解自動將未以限制式設限為非負的決策變數設定為非負。因此，勾選「將未設限的變數設為非負數(K)」後，便可將最後二個限制式$D$8>=$F$8（飲料A決策變數非負）及$D$9>=$F$9（飲料B決策變數非負）刪除後如下圖。

同時，最佳飲料生產量問題規劃求解模式試算表也可將非負決策變數的限制式刪除，如下圖。

	A	B	C	D	E	F	G
1		飲料A	飲料B				公式
2	最佳生產量(公秉)	1.00	1.00	總利潤			
3	每公秉利潤(千元)	40	30	70.00			(1)
4		限	制	式		原料供應量	
5	原料1供應量限制	0.40	0.50	0.90	≦	20	(2)
6	原料2供應量限制	0.00	0.20	0.20	≦	5	(3)
7	原料3供應量限制	0.60	0.30	0.90	≦	21	(4)

Unit 3-9 規劃求解模式之求解

在將規劃求解模式限制式設定後又回到規劃求解參數畫面時，可單擊「求解」鈕使規劃求解程式按選定的方法尋覓最佳可行解。單擊「求解」鈕後出現「規劃求解結果」畫面。Excel 2007 以後版本規劃求解增益集的「規劃求解結果」畫面如下圖。

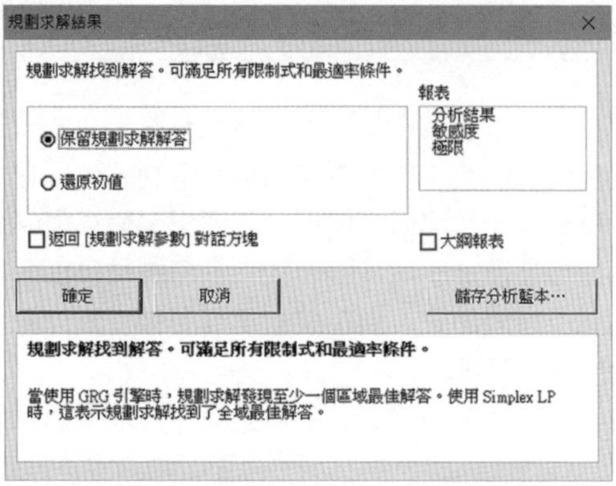

規劃求解結果

規劃求解找到解答。可滿足所有限制式和最適率條件。

報表

分析結果
敏感度
極限

◉保留規劃求解解答

○還原初值

☐返回 [規劃求解參數] 對話方塊

☐大綱報表

確定　取消　儲存分析藍本…

規劃求解找到解答。可滿足所有限制式和最適率條件。

當使用 GRG 引擎時，規劃求解發現至少一個區域最佳解答。使用 Simplex LP 時，這表示規劃求解找到了全域最佳解答。

規劃求解結果畫面上有一種訊息，兩種選項。本例題的訊息為「規劃求解找到解答，可滿足所有限制式及最適率條件」，表示此解為唯一最佳可行解。

此時最佳可行解已經在規劃求解模式試算表上顯示如下圖（請參閱 FOR03.xlsx 中的試算表「最佳飲料生產量 B」）。

	A	B	C	D	E	F	G
1		飲料A	飲料B				公式
2	最佳生產量(公秉)	25.00	20.00	總利潤			
3	每公秉利潤(千元)	40	30	1600.00			(1)
4		限　制	式			原料供應量	
5	原料1供應量限制	0.40	0.50	20.00	≦	20	(2)
6	原料2供應量限制	0.00	0.20	4.00	≦	5	(3)
7	原料3供應量限制	0.60	0.30	21.00	≦	21	(4)
8	飲料A產量必非負	25.00		25.00	≧	0	(5)
9	飲料B產量必非負		20.00	20.00	≧	0	(5)

兩種選項之一為選擇最佳可行解要「保持規劃求解解答」或「還原初值」；如果選「還原初值」，則規劃求解模式試算表內容恢復到求解以前的內容；如果選「保持規劃求解解答」，則規劃求解模式試算表內容維持求解以後的內容。

規劃求解結果的另一種選項為選擇輸出報表的種類。可供選擇的報表有分析結果、敏感度及極限等三種報表。敏感度報表及極限報表將在第四章「規劃求解敏感度分析」再行論述。選擇保持運算結果及分析結果報表後，單擊「確定」鈕，即完成規劃求解的過程，規劃求解模式試算表內容維持求解以後的內容，並在另一個試算表產生運算結果報表。

解讀分析結果報表

分析結果報表提供最佳解的各個變數的變數值、最佳可行解的目標函數值及各限制式的資源使用情形。請參閱 FOR03.xlsx 中的試算表「運算結果報表A」。

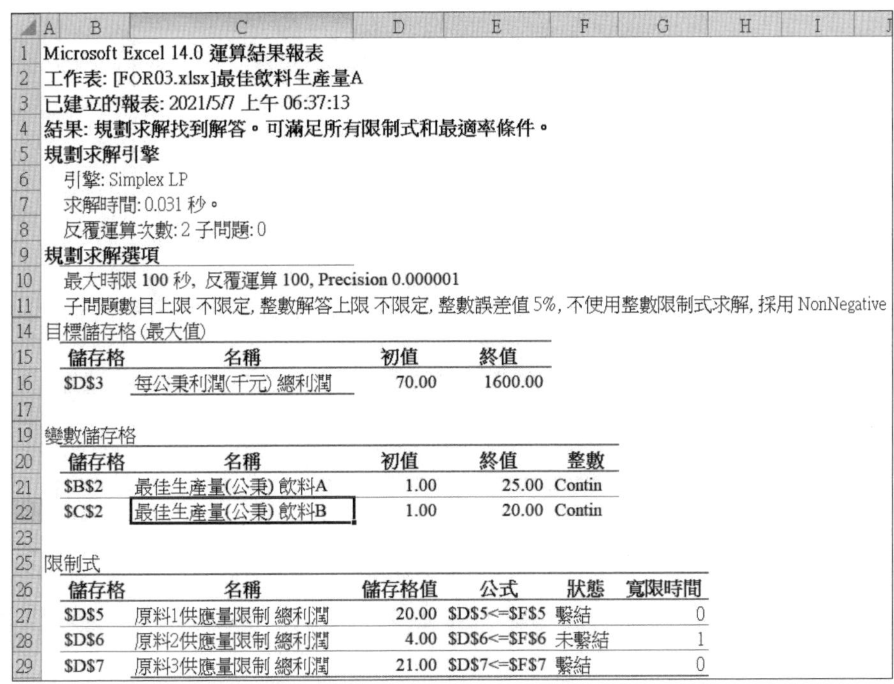

Microsoft Excel 14.0 運算結果報表
工作表: [FOR03.xlsx]最佳飲料生產量A
已建立的報表: 2021/5/7 上午 06:37:13
結果: 規劃求解找到解答。可滿足所有限制式和最適率條件。
規劃求解引擎
引擎: Simplex LP
求解時間: 0.031 秒。
反覆運算次數: 2 子問題: 0
規劃求解選項
最大時限 100 秒, 反覆運算 100, Precision 0.000001
子問題數目上限 不限定, 整數解答上限 不限定, 整數誤差值 5%, 不使用整數限制式求解, 採用 NonNegative

目標儲存格 (最大值)

儲存格	名稱	初值	終值
$D$3	每公秉利潤(千元) 總利潤	70.00	1600.00

變數儲存格

儲存格	名稱	初值	終值	整數
$B$2	最佳生產量(公秉) 飲料A	1.00	25.00	Contin
$C$2	最佳生產量(公秉) 飲料B	1.00	20.00	Contin

限制式

儲存格	名稱	儲存格值	公式	狀態	寬限時間
$D$5	原料1供應量限制 總利潤	20.00	$D$5<=$F$5	繫結	0
$D$6	原料2供應量限制 總利潤	4.00	$D$6<=$F$6	未繫結	1
$D$7	原料3供應量限制 總利潤	21.00	$D$7<=$F$7	繫結	0

報表中的儲存格D16為當飲料A與飲料B生產量各設定為1公秉（儲存格D21、D22）時，目標（總利潤）儲存格的初值70千元。儲存格E16為經過規劃求解增益集求得最佳解後飲料A與飲料B的生產量分別為25公秉與20公秉（儲存格E21、E22）時，目標（總利潤）儲存格的終值1600千元。

儲存格B27為原料1供應量限制式關係式左端線性函數計算公式，在規劃求解試算表的儲存格位址$D$5，原料1供應量限制式的右端常數則存於規劃求解試算表儲存格$F$5（值為20），儲存格E27的內容為$D$5<=$F$5表示原料1供應量限制式的內容。經過規劃求解增益集演算後，儲存格D27的值為20表示原料1實際用量。因為原料1可用資源為20公秉（在儲存格$F$5的值為20），實際也使用20公秉，故該限制式的狀態欄位(F27)為繫結(Binding)狀態，寬限時間(Slack)欄位(G27)為0，表示資源已充分利用並無閒置。

儲存格G28為原料2供應量限制式的寬限時間(Slack)欄位，其值為1，表示原料2的資源尚有1公秉閒置未用，故其狀態欄位為非繫結(Not Binding)狀態。

儲存格G29為原料3供應量限制式的閒置(Slack)欄位，其值為0，表示原料3的資源已充分利用並無閒置，故其狀態欄位為繫結(Binding)狀態。

Unit 3-10 規劃求解模式之布置

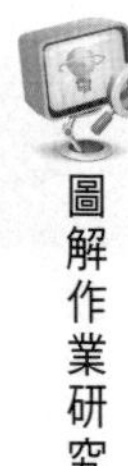

	A	B	C	D
1	獲得最佳利潤的飲料產量			
2		產量(公秉)	單位利潤(每公秉千元)	千元
3	飲料A	25.00	40.00	
4	飲料B	20.00	30.00	
5	總利潤			1,600.00
6				
7		原料1(公秉)	原料2(公秉)	原料3(公秉)
8	飲料A	0.40	0.00	0.60
9	飲料B	0.50	0.20	0.30
10	各原料需量	20.00	4.00	21.00
11	關係式	<=	<=	<=
12	各原料限量	20.00	5.00	21.00

上圖（請參閱 FOR03.xlsx 中的試算表「最佳飲料生產量 C」）為最佳利潤飲料產量模式的另一種版面布置，只要透過規劃求解參數、規劃求解選項及限制式設定等畫面，將線性規劃相關參數設定，均可求得相同的最佳解；與規劃求解試算表上資料或框線布置位置無關。

線性規劃模式的決策變數、目標函數係數、目標函數、各限制式的係數、各限制式的右端常數，均需置入規劃求解試算表，以便透過規劃求解參數畫面轉知規劃求解增益集。因有轉知規劃求解增益集的程序，故線性規劃模式的相關參數在試算表上的位置尚無嚴格的限制，且無需加上許多標題或框線。例如：決策變數可置入規劃求解試算表上的任一個儲存格；同理，目標函數的計算公式也可以置入規劃求解試算表上的任一個儲存格。

反之，為便於閱讀線性規劃模式的內容，可將模式中的決策變數、目標函數係數、目標函數、各限制式的係數、各限制式的右端常數等有系統的布置，以方便公式的運用，也可置入適當標題以增加其可讀性。

規劃求解試算表的布置建議如下：

1. 在適當儲存格置入整個問題的描述標題
2. 在問題標題後，選擇適當儲存格當作儲存決策變數的位置
3. 在決策變數後，選擇適當儲存格儲存目標函數的係數
4. 在目標函數係數右側，選擇適當儲存格輸入目標函數計算公式

以下兩個規劃求解模式完全等值，上面一個模式（請參閱 FOR03.xlsx 中的試算表「最佳飲料生產量 D」）加了與題意相關圖片及各種標題，以清楚標示鄰接儲存格所代表的涵義，且對於目標函數係數、目標函數儲存格、限制式的技術係數、限制式的右端常數等均有系統的排置，使用者再配以規劃求解參數畫面及規劃求解選項畫面應可讀出模式之內容。

相反地，下面一個模式（請參閱 FOR03.xlsx 中的試算表「最佳飲料生產量 E」）則毫無標題，且目標函數係數、目標函數儲存格、限制式的技術係數、限制式的右端常數等均未有系統的排置而顯雜亂，雖然閱讀規劃求解參數畫面及規劃求解選項畫面可以推敲模式內容，但也僅能解釋數值間的關係，尚難猜測其實務的問題。基於此，建立規劃求解模式時，可自己建立一套標準或如下的通用格式，以容易瞭解溝通為要務。

	A	B	C	D	E	F	G
1		最佳獲利飲料生產問題					
2			飲料A	飲料B			
3		最佳生產量(公秉)	25.00	20.00	總利潤		
4		每公秉利潤(千元)	40	30	1600.00		
5			限　制	式			原料供應量
6		原料1供應量限制	0.40	0.50	20.00	≤	20
7		原料2供應量限制	0.00	0.20	4.00	≤	5
8		原料3供應量限制	0.60	0.30	21.00	≤	21
9		飲料A產量必非負	25.00		25.00	≥	0
10		飲料B產量必非負		20.00	20.00	≥	0

	A	B	C
1	25.00	1600.00	0.00
2	40.00	0.60	0.20
3	0.40	0.30	
4	0.50	20.00	21.00
5	20.00	20.00	
6	30.00	5.00	21.00

Unit 3-11 SUMPRODUCT 函數的運用

SUMPRODUCT 是一個在建立規劃求解模式相當方便的試算表函數。其格式為 SUMPRODUCT (array1,array2,array3, ...)，其功能為傳回所給各陣列 (Array) 中所有對應元素乘積的總和。

SUMPRODUCT 函數所能輸入的陣列 (Array) 最少2個，最多 30 個。各陣列必須有相同的維度（相同的列數與相同的行數），否則即使元素總個數相等，函數亦會傳回錯誤值 #VALUE!。SUMPRODUCT 函數，並將所有非數值資料的陣列元素當成 0 來處理。

陣列為試算表上緊鄰的儲存格所圍成的矩形範圍，若該矩形範圍的行數 (Column) 與列數 (Row) 均大於 1，則為二維陣列；若該矩形範圍的行數 (Column) 或列數 (Row) 等於 1，則為一維陣列。使用 SUMPRODUCT 函數所輸入的陣列，必須同為二維陣列或同為一維陣列，且列數與行數均必須相同。

下圖中，各例（請參閱 FOR03.xlsx中的試算表「SUMPRODUCT」）說明如下：儲存格 F1 的內容即為儲存格 E1 的公式，公式中，A1:D1 表示儲存格 A1 到儲存格 D1 的陣列，其行數有 4，列數為 1；公式中，A2:D2 表示儲存格 A2 到儲存格 D2 的陣列，其行數有 4，列數為 1，因為該兩陣列的行數與列數相同，故可獲得該兩陣列相對應元素乘積之和 116，亦即

$$1\times3+3\times5+5\times7+7\times9=3+15+35+63=116$$

	A	B	C	D	E	F
1	1	3	5	7	116	=SUMPRODUCT(A1:D1,A2:D2)
2	3	5	7	9	116	=A1*A2+B1*B2+C1*C2+D1*D2
3					#VALUE!	=SUMPRODUCT(A1:D1,A4:A7)
4	2	4			288	=SUMPRODUCT(A4:B7,D6:E9)
5	4	6				
6	6	8		1	3	
7	8	10		3	5	
8				5	7	
9				7	9	

儲存格 F2 的內容即為儲存格 E2 的公式，公式中，將前述兩陣列相對應元素相乘再相加，以驗證儲存格 F1 中 SUMPRODUCT 函數的結果。

儲存格 F3 的內容即為儲存格 E3 的公式，公式中，A1:D1 表示儲存格 A1 到儲存格 D1 的陣列，其行數有 4，列數為 1；公式中，A4:A7 表示儲存格 A4 到儲存格 A7 的陣列，其行數有 1，列數為 4，雖然該兩陣列有相同的元素個數，但因為兩陣列的行數與列數均不相同，故無法獲得該兩陣列相對應元素乘積之和數，而得到錯誤值 #VALUE!。

儲存格 F4 的內容即為儲存格 E4 的公式，公式中，A4:B7 表示儲存格 A4 到儲存格 B7 的陣列，其行數有 2，列數為 4；公式中，D6:E9 表示儲存格 D6 到儲存格 E9 的陣列，其行數有 2，列數為 4，因為該兩陣列的行數與列數相同，故可獲得該兩陣列相對應元素乘積之和 288。

試算表函數輸入的方法有二種，直接輸入法與函數精靈法。兩種方法均必須先點選所欲輸入函數的儲存格，使其成為作用中 (active) 狀態。若點選儲存格 E1，直接輸入法則可在公式編輯列輸入=SUMPRODUCT(A1:D1,A2:D2) 後按輸入鍵，即可得到 116 的乘積總和；函數精靈法則需單擊公式編輯列上的函數精靈鈕（鈕上有 f_x 或 = 符號），以顯現插入函數畫面。在「搜尋函數S」文字方塊輸入函數名稱 SUMPRODUCT，再單擊「開始」鈕即可找到或在「函數類別(C)」列示方塊挑選「數學與三角函數」選項，然後在下面「選取函數(N)」 列示方塊即可找到 SUMPRODUCT函數。選擇SUMPRODUCT函數，單擊「確定」鈕後，出現下圖的函數引數畫面，然後在下面「選取函數 (N)」列示方塊，即可找到 SUMPRODUCT 函數。

選擇 SUMPRODUCT 函數，單擊「確定」鈕後，出現下圖的函數引數畫面。

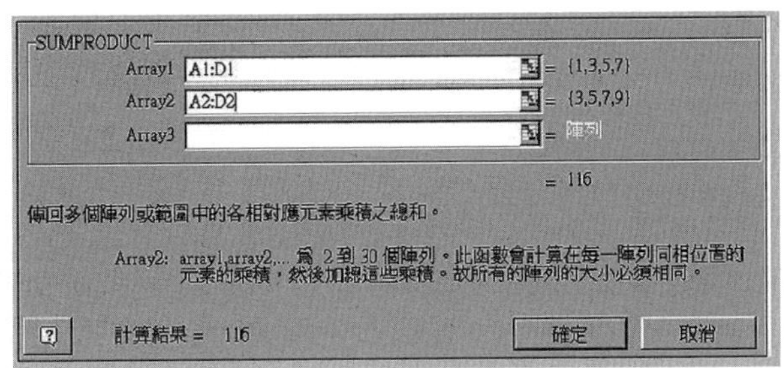

將滑鼠置於 Array1 輸入方塊中，再以滑鼠在試算表上拖拉 (Drag) 儲存格 A1 到儲存格 D1 或直接輸入 A1:D1；同理，將滑鼠置於 Array2 輸入方塊中，再以滑鼠在試算表上拖拉 (Drag) 儲存格 A2 到儲存格 D2 或直接輸入 A2:D2，畫面上已經出現該兩陣列的乘積之和。單擊「確定」鈕，即將公式及乘積之和傳回儲存格 E1。

最佳利潤飲料生產量模式的目標儲存格內公式為=C3*C4+D3*D4，應可改成=SUMPRODUCT(C3:D3,C4:D4)。就本例而言，或許輸入較煩，但是設想有 30 個決策變數的模式，若不用 SUMPRODUCT 函數來寫格內公式，就要鍵入 30 個乘項相加的冗長公式。其他限制式的公式亦可套用 SUMPRODUCT 函數，因此，模式中各項係數的安排方式也要考量能讓 SUMPRODUCT 函數方便使用。

知識補充站

讀者務必充分掌握試算表函數 SUMPRODUCT 的功能與設定方法，尤其模式中的決策變數個數增多時，更顯方便。因為目標函數式或各限制式均與決策變數有關，故在目標函數式時選定決策變數位址後，加按功能鍵 F4，使變成絕對位址，則可以拖拉的方式設定其他限制式，堪稱方便。

Unit 3-12 線性規劃實例一

新世紀製藥公司擬利用四種化學品生產藥品 NasaMist 一批（1000 磅）。藥品 NasaMist 主要成分為成分 A、成分 B 及成分 C。每磅化學品的價格、成分 A、成分 B 及成分 C 的含量及每磅 NasaMist 所需成分 A、成分 B 及成分 C 的分量如下表：

	每磅成本 (元)	成分 A	成分 B	成分 C
化學品 1	8.00	0.07	0.02	0.01
化學品 2	8.00	0.08	0.01	0.02
化學品 3	11.00	0.10	0.08	0.04
化學品 4	13.00	0.12	0.09	0.04
每磅 NasaMist 所需成分分量		0.08	0.04	0.02

試求新世紀製藥公司生產該批藥品的最低成本及化學品購量。

【解】

設決策變數如下：

x_1 為生產 1,000 磅 NasaMist 所需化學品 1 的參配量
x_2 為生產 1,000 磅 NasaMist 所需化學品 2 的參配量
x_3 為生產 1,000 磅 NasaMist 所需化學品 3 的參配量
x_4 為生產 1,000 磅 NasaMist 所需化學品 4 的參配量
生產 1,000 磅 NasaMist 所需成分 A 為 $1000 \times 0.08 = 80$ 磅
生產 1,000 磅 NasaMist 所需成分 B 為 $1000 \times 0.04 = 40$ 磅
生產 1,000 磅 NasaMist 所需成分 C 為 $1000 \times 0.02 = 20$ 磅

則線性規劃模式為

極小化　$Z = 8x_1 + 8x_2 + 11x_3 + 13x_4$

受限於　$0.07x_1 + 0.08x_2 + 0.10x_3 + 0.12x_4 \ge 80$　成分 A 限量

$0.02x_1 + 0.01x_2 + 0.08x_3 + 0.09x_4 \ge 40$　成分 B 限量

$0.01x_1 + 0.02x_2 + 0.04x_3 + 0.04x_4 \ge 20$　成分 C 限量

$x_1 \ge 0, x_2 \ge 0, x_3 \ge 0, x_4 \ge 0$

下圖為依據線性規劃模式所建立的規劃求解模式試算表（請參閱 FOR03.xlsx 中的試算表「實例一 A」），紅色框內的儲存格 (B5:B8)，為各種化學品的參配量（採購量），亦為本線性規劃問題的決策變數。因為各化學品參配量為未知數，故先於紅色框內設定任意值（本例為 1）。藍色雙線框（C5:F8）內的資料為目標函數係數及

各限制式的技術係數。

儲存格 D10、E10、F10 分別代表各種化學品參配量所貢獻的成分 A、成分 B、成分 C 的含量；儲存格 D10 的公式為=SUMPRODUCT(B5:B8,D5:D8)，儲存格 E10 的公式為=SUMPRODUCT(B5:B8,E5:E8)，儲存格 F10 的公式為=SUMPRODUCT (B5:B8,F5:F8)。儲存格 D12、E12、F12 分別代表生產 1000 磅藥品所需各種成分的分量，其值分別為儲存格 D9、E9、F9 的值乘以 1,000 所得。

	A	B	C	D	E	F	G
1	新世紀製藥公司最低生產成本化學品參配量						
2							
3			每磅化學品				
4		參配量	成本(元)	成分A	成分B	成分C	
5	化學品1	1.00	8.00	0.07	0.02	0.01	
6	化學品2	1.00	8.00	0.08	0.01	0.02	
7	化學品3	1.00	11.00	0.10	0.08	0.04	
8	化學品4	1.00	13.00	0.12	0.09	0.04	
9	每磅NasaMist所需成分份量			0.08	0.04	0.02	
10	參配所得成分份量			0.37	0.20	0.11	
11				>=	>=	>=	
12	1000磅NasaMist所需成分份量			80.00	40.00	20.00	
13		最低成本(元)					
14		40.00					

經過規劃求解增益集所尋得的最佳解如下圖（請參閱 FOR03.xlsx 中的試算表「實例一 B」）。以 400 磅化學品 2 及 400 磅化學品 4 參配，可以以最低成本 8,400 元生產 1,000 磅藥品。

	A	B	C	D	E	F	G
1	新世紀製藥公司最低生產成本化學品參配量						
2							
3			每磅化學品				
4		參配量	成本(元)	成分A	成分B	成分C	
5	化學品1	0.00	8.00	0.07	0.02	0.01	
6	化學品2	400.00	8.00	0.08	0.01	0.02	
7	化學品3	0.00	11.00	0.10	0.08	0.04	
8	化學品4	400.00	13.00	0.12	0.09	0.04	
9	每磅NasaMist所需成分份量			0.08	0.04	0.02	
10	參配所得成分份量			80.00	40.00	24.00	
11				>=	>=	>=	
12	1000磅NasaMist所需成分份量			80.00	40.00	20.00	
13		最低成本(元)					
14		8,400.00					

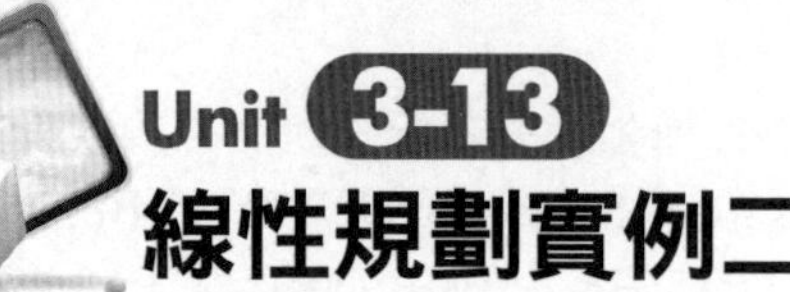

Unit 3-13 線性規劃實例二

美義糖果公司以糖、核桃、巧克力三種原料混和生產糖果 A 與糖果 B。糖果 A 至少需含 20% 的核桃與 80% 的糖，糖果 B 至少需含 10% 的核桃、80% 的糖與 10% 的巧克力。美義糖果公司現有庫存 10,000 磅的糖、2,000 磅的核桃與 3,000 磅的巧克力。若糖果 A 每磅可賣 500 元，糖果 B 每磅可賣 400 元，試規劃最大營業額的糖果產量。

【解】

設決策變數如下：

x_1 為糖果 A 的產量
x_2 為糖果 B 的產量

則線性規劃模式為

極大化	$Z = 500x_1 + 400x_2$	最大營業額
受限於	$0.8x_1 + 0.8x_2 \le 10,000$	糖的限制條件
	$0.2x_1 + 0.1x_2 \le 2,000$	核桃的限制條件
	$0.1x_2 \le 3,000$	巧克力的限制條件
	$x_1 \ge 0, x_2 \ge 0$	非負條件

	A	B	C	D	E	F
1	美義糖果公司糖果原料參配問題					
2						
3		產量(磅)	糖(%)	核桃(%)	巧克力(%)	單價(元)
4	糖果A	1.00	80.00%	20.00%	0.00%	500.00
5	糖果B	1.00	80.00%	10.00%	10.00%	400.00
6	成分用量(磅)		1.60	0.30	0.10	
7			<=	<=	<=	
8	成分限量(磅)		10,000.00	2,000.00	3,000.00	元
9	最大營業額(元)					900.00

上圖（FOR03.xlsx 中的試算表「實例二 A」）為美義糖果公司最大營業額糖果原料參配問題的規劃求解模式，儲存格 B4、B5 代表決策變數糖果 A、糖果 B 的產量，目標函數儲存格 F9 的公式為 =SUMPRODUCT(B4:B5,F4:F5) 代表營業額。因為決策變數儲存格以垂直行的方式布置，故目標函數係數（糖果 A、糖果 B 的單價）、各限制式的技術係數及右端常數也配合以垂直行的方式布置。這種布置使限制式儲存格 (C6、D6、E6) 公式可用 SUMPRODUCT 函數表示

為 =SUMPRODUCT (B4:B5,C4:C5)、=SUMPRODUCT(B4:B5,D4:D5)、=SUMPRODUCT(B4:B5,E4:E5)。

	A	B	C	D	E	F
1		美義糖果公司糖果原料參配問題				
2						
3		產量(磅)	糖(%)	核桃(%)	巧克力(%)	單價(元)
4	糖果A	7,500.00	80.00%	20.00%	0.00%	500.00
5	糖果B	5,000.00	80.00%	10.00%	10.00%	400.00
6	成分用量(磅)		10,000.00	2,000.00	500.00	
7			<=	<=	<=	
8	成分限量(磅)		10,000.00	2,000.00	3,000.00	元
9	最大營業額(元)					5,750,000.00

上圖（FOR03.xlsx 中的試算表「實例二 B」）是經過規劃求解增益集尋得的最大營業額 5,750,000 元及糖果 A 產量 7,500 磅，糖果 B 產量 5,000 磅的規劃求解模式試算表。

儲存格 C6 的 10,000.00 磅為糖的實際用量，與公司的庫存量 10,000 磅相同，表示用完庫存量；儲存格 D6 的 2,000.00 磅為核桃的實際用量，與公司的庫存量 2,000 磅相同，表示用完庫存量；儲存格 E6 的 500.00 磅為巧克力的實際用量，比公司的庫存量 3,000 磅少用（或閒置）2,500 磅。這些事實也可由下圖（請參閱試算表「運算結果報表 B」）的分析結果顯露出來。糖與核桃均用完庫存量，故屬「繫結」決策變數；巧克力尚未用完庫存量，故屬「未繫結」決策變數。

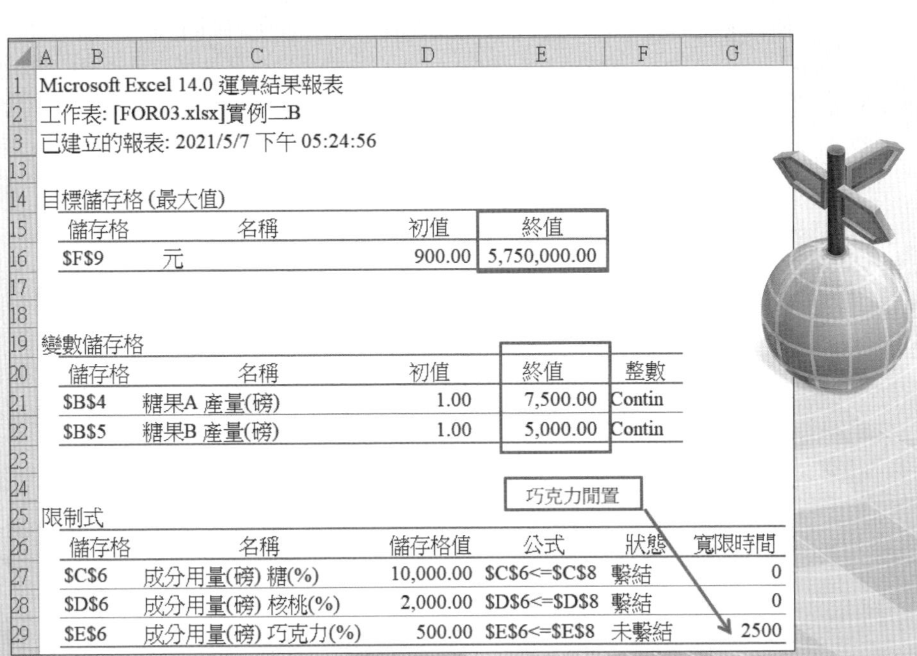

Microsoft Excel 14.0 運算結果報表
工作表: [FOR03.xlsx]實例二B
已建立的報表: 2021/5/7 下午 05:24:56

目標儲存格 (最大值)

儲存格	名稱	初值	終值
$F$9	元	900.00	5,750,000.00

變數儲存格

儲存格	名稱	初值	終值	整數
$B$4	糖果A 產量(磅)	1.00	7,500.00	Contin
$B$5	糖果B 產量(磅)	1.00	5,000.00	Contin

限制式

儲存格	名稱	儲存格值	公式	狀態	寬限時間
$C$6	成分用量(磅) 糖(%)	10,000.00	$C$6<=$C$8	繫結	0
$D$6	成分用量(磅) 核桃(%)	2,000.00	$D$6<=$D$8	繫結	0
$E$6	成分用量(磅) 巧克力(%)	500.00	$E$6<=$E$8	未繫結	2500

Unit 3-14 線性規劃實例三

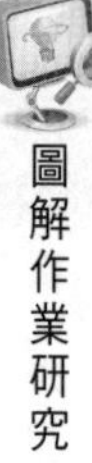

美聯銀行擬以 50,000,000 元投資於債券、房屋貸款、汽車貸款及信用貸款。若投資於債券、房屋貸款、汽車貸款及信用貸款每年的回收率分別為 10%、16%、13% 及 20%。為降低投資風險，資金管理人設定下列投資組合的限制條件。

1. 信用貸款總額不得超過債券投資總額
2. 房屋貸款總額不得超過汽車貸款總額
3. 信用貸款總額不得超過總投資額的 25%

試規劃該投資組合使能獲得最大回收額。

【解】

設決策變數如下：

x_1 為投資於債券的資金
x_2 為投資於房屋貸款的資金
x_3 為投資於汽車貸款的資金
x_4 為投資於信用貸款的資金

則線性規劃模式為

極大化 $Z = 0.1x_1 + 0.16x_2 + 0.13x_3 + 0.20x_4$

受限於
$x_1 + x_2 + x_3 + x_4 \le 50,000,000$ 資金總額的限制條件
$x_1 - x_4 \ge 0$ 信用貸款不得超過債券投資的限制條件
$x_3 - x_2 \ge 0$ 房屋貸款不得超過汽車貸款的限制條件
$0.25(x_1 + x_2 + x_3 + x_4) - x_4 \ge 0$ 信用貸款不得超過總投資額的 25%
$x_1 \ge 0, x_2 \ge 0, x_3 \ge 0, x_4 \ge 0$

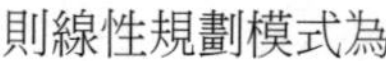

或簡化成

極大化 $Z = 0.1x_1 + 0.16x_2 + 0.13x_3 + 0.20x_4$

受限於
$x_1 + x_2 + x_3 + x_4 \le 50,000,000$ 資金總額的限制條件
$x_1 - x_4 \ge 0$ 信用貸款不得超過債券投資的限制條件
$x_3 - x_2 \ge 0$ 房屋貸款不得超過汽車貸款的限制條件
$0.25x_1 + 0.25x_2 + 0.25x_3 - 0.75x_4 \ge 0$
信用貸款不得超過總投資額的 25%
$x_1 \ge 0, x_2 \ge 0, x_3 \ge 0, x_4 \ge 0$

	A	B	C	D	E	F
1	美聯銀行最佳投資組合					
2						
3		回收率	投資額			
4	債券	10.00%	12,500,000.00	1,250,000.00		
5	房屋貸款	16.00%	12,500,000.00	2,000,000.00		
6	汽車貸款	13.00%	12,500,000.00	1,625,000.00		
7	信用貸款	20.00%	12,500,000.00	2,500,000.00		
8	總回收額		50,000,000.00	7,375,000.00		
9			<=			
10	資金總額		50,000,000.00			
11	投資債券總額減信用貸款總額			0.00	>=	0.00
12	汽車貸款總額減房屋貸款總額			0.00	>=	0.00
13	信用貸款總額不得超過總投資額的25%			0.00	>=	0.00

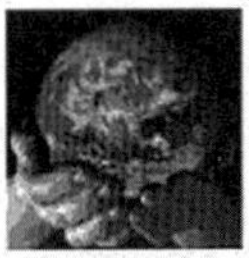

上圖為美聯銀行最佳投資組合模式求解試算表（參閱 FOR03.xlsx 中試算表實例三），其中儲存格 C4、C5、C6、C7 分別代表投資於債券、房屋貸款、汽車貸款及信用貸款的投資額；儲存格 D11 的公式為=C4-C7，其值應 ≥0 表示信用貸款總額不得超過債券投資總額；同理，儲存格 D12 的公式=C6-C5，其值應 ≥0 表示房屋貸款總額不得超過汽車貸款總額；儲存格 D13 公式=0.25*C8-C7，其值應 ≥0 表示信用貸款總額不得超過總投資額的 25%。求解後，儲存格 D8 的 7,375,000.00 為最大回收額。下圖（請參閱試算表「運算結果報表 C」）為產生的運算結果報表。

	A	B	C	D	E	F	G
1	**Microsoft Excel 14.0 運算結果報表**						
2	**工作表: [FOR03.xlsx]實例三**						
3	**已建立的報表: 2021/5/7 下午 05:45:27**						
13							
14	目標儲存格 (最大值)						
15		**儲存格**	**名稱**	**初值**	**終值**		
16		$D$8	總回收額	0.59	7,375,000.00		
17							
19	變數儲存格						
20		**儲存格**	**名稱**	**初值**	**終值**	**整數**	
21		$C$4	債券 投資額	1.00	12,500,000.00	Contin	
22		$C$5	房屋貸款 投資額	1.00	12,500,000.00	Contin	
23		$C$6	汽車貸款 投資額	1.00	12,500,000.00	Contin	
24		$C$7	信用貸款 投資額	1.00	12,500,000.00	Contin	
25							
27	限制式						
28		**儲存格**	**名稱**	**儲存格值**	**公式**	**狀態**	**寬限時間**
29		$D$12	汽車貸款總額減房屋貸款總額	0.00	$D$12>=$F$12	繫結	0.00
30		$D$11	投資債券總額減信用貸款總額	0.00	$D$11>=$F$11	繫結	0.00
31		$C$8	總回收額 投資額	50,000,000.00	$C$8<=$C$10	繫結	0
32		$D$13	信用貸款總額不得超過總投資額的25%	0.00	$D$13>=$F$13	繫結	0.00

Unit 3-15 線性規劃實例四

布穀公司混合原料 1 與原料 2 以生產飼料 A 與飼料 B。若飼料 A 每磅至少含有 70% 的原料 1，可賣 700 元；飼料 B 每磅至少含有 70% 的原料 2，可賣 400 元。若布穀公司最多能以每磅 150 元購得 8,000 磅原料 1，能以每磅 100 元購得 10,000 磅原料 2，試規劃獲利最多的飼料產量。

【解】

設決策變數如下：

x_1 為飼料 A 的產量
x_2 為飼料 B 的產量

則線性規劃模式為

極大化 $Z = 700x_1 + 400x_2 - 150(0.7x_1 + 0.3x_2) - 100(0.3x_1 + 0.7x_2)$
或 $Z = 565x_1 + 285x_2$
受限於 $0.7x_1 + 0.3x_2 \le 8,000$ 原料 1 的限制條件
$0.3x_1 + 0.7x_2 \le 10,000$ 原料 2 的限制條件
$x_1 \ge 0, x_2 \ge 0$

題述的目標函數為 $Z = 700x_1 + 400x_2 - 150(0.7x_1 + 0.3x_2) - 100(0.3x_1 + 0.7x_2)$ 稍嫌冗長，必須整理歸併成 $Z = 565x_1 + 285x_2$，以方便目標儲存格公式的撰寫。

	A	B	C	D	E	F
1	布穀公司最大獲利的飼料參配					
2						
3		原料1	原料2	產量	售價	
4	飼料A	0.7	0.3	1.0	700.00	
5	飼料B	0.3	0.7	1.0	400.00	
6	原料單價	150.0	100.0		元	
7	原料需量	1.0	1.0	總收入==>	1,100.0	
8		<=	<=	總成本==>	250.0	
9	原料限量	8,000.0	10,000.0	總利潤	850.0	

上圖為布穀公司最大獲利飼料參配的規劃求解模式試算表（參閱 FOR03.xlsx 中試算表實例四 A），決策變數儲存格 (D4、D5) 採垂直行布置，故目標函數係數儲存格 (E4、E5)、各限制式技術係數及右端常數亦均採垂直行布置，以方便使用 SUMPRODUCT 函數。

下圖（參閱 FOR03.xlsx 中試算表實例四 B）為最佳解的規劃求解試算表，飼料 A 應該生產 6,500 磅、飼料 B 應該生產 11,500 磅，才能獲得最高利潤 6,950,000 元。飼料 B 雖然售價較低，但因為其製造成本較低，故應該生產較多反而有益。

	A	B	C	D	E	F
1	布穀公司最大獲利的飼料參配					
2						
3		原料1	原料2	產量	售價	
4	飼料A	0.7	0.3	6,500.0	700.00	
5	飼料B	0.3	0.7	11,500.0	400.00	
6	原料單價	150.0	100.0		元	
7	原料需量	8,000.0	10,000.0	總收入==>	9,150,000.0	
8		<=	<=	總成本==>	2,200,000.0	
9	原料限量	8,000.0	10,000.0	總利潤	**6,950,000.0**	

下圖（請參閱試算表「運算結果報表 D）為規劃求解的運算結果報表，由儲存格 F27、F28 知兩種原料的限制條件均屬「繫結」(Binding)狀態，儲存格 G27、G28 均為 0 表示該兩種原料均無閒置量。

Microsoft Excel 14.0 運算結果報表
工作表: [FOR03.xlsx]實例四B
已建立的報表: 2021/5/7 下午 05:54:16

目標儲存格 (最大值)

儲存格	名稱	初值	終值
$E$9	總利潤 元	850.0	6,950,000.0

變數儲存格

儲存格	名稱	初值	終值	整數
$D$4	飼料A 產量	1.0	6,500.0	Contin
$D$5	飼料B 產量	1.0	11,500.0	Contin

限制式

儲存格	名稱	儲存格值	公式	狀態	寬限時間
$B$7	原料需量 原料1	8,000.0	$B$7<=$B$9	繫結	0
$C$7	原料需量 原料2	10,000.0	$C$7<=$C$9	繫結	0

Unit 3-16 線性規劃實例五

海藍公司經銷機器 A 與機器 B。每部機器 A 庫存佔用 10 平方呎的地面面積，出售時可賺取 8,000 元；每部機器 B 庫存佔用 4 平方呎的地面面積，出售時可賺取 2,000 元。海藍公司的倉庫總面積為 5,000 平方呎；每庫存一部機器 A 積壓 2,000 元資金，每庫存一部機器 B 積壓 500 元資金，若財務部門約定總積壓資金不得超過 600,000 元，試規劃獲利最多的庫存量。

【解】

設決策變數如下：

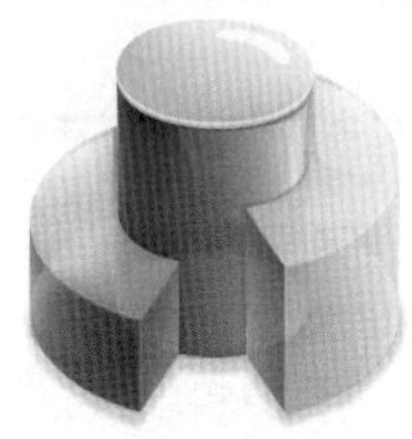

x_1 為機器 A 的庫存量
x_2 為機器 B 的庫存量

則線性規劃模式為

極大化　$Z = 8000x_1 + 2000x_2$

受限於　$10x_1 + 4x_2 \le 5{,}000$　倉庫總面積的限制條件

$2000x_1 + 500x_2 \le 600{,}000$　總積壓資金的限制條件

$x_1 \ge 0, x_2 \ge 0$

請注意：
本規劃求解模式的決策變數儲存格採橫向排列，這是 OK 的。重要的是，要正確告知規劃求解增益集。

	A	B	C	D	E	F
1	海藍公司獲利最多的庫存量					
2		機器A	機器B			
3	庫存量	1	1			
4	每部獲利(元)	8,000.0	2,000.0	總獲利	10,000.0	
5	每部佔用面積	10.0	4.0			
6	每部積壓資金	2,000.0	500.0			
7	實際佔用面積	10.0	4.0	14.0	<=	5,000.0
8	實際積壓資金	2,000.0	500.0	2,500.0	<=	600,000.0

上圖海藍公司獲利最多庫存量的規劃求解模式（參閱 FOR03.xlsx 中試算表實例五 A）觀察得知，本例題的決策變數儲存格採橫向排列，如儲存格 B4：C4，則目標函數係數，各限制式技術係數及右端常數均配合採橫向排列，以方便相關公式使用 SUMPRODUCT 函數。

下圖（參閱 FOR03.xlsx 中試算表實例五 B）為經過規劃求解增益集推得的最佳解模式，最佳庫存量為機器 A 庫存 300 部，機器 B 庫存 0 部，預期可獲利 2,400,000 元。可用資源為庫存面積與資金，其中資金完全用盡而庫存面積尚有 2,000 平方呎閒置未用。

	A	B	C	D	E	F
1	海藍公司獲利最多的庫存量					
2		機器A	機器B			
3	庫存量	300	0			
4	每部獲利(元)	8,000.0	2,000.0	總獲利	2,400,000.0	
5	每部佔用面積	10.0	4.0			
6	每部積壓資金	2,000.0	500.0			
7	實際佔用面積	3,000.0	0.0	3,000.0	<=	5,000.0
8	實際積壓資金	600,000.0	0.0	600,000.0	<=	600,000.0

下圖（參閱試算表「運算結果報表 E」）為運算結果報表，儲存格F27的庫存面積限制式屬非繫結 (Not Binding) 狀態，故有儲存格 G27 的閒置量 2,000 平方呎。

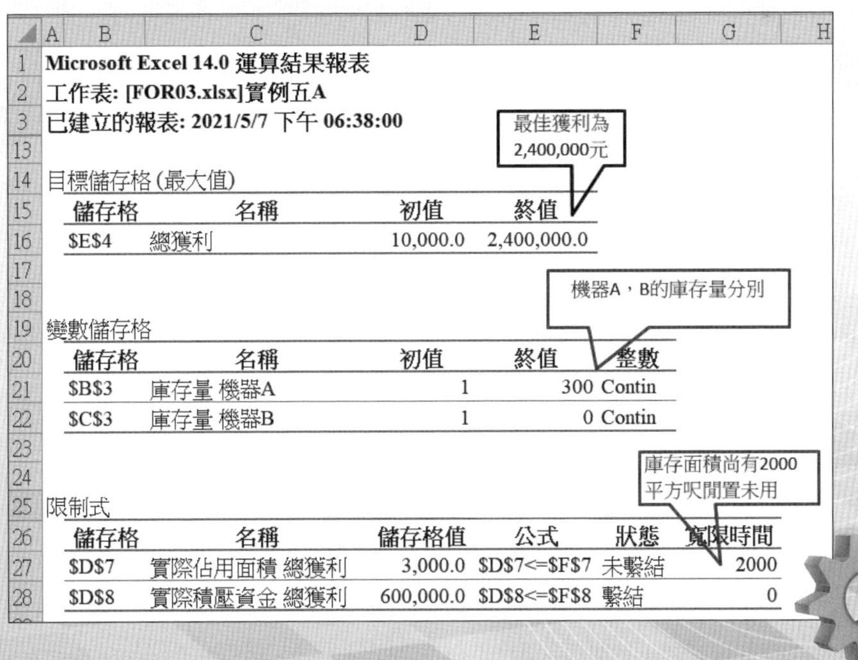

Microsoft Excel 14.0 運算結果報表

工作表: [FOR03.xlsx]實例五A

已建立的報表: 2021/5/7 下午 06:38:00

目標儲存格 (最大值)

儲存格	名稱	初值	終值
$E$4	總獲利	10,000.0	2,400,000.0

變數儲存格

儲存格	名稱	初值	終值	整數
$B$3	庫存量 機器A	1	300	Contin
$C$3	庫存量 機器B	1	0	Contin

限制式

儲存格	名稱	儲存格值	公式	狀態	寬限時間
$D$7	實際佔用面積 總獲利	3,000.0	$D$7<=$F$7	未繫結	2000
$D$8	實際積壓資金 總獲利	600,000.0	$D$8<=$F$8	繫結	0

Unit 3-17 線性規劃實例六

貝醍公司在機器 1 與機器 2 上生產商品 A、商品 B 與商品 C 三種商品。每種商品 1 個的獲利（元）及所需機器 1 與機器 2 的處理時間如下表：

	商品 A	商品 B	商品 C
利潤（元）/單位	30.00	50.00	20.00
機器 1（時/單位）	0.50	2.00	0.75
機器 2（時/單位）	1.00	1.00	0.50

每週每一機器可用時間為 40 小時；機器 1 需要 2 人工小時操作，機器 2 需要 1 人工小時操作；每週可用的人工小時數為 100。另商品 A 的產量不得超過總產量的一半；商品 C 的產量至少為總產量的 20%。試回答下列問題：

1. 獲利最多的各商品產量及總利潤
2. 每部機器用於生產的時數

【解】

設決策變數如下：

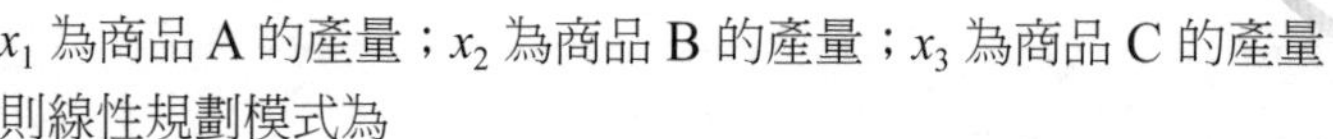

x_1 為商品 A 的產量；x_2 為商品 B 的產量；x_3 為商品 C 的產量

則線性規劃模式為

極大化 $Z = 30x_1 + 50x_2 + 20x_3$

受限於 $0.50x_1 + 2.00x_2 + 0.75x_3 \le 40$ 機器 1 可用時數的限制條件

$x_1 + x_2 + 0.5x_3 \le 40$ 機器 2 可用時數的限制條件

$2(0.50x_1 + 2.00x_2 + 0.75x_3) + x_1 + x_2 + 0.5x_3 \le 100$

人工時數的限制條件

$x_1 \le 0.5(x_1 + x_2 + x_3)$ 商品 A 的產量不得超過總產量的一半

$x_3 \ge 0.2(x_1 + x_2 + x_3)$ 商品 C 的產量至少為總產量的 20%

$x_1 \ge 0, x_2 \ge 0, x_3 \ge 0$ 產品產量不能負值

或簡化為

極大化 $Z = 30x_1 + 50x_2 + 20x_3$

受限於 $0.50x_1 + 2.00x_2 + 0.75x_3 \le 40$ 機器 1 可用時數的限制條件

$x_1 + x_2 + 0.5x_3 \le 40$ 機器 2 可用時數的限制條件

$2x_1 + 5x_2 + 2x_3 \le 100$ 人工時數的限制條件

$$0.5x_1 - 0.5x_2 - 0.5x_3 \le 0$$ 商品 A 的產量不得超過總產量的一半

$$-0.2x_1 - 0.2x_2 + 0.8x_3 \ge 0$$ 商品 C 的產量至少為總產量的 20%

$$x_1 \ge 0, x_2 \ge 0, x_3 \ge 0$$ 產品產量不能負值

	A	B	C	D	E	F	G	H
1	貝醍公司最佳獲利的商品產量決策							
2								
3		商品A	商品B	商品C	總利潤			
4	產量	25	0	25	50.0			
5	利潤(元/單位)	30.0	50.0	20.0	1,250.0			
6	機器1(小時/單位)	0.50	2.00	0.75	31.25	<=	40.00	
7	機器2(小時/單位)	1.00	1.00	0.50	37.50	<=	40.00	
8	人工小時數				100.00	<=	100.00	
9	0.5X總產量	25			0.00	>=	0.00	
10	0.2X總產量	10			15.00	>=	0.00	

上圖為依據原來題意所建立的規劃求解模式試算表（參閱 FOR03.xlsx 中試算表實例六 A），經規劃求解增益集求解後，得生產 25 個商品 A 與 25 個商品 C 可獲得最大利潤 1,250 元。儲存格 E6 係以函數 =SUMPRODUCT(B4:D4,B6:D6) 計算最佳產量所需機器 1 的時間，同理，儲存格 E7 為所需機器 2 的時間，儲存格 E8 係以公式=E6*2+E7 計算所需人工小時數；個別受到 40 小時及 100 人工小時的限制。

儲存格E4 以函數 =SUM(B4:D4) 計算總產量，則儲存格 B9 為總產量的一半，儲存格 B10 為總產量的 20%。儲存格 E9 的公式為 =B9-B4 表示總產量的一半減去商品 A 的產量，依據題意，其值必須 ≥ 0。儲存格 E10 的公式為 =D4-B10 表示商品 C 減去總產量的 20%，其值必須 ≥ 0。儲存格 E5 的公式為 =SUMPRODUCT(B4:D4,B5:D5) 代表總利潤。

下圖為依據簡化後的線性規劃模式所建立的規劃求解試算表（參閱 FOR03.xlsx 中試算表實例六 B），獲利最多的產量仍為商品 A 與商品 C 各生產 25 個，商品 B 不生產；可獲最佳利潤為 1,250.00元。因受人工小時數的限制，機器 1 僅可使用 31.25 小時，機器 2 僅可使用 37.50 小時。

	A	B	C	D	E	F	G	H
1	貝醍公司最佳獲利的商品產量決策							
2								
3		商品A	商品B	商品C	總利潤			
4	產量	25	0	25	50.0			
5	利潤(元/單位)	30.0	50.0	20.0	1,250.0			
6	機器1(小時/單位)	0.50	2.00	0.75	31.25	<=	40.00	
7	機器2(小時/單位)	1.00	1.00	0.50	37.50	<=	40.00	
8	人工小時數	2.00	5.00	2.00	100.00	<=	100.00	
9	商品C限量	-0.20	-0.20	0.80	15.00	>=	0.00	
10	商品A限量	0.50	-0.50	-0.50	0.00	<=	0.00	

Unit 3-18 線性規劃實例七

利拓公司擬在電視、廣播及報紙上做商業廣告以促銷其商品。在電視、廣播及報紙上最多可用次數、每次廣告費用及可達的觀（聽）眾數如下表：

	電視媒體	廣播媒體	報紙媒體
觀（聽）眾數	100,000	18,000	40,000
每次廣告費（元）	2,000	300	600
可用廣告次數	10	20	10

為使媒體獲得平均使用，約定廣播次數不得超過廣告總次數的一半，電視廣告次數至少為總廣告次數的 10%。若廣告總預算為18,200元，則可達到最多觀（聽）眾數的各媒體廣告費用及總觀（聽）眾數為何？

【解】

設決策變數如下：

x_1 為電視媒體的廣告次數
x_2 為廣播媒體的廣告次數
x_3 為報紙媒體的廣告次數

則線性規劃模式為

極大化 $Z = 100,000x_1 + 18,000x_2 + 40,000x_3$

受限於

$2,000x_1 + 300x_2 + 600x_3 \le 18,200$ 廣告預算的限制條件
$x_2 \le 0.5(x_1 + x_2 + x_3)$ 廣播不超過總次數的一半
$x_1 \ge 0.1(x_1 + x_2 + x_3)$ 電視至少為總次數的 10%
$x_1 \le 10$ 電視媒體廣告次數的限制條件
$x_2 \le 20$ 廣播媒體廣告次數的限制條件
$x_3 \le 10$ 報紙媒體廣告次數的限制條件
$x_1 \ge 0, x_2 \ge 0, x_3 \ge 0$ 廣告次數必須非負

小博士解說

為避免規劃求解增益集的計算誤差，模式中的目標函數係數，限制式的技術係數或右端常數的絕對值應避免差異太大。依此規則，可將各媒體可達的觀（聽）眾數以千人為單位表示之。

下圖為依據原來題意所建立的規劃求解試算表（參閱 FOR03.xlsx 中試算表實例七A），達到最多觀（聽）眾數的媒體廣告次數為電視 4 次、廣播 14 次、報紙 10 次，觀（聽）眾數可達 1,052,000 人。廣告費用 18,200 元及報紙媒體最多可用次數 10 次均已用盡，故屬繫結限制式。

請讀者將上述模式加以簡化，則據簡化後的規劃求解試算表參閱 FOR03.xlsx 試算表實例七 B。

	A	B	C	D	E
1	利拓公司達到最多觀(聽)眾的電視、廣播及報紙廣告決策				
2					
3		電視媒體	廣播媒體	報紙媒體	達到最多觀(聽)眾數
4	廣告次數	4	14	10	28
5	觀(聽)眾數	100,000	18,000	40,000	1,052,000
6	廣告費用(元)	2,000.00	300.00	600.00	18,200.00
7		<=↓	<=↓	<=↓	<=↓
8	可用廣告次數	10	20	10	18,200.00
9	0.5*廣告總次數	14.00	0.0	<=→	0
10	0.1*廣告總次數	2.80	1.2	>=→	0

下圖為規劃求解程式所產出的運算結果報表，如試算表「運算結果報表 F」。

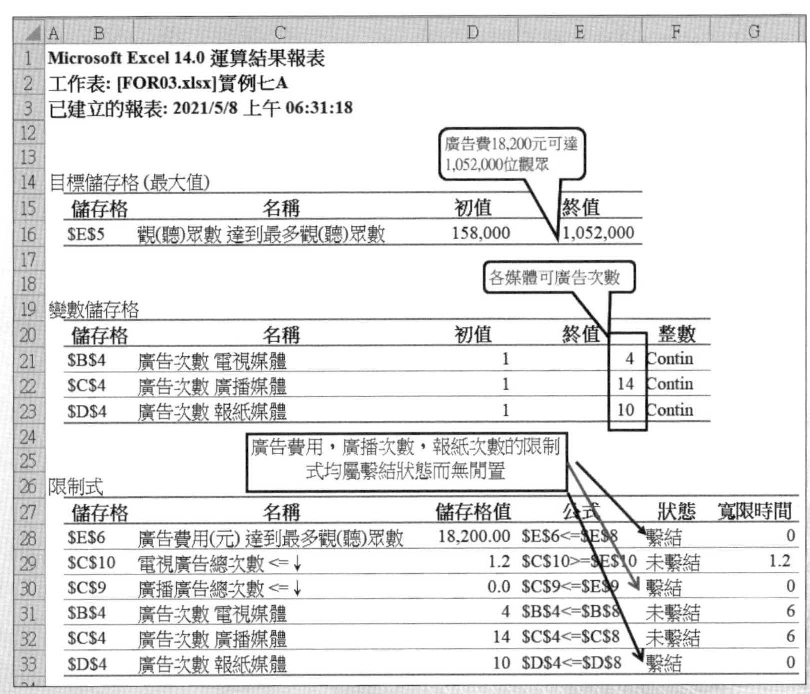

Microsoft Excel 14.0 運算結果報表
工作表: [FOR03.xlsx]實例七A
已建立的報表: 2021/5/8 上午 06:31:18

目標儲存格 (最大值)

儲存格	名稱	初值	終值
$E$5	觀(聽)眾數 達到最多觀(聽)眾數	158,000	1,052,000

變數儲存格

儲存格	名稱	初值	終值	整數
$B$4	廣告次數 電視媒體	1	4	Contin
$C$4	廣告次數 廣播媒體	1	14	Contin
$D$4	廣告次數 報紙媒體	1	10	Contin

限制式

儲存格	名稱	儲存格值	公式	狀態	寬限時間
$E$6	廣告費用(元) 達到最多觀(聽)眾數	18,200.00	$E$6<=$E$8	繫結	0
$C$10	電視廣告總次數 <=↓	1.2	$C$10>=$E$10	未繫結	1.2
$C$9	廣播廣告總次數 <=↓	0.0	$C$9<=$E$9	繫結	0
$B$4	廣告次數 電視媒體	4	$B$4<=$B$8	未繫結	6
$C$4	廣告次數 廣播媒體	14	$C$4<=$C$8	未繫結	6
$D$4	廣告次數 報紙媒體	10	$D$4<=$D$8	繫結	0

廣播廣告最多可以 20 次，求解的結果只是 14 次，為何報表中儲存格 G30（廣播次數的閒置量）為 0？廣播次數最多確是可以 20 次，但也約定廣播次數不得超過廣告總次數的一半，求解結果的廣告總次數是 4+14+10=28 次，因此廣播次數不得超過 28 次的一半，亦即 14 次。

Unit 3-19 特殊情形之研判

線性規劃模式可能因為限制式的參數錯誤、有多餘或遺漏的限制式等原因，使無法獲得唯一可行解。當在規劃求解參數畫面單擊「求解」鈕後，出現規劃求解結果畫面，觀察該畫面所顯示的訊息，以研判其解為無限值解 (Unbounded Solution) 或無可行解 (Infeasible Solution) 等。有多重解 (Alternate Optimal Solution) 的線性規劃模式，規劃求解只能找到其中一個最佳解，與唯一解的線性規劃模式顯示相同的訊息。

例題

下列為一無限值解 (Unbounded Solution) 的實例，其模式如下：

極大化 $Z = 36x_1 + 30x_2 - 3x_3 - 4x_4$

受限於

$$x_1 + x_2 - x_3 \le 5$$
$$6x_1 + 5x_2 - x_4 \le 10$$
$$x_1, x_2, x_3, x_4 \ge 0$$

	A	B	C	D	E	F	G	H
1		無限值解實例 - - 實例十一						
2		X1	X2	X3	X4			
3		0.00	0.00	0.00	0.00			
4		36.00	30.00	-3.00	-4.00	0.00		
5		1.00	1.00	-1.00	0.00	0.00	<=	5.00
6		6.00	5.00	0.00	-1.00	0.00	<=	10.00

上圖為規劃求解模式試算表〔參閱 FOR03.xlsx 中試算表「特殊情形（無限值解）」〕，規劃求解參數畫面設定目標函數係數、限制式及右端常數如下：

單擊前頁末畫面下半部的「求解」鈕後出現如下的規劃求解結果畫面。在規劃求解結果畫面上，出現「目標儲存格的值未收斂」的訊息。

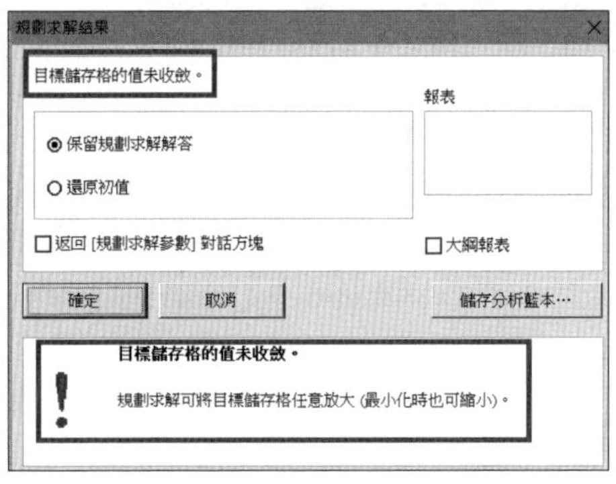

例題

下列為「無可行解」的線性規劃模式

極大化 $Z = 40x + 50y$

受限於 $0.4x + 0.5y \le 20$

$0.2y \le 5$

$0.6x + 0.3y \le 21$

$x \ge 30$

$y \ge 15$

$x, y \ge 0$

	A	B	C	D	E	F
1	無解(Infeasible Solution)實例--實例十二					
2		飲料A	飲料B			
3	產量	30.00	10.00			
4	單位利潤	40.00	50.00	1,700.00		
5	原料1	0.40	0.50	17.00	<=	20.00
6	原料2	0.00	0.20	2.00	<=	5.00
7	原料3	0.60	0.30	21.00	<=	21.00
8	飲料A產量限制	1.00	0.00	30.00	>=	30.00
9	飲料B產量限制	0.00	1.00	10.00	>=	15.00

上圖〔參閱FOR03.xlsx中試算表「特殊情形（無解）」〕透過規劃求解參數畫面求解後，規劃求解結果畫面上出現「規劃求解找不到合適的解」的訊息。

Unit 3-20 規劃求解模式之儲存

規劃求解模式試算表存檔時僅能儲存一套模式，所謂一套模式係指目標函數及各限制式的絕對位址；如果因需比較不同決策方案而有不同的限制式，則必須刪除某些限制式或增加某些限制式或參數，且當決策方案與限制式比較多時，更改這些限制式是一項繁瑣的工作。規劃求解增益集提供一種規劃求解模式「載入/儲存」的功能以方便作業。茲以實例說明如下：

某銀行備有50,000,000元（5千萬元）辦理汽車放款、購屋放款、信用放款，各有不同利潤率，為避免所有資金全部貸放到利潤率高的放款，而有不同的限制方案如下表：

放款類別	利潤率	方案A	方案B
汽車放款	8%	放款總額<=13百萬元	放款總額<=14百萬元
購屋放款	10%	放款總額<=12百萬元	放款總額<=9百萬元
信用放款	18%	放款總額<=25百萬元	放款總額<=27百萬元

設 x_1、x_2、x_3 分別為汽車放款總額、購屋放款總額、信用放款總額，則其線性規劃模式為：

方案A		方案B	
極大化	$Z = 0.08x_1 + 0.10x_2 + 0.18x_3$	極大化	$Z = 0.08x_1 + 0.10x_2 + 0.18x_3$
受限於	$x_1 \le 13$	受限於	$x_1 \le 14$
	$x_2 \le 12$		$x_2 \le 9$
	$x_3 \le 25$		$x_3 \le 27$
	x_1、x_2、x_3 均大於 0		x_1、x_2、x_3 均大於 0

上圖為依據方案A線性規劃模式輸入的規劃求解參數畫面，畫面上有一個「載入/儲存」鈕則是用來儲存或載入規劃求解模式的。儲存規劃求解模式的步驟如下：

1. 選定試算表上用來儲存規劃求解模式的儲存格，如儲存格F2。
2. 單擊「載入/儲存」鈕出現如下畫面。

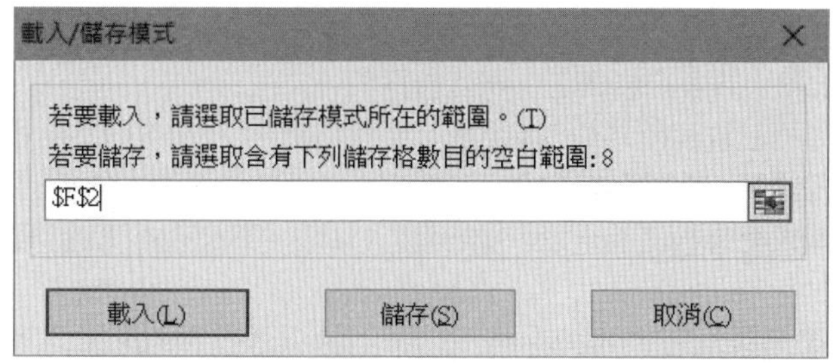

3. 再單擊「儲存(S)」鈕即將規劃求解模式的內容儲存於指定的儲存格，及以下數個儲存格內。

本例的限制式有四個，則指定儲存格及其下面有限制式個數加4(4+4=8)個空白或可以覆蓋的儲存格，即可用來儲存規劃求解模式。儲存的內容如下表所示（參閱FOR3.xslx中的試算表Solver Module LoadSave）：

	F	G	H
1	方案 A	內容的意義	實際的內容
2	6.74	目標函數	=MAX($B$6)
3	3	決策變數個數	=COUNT($A$3:$C$3)
4	TRUE	限制式	=$B$3<=12
5	TRUE		=$A$3<=13
6	TRUE		=$C$3<=25
7	TRUE		=$D$3<=$D$5
8	32767	選項參數	={32767,32767,0.000001,0.01
9	0		={0,0,2,100,0,FALSE,TRUE,0

再依方案B修改規劃求解參數畫面的限制式，以相同的程序可儲存方案B的規劃求解模式於儲存格F12以下的8（4個限制式+4）個儲存格，其內容如下：

	E	F	G	H
11		方案 B	內容的意義	實際的內容
12		6.88	目標函數	=MAX($B$6)
13		3	決策變數個數	=COUNT($A$3:$C$3)
14		TRUE	限制式	=$B$3<=14
15		TRUE		=$A$3<=9
16		TRUE		=$C$3<=27
17		TRUE		=$D$3<=$D$5
18		32767	選項參數	={32767,32767,0.000001,0.01
19		0		={0,0,2,100,0,FALSE,TRUE,0

Unit 3-21 規劃求解模式之載入

規劃求解模式儲存之後，可以隨時再載入，則規劃求解參數畫面的目標函數、限制式及選項均依載入的模式修改之。載入程序如下：

1. 選取儲存規劃求解模式的方案B所有儲存格$F$12: $F$19（儲存時，僅需選取儲存模式的第一個儲存格F12即可）。
2. 單擊規劃求解參數畫面上的「儲存/載入」鈕，即出現如下的選擇畫面。

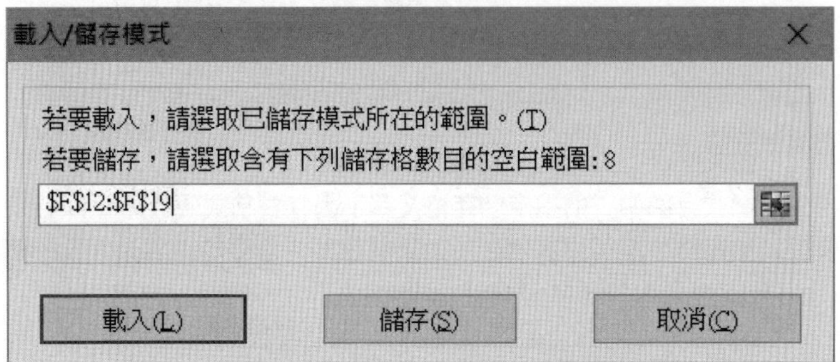

3. 再單擊「載入(L)」鈕，即出現如下畫面，供選擇將儲存於儲存格$F$12: $F$19的規劃求解模式載入，並詢問「您要取代目前模式，或將新模式與目前模式合併？」的載入方式。

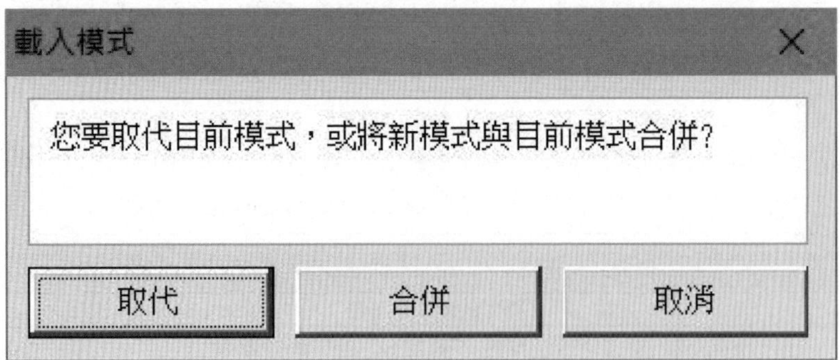

4. 再單擊「取代」鈕，即將方案B的規劃求解模式載入並取代原有模式（方案A）如下圖。

規劃求解參數

設定目標式:(T) $B$6

至: ◉最大值(M) ○最小(N) ○值:(V) 0

藉由變更變數儲存格:(B)
$A$3:$C$3

設定限制式:(U)
$A$3 <= 14
$C$3 <= 27
$D$3 <= $D$5
$B$3 <= 9

新增(A) 變更(C) 刪除(D) 全部重設(R) 載入/儲存(L)

☑將未設限的變數設為非負數(K)

載入方案B時，如果單擊「合併」鈕，則將兩方案的限制式合併，造成汽車放款、購屋放款及信用放款各有兩個限制式如下圖。

此時求解時，則依兩個相同限制式從嚴認定，因此求解的結果如下圖，總放款額僅47百萬元，不到50百萬元。

	A	B	C	D
1	銀行放款方案比較			
2	汽車放款	購屋放款	信用放款	放款總額
3	13.00	9.00	25.00	47.00
4	8%	10%	18%	<=
5	1.04	0.90	4.50	50.00
6	放款利潤⇨	6.44		可供放款↑

規劃求解模式合併的使用時機

假設有一個追求最大利潤的商品生產線性規劃模式，如果商品生產的原料資源有限制，而工人可用時間則無任何限制，則規劃求解模式僅有原料資源的限制式，可求得僅資源有限的最大利潤商品生產組合；如果商品生產的原料資源沒有限制，而工人可用時間則有限制，可求得僅工人可用時間有限的最大利潤商品生產組合。若將兩個模式合併，可求得資源及工人可用時間均有限的最大利潤商品生產組合。

Unit 3-22 單變數運算列表

Excel試算表的模擬分析(What-if Analysis或若則分析)除了提供目標搜尋外，另有運算列表(Data Table)及分析藍本(Scenario)管理員功能。運算列表又分單變數運算列表(One-Variable Data Table)及雙變數運算列表(Two-Variable Data Table)。

單變數運算列表(One-Variable Data Table)

單變數運算列表可將一個自變數的不同數值，列於某欄(Column)或某列(Row)的連續儲存格，則運算列表可將該欄上的自變數的值，帶入一個或多個計算式或函數式，且將其運算結果列於不同的列或欄上。

	A	B	C	D	E
1	貸款額	年利率	期限(年)	每期償還本息	全期支付利息
2	3,000,000	1.50%	20	14,476	474,327
3			單變數運算列表		
4				每期償還本息	
5			年利率	14,476	
6			1.50%	14,476	
7			1.60%	14,615	
8			1.70%	14,754	
9			1.80%	14,894	
10			1.90%	15,035	

上圖（參閱FOR3.xlsx中單變數運算列表A）第2列為某項貸款的貸款金額、年利率、期限（年），及依據此些資料推算每期償還本息〔函數=PMT(B2/12,C2*12,−A2)〕及全期支付利息〔=−CUMIPMT(B2/12,C2*12,A2,1,C2*12,0)〕。運用單變數運算列表可將不同年利率所產生的每期償還本息，列成表格如上圖C4：D10。

先將所欲瞭解每期支付本息的不同年利率列於同一欄（如C欄），再於該欄年利率右側欄（D欄）在第一個年利率上方一個儲存格(D5)置入公式=D2。然後選取儲存格C5：D10，再選擇「資料」索引標籤中的「資料工具」群組，下拉模擬分析再選「運算列表」，即出現下面畫面：

運算列表	? ×
列變數儲存格(R):	
欄變數儲存格(C):	$B$2
確定	取消

因為自變數年利率儲存於C欄的C6：C10，故將游標置入畫面中的「欄變數儲存格(C)」，再點選儲存格B2，換言之，將C6的年利率帶入儲存格B2，則在儲存格D2可以得到該年利率的每期償還本息，且置入儲存格D6；同理，運算列表範圍(C7：

C10)內的不同年利率都分別帶入儲存格B2，再將儲存格D2的每期償還本息置入D7：D10內而完成單變數運算列表。

單變數運算列表也可將自變數列於某列，且觀察的因變計算式或函數式也可以有一個以上。下圖（參閱FOR3.xslx中單變數運算列表B）就是將所欲觀察的年利率置於橫列(C5：G5)，且要觀察的每期償還本息及全期支付利息列於同一欄位(B6：B7)。

	A	B	C	D	E	F	G
1	貸款額	年利率	期限(年)	每期償還本息	全期支付利息		
2	3,000,000	1.50%	20	14,476	474,327		
3							
4	單變數運算列表（自變數橫列）						
5	自變數⇨	年利率	1.50%	1.60%	1.70%	1.80%	1.90%
6	每期償還本息	14,476	14,476	14,615	14,754	14,894	15,035
7	全期支付利息	474,327	474,327	507,539	540,949	574,556	608,359

將所欲瞭解每期支付本息的不同年利率列於同一列（如列5），再於該列年利率左側欄（B欄）在第一個年利率下方第一個儲存格(B6)置入公式=D2（每期償還本息）及下方第二個儲存格(B7)置入公式=E2（全期支付利息）。然後選取儲存格B5：G7，再選擇「資料」索引標籤中的「資料工具」群組，下拉模擬分析再選「運算列表」，即出現下面畫面：

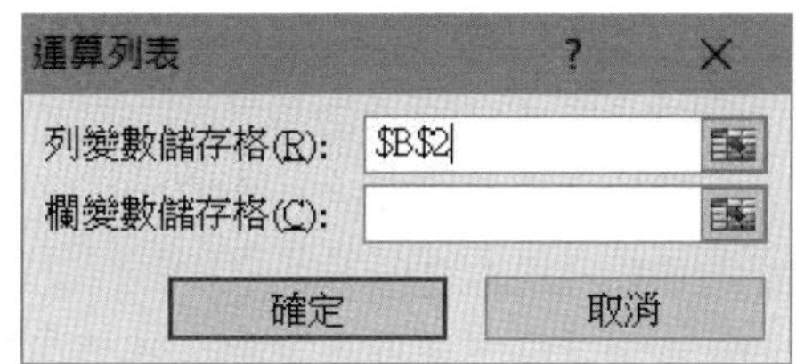

因為自變數年利率儲存於第5列的C5：G5，故將游標置入畫面中的「列變數儲存格(R)」，再點選儲存格B2，換言之，將C5的年利率帶入儲存格B2，則在儲存格D2可以得到該年利率的每期償還本息，且置入儲存格C6；在儲存格E2可以得到該年利率的全期支付利息，且置入儲存格C7；同理，運算列表範圍(D5：G5)內的不同年利率都分別帶入儲存格B2，再將儲存格D2的每期償還本息置入D6：G6內，將儲存格E2的全期支付利息置入D7：G7內而完成單變數運算列表。

單變數運算列表有兩種排列方式，下圖左側是將自變數縱向（同一欄的連續儲存格）排列，則一個或一個以上的因變式（計算式或函數式的位址）必須橫向排列；下圖右側則將自變數橫向（同一列的連續儲存格）排列，則一個或一個以上的因變式（計算式或函數式的位址）必須縱向排列。粗框外側則可自行附加標題以便閱讀。

	=因變式1	=因變式2
自變數1	因變值11	因變值12
自變數2	因變值21	因變值22
自變數3	因變值31	因變值32
自變數4	因變值41	因變值42

	自變數1	自變數2	自變數3	自變數4
=因變式1	因變值11	因變值21	因變值31	因變值41
=因變式2	因變值12	因變值22	因變值32	因變值42
=因變式3	因變值13	因變值23	因變值33	因變值43
=因變式4	因變值14	因變值24	因變值34	因變值44

Unit 3-23 雙變數運算列表

雙變數運算列表(Two-Variable Data Table)

單變數運算列表可觀察一個自變數的不同數值所相當的一個或多個計算式或函數式的值，而雙變數運算列表則可觀察二個自變數所相當的一個計算式或函數式的值。

下圖（參閱FOR3.xlsx中雙變數運算列表A）第2列為某項貸款的貸款金額、年利率、期限（年），及依據此些資料推算每期償還本息〔函數=PMT(C2/12,D2*12,−B2)〕及全期支付利息〔=−CUMIPMT(C2/12,D2*12,B2,1,D2*12,0)〕。運用雙變數運算列表可將不同年利率及不同貸款期限的不同組合所產生的每期償還本息，列成運算表格如下圖B6：G10。

	A	B	C	D	E	F	G
1		貸款額	年利率	期限(年)	每期償還本息	全期支付利息	
2		3,000,000	1.50%	20	14,476	474,327	
3							
4			雙變數運算列表(每期償還本息)				
5			年利率				
6		14,476	1.50%	1.60%	1.70%	1.80%	1.90%
7		15	18,622	18,758	18,894	19,030	19,167
8	期限	20	14,476	14,615	14,754	14,894	15,035
9	(年)	25	11,998	12,140	12,282	12,426	12,570
10		30	10,354	10,498	10,644	10,791	10,939

上圖將不同貸款期限（年）列於同一欄（B欄的B7：B10），將不同年利率列於同一列（第6列的C6：G6）；則在B欄與第6列的交點儲存格(B6)輸入=E2（含計算每期償還本息的函數式）。然後選取儲存格B6：G10，再選擇「資料」索引標籤中的「資料工具」群組，下拉模擬分析再選「運算列表」，即出現下面畫面：

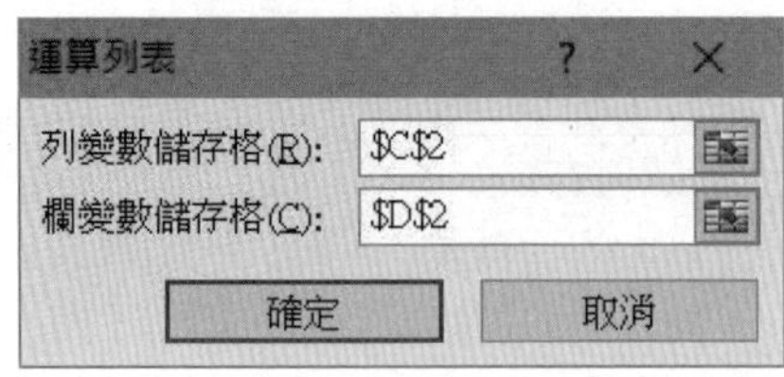

因為自變數年利率儲存於C6：G6，故將游標置入畫面中的「列變數儲存格(R)」，再點選年利率儲存格C2；自變數貸款期限（年）儲存於B欄的B7：B10，故將游標置入畫面中的「欄變數儲存格(C)」，再點選期限（年）的儲存格D2，換言之，將C6的年利率帶入儲存格C2，將B7的期限（年）帶入儲存格D2，則在儲存格E2可以得到年利率1.5%與貸款期限15年的每期償還本息，且置入儲存格C7；同理，運算列表範圍(C7：G10)內的不同年利率與不同貸款期限都分別帶入儲存格C2與D2，再將儲存格E2的每期償還本息置入C7：G10內而完成雙變數運算列表。

由該列表可以容易查得年利率1.7%（E欄）與貸款期限25年（第9列）的交點儲存格E9得到每期償還本息是12,282元。

下圖（參閱 FOR03.xlsx 中雙變數運算列表B）則是將年利率列於同一欄（B欄），貸款期限（年）列於同一列（第6列）且觀察全期支付利息的雙變數運算列表。因為觀察全期支付利息，所以年利率（B欄）與貸款期限（第6列）的交叉儲存格(B6)填入公式=F2。

	A	B	C	D	E	F
1		貸款額	年利率	期限(年)	每期償還本息	全期支付利息
2		3,000,000	1.50%	20	14,476	474,327
3						
4	雙變數運算列表(全期支付利息)					
5			貸款期限(年)			
6		474,327	15	20	25	30
7		1.50%	352,012	474,327	599,427	727,298
8	年	1.60%	376,376	507,539	641,867	779,342
9	利	1.70%	400,852	540,949	684,614	831,824
10	率	1.80%	425,439	574,556	727,667	884,744
11		1.90%	450,137	608,359	771,026	938,100

選取儲存格B6：F11，再選擇「資料」索引標籤中的「資料工具」群組，下拉模擬分析再選「運算列表」，即出現下面畫面：

運算列表 ? ×

列變數儲存格(R): $D$2

欄變數儲存格(C): $C$2

確定 取消

因為自變數貸款期限儲存於C6：F6，故將游標置入如上畫面中的「列變數儲存格(R)」，再點選儲存格D2；自變數年利率儲存於B7：B11，故將游標置入如上畫面中的「欄變數儲存格(C)」，再點選儲存格C2。換言之，將B7的年利率帶入儲存格C2，將C6的期限（年）帶入儲存格D2，則在儲存格F2可以得到年利率1.5%與貸款期限15年的全期支付利息，且置入儲存格C7。

雙變數運算列表的排列方式如下圖粗框線內，兩個自變數任意分別縱向（同一欄的連續儲存格）與橫向（同一列的連續儲存格）排列之，因變式（計算式或函數式的位址）置入橫向與縱向自變數排列交集儲存格內，則因變值1A就是將自變數1與自變數A帶入因變式所得結果，其餘因變值2A 、因變值3A、因變值4A……類推之。粗框外側則可自行附加標題以便閱讀。

=因變式	自變數A	自變數B	自變數C	自變數D	自變數E
自變數1	因變值1A	因變值1B	因變值1C	因變值1D	因變值1E
自變數2	因變值2A	因變值2B	因變值2C	因變值2D	因變值2E
自變數3	因變值3A	因變值3B	因變值3C	因變值3D	因變值3E
自變數4	因變值4A	因變值4B	因變值4C	因變值4D	因變值4E

Unit 3-24 分析藍本(一)

試算表的模擬分析（或若則分析）中的單變數運算列表，可以觀察一個自變數的許多值所相當的一個或多個因變式的值；而雙變數運算列表則可觀察兩個自變數的不同組合對一個因變式的影響變化；事實上，大多數的決策問題都是許多自變數影響許多因變式，這類問題就需使用試算表的分析藍本(Scenario)。Scenario是義大利語，描述未來可能發生的事態、設想、場景、情節、劇本、局面、方案(a description of possible actions or events in the future)。微軟試算表使用Scenario來演繹各種可能方案或設想等情節，中文版翻譯成分析藍本(Scenario)。為說明分析藍本的功能，簡化假設各銀行提供的貸款方案如下表：

銀行別	貸款額	年利率	期限(年)
A銀行	3,000,000以下	1.50%	20
B銀行	3,000,000以下	1.62%	18
C銀行	3,000,000以下	1.47%	25

下圖是從A銀行貸款3,000,000元，年利率1.50%、期限20年的每期償還本息〔=PMT(C2/12, D2*12,-B2)〕及全期支付利息〔=－CUMIPMT(C2/12,D2*12,B2,1,D2*12,0)〕的試算表，並以儲存格A2之文字命名之。

	A	B	C	D	E	F
1	銀行	貸款額	年利率	期限(年)	每期償還本息	全期支付利息
2	A銀行	3,000,000	1.50%	20	14,476	474,327

試算表可針對每一銀行的貸款方案建立一個分析藍本，其步驟如下：

1. 選擇「資料」索引標籤中的「資料工具」群組，下拉「模擬分析」，再單擊選擇「分析藍本管理員(S)」出現下圖「分析藍本管理員」畫面。

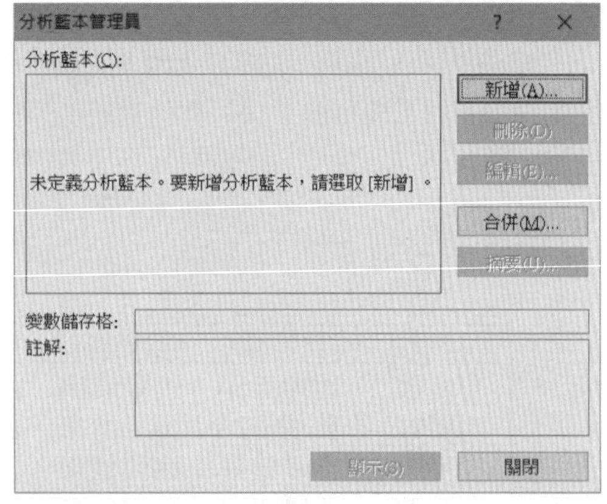

2. 單擊「新增」鈕來新增一個分析藍本，而出現下面「編輯分析藍本」畫面。輸入分析藍本名稱：A銀行及點選該方案的自變數儲存格位址$A$2: $D$2。

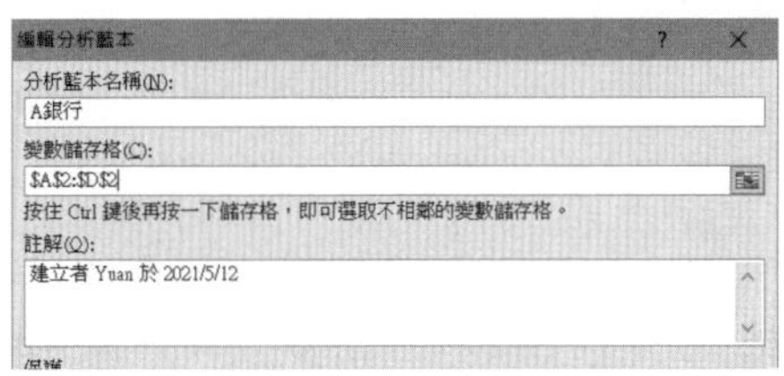

3. 單擊「確定」鈕出現如下「分析藍本變數值」畫面，自動輸入各自變數欄位的資料，再單擊「新增」鈕即可再新增B銀行、C銀行的分析藍本。

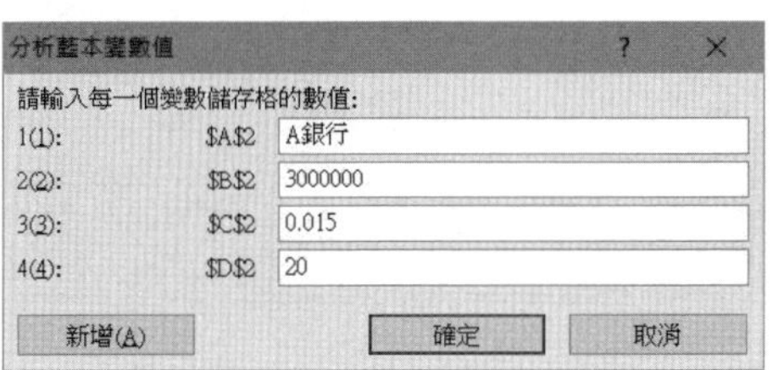

4. 單擊上面畫面的「確定」鈕，出現下圖的「分析藍本管理員」畫面。分析藍本欄位即出現所建立的A銀行、B銀行、C銀行分析藍本備選。此時，可以選擇一個分析藍本，如果單擊「刪除」鈕，即將所選分析藍本刪除之；如果單擊「編輯」鈕，即回到「分析藍本變數值」畫面修改分析藍本的各自變數值。如果單擊「顯示」鈕，即將所選分析藍本的變數值顯示於試算表上；單擊「關閉」鈕，即結束分析藍本管理員的畫面。

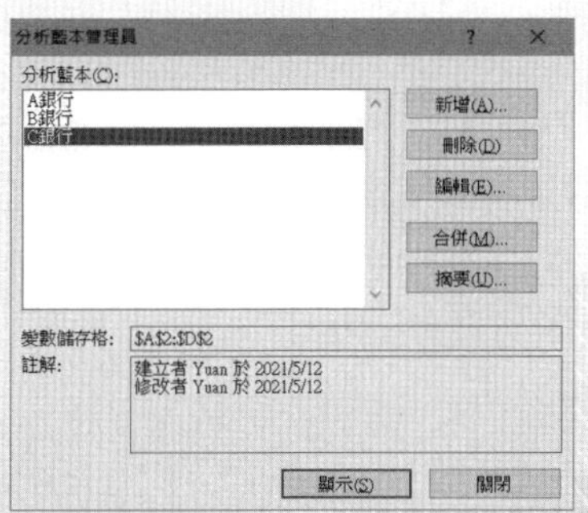

5. 如果選擇C銀行分析藍本，再單擊「顯示」鈕，即出現如下的試算表畫面。

	A	B	C	D	E	F
1	銀行	貸款額	年利率	期限(年)	每期償還本息	全期支付利息
2	C銀行	3,000,000	1.47%	25	11,956	586,755

「分析藍本管理員」畫面上的摘要鈕與合併鈕，將於次一單元說明之。

Unit 3-25 分析藍本(二)

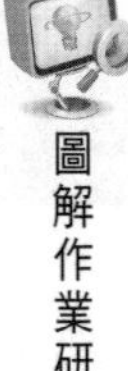

單擊分析藍本管理員畫面上的「摘要(U)」鈕，即在另一張命名為「分析藍本摘要」的試算表上顯現如下圖的各方案的摘要資訊。

分析藍本摘要	現用值:	A銀行	B銀行	C銀行
變數儲存格:				
銀行	A銀行	A銀行	B銀行	C銀行
貸款額	3,000,000	3,000,000	3,000,000	3,000,000
年利率	1.50%	1.50%	1.62%	1.47%
期限年	20	20	18	25
目標儲存格:				
每期償還本息	14,476	14,476	16,021	11,956
全期支付利息	474,327	474,327	460,638	586,755

如此簡單的問題，也可如下圖在一張試算表上列出各貸款方案的每期償還本息及全期支付利息等資訊供作決策比較，但是當自變數及因變式有許多個或者不全在一列或一欄上，就需要藉助於分析藍本了。

	A	B	C	D	E	F
1	銀行	貸款額	年利率	期限(年)	每期償還本息	全期支付利息
2	A銀行	3,000,000	1.50%	20	14,476	474,327
3	B銀行	3,000,000	1.62%	18	16,021	460,638
4	C銀行	3,000,000	1.47%	25	11,956	586,755

假設某貸款人要求A、B、C三家銀行各按所提供的試算表格式（如下圖）輸入提供貸款額3,000,000元的年利率及貸款期限（年）並建立分析藍本。假設A銀行提供的試算表檔是銀行A.xlsx，內含分析藍本「A銀行」；B銀行、C銀行也提供銀行B.xlsx、銀行C.xlsx，內含分析藍本「B銀行」、「C銀行」。

	A	B	C	D	E	F
1	銀行	貸款額	年利率	期限(年)	每期償還本息	全期支付利息
2	??銀行	3,000,000	1.40%	10	26,805	216,645

貸款人收到三家銀行提供的試算表檔，便可將三家銀行的分析藍本合併到貸款人的試算表檔（分析藍本合併.xlsx）內。其步驟如下：

1. 開啟銀行A.xlsx、銀行B.xlsx、銀行C.xlsx及新增「分析藍本合併.xlsx」。
2. 在分析藍本合併.xlsx中，選擇「資料」索引標籤中的「資料工具」群組，下拉「模擬分析」，點選「分析藍本管理員」後，出現如下畫面：

分析藍本管理員
分析藍本(C):
未定義分析藍本。要新增分析藍本，請選取 [新增]。
新增(A)...
刪除(D)
編輯(E)...
合併(M)...
摘要(U)...
變數儲存格:
註解:
顯示(S)
關閉

3. 單擊「合併(M)」鈕出現如下畫面，選擇活頁簿：銀行A.xlsx中有一個工作表藍本分析，內含有一組的分析藍本。單擊「確定」鈕，即將該分析藍本「A銀行」合併到分析藍本合併.xlsx中，依同樣方式也可以合併銀行B、銀行C提供的分析藍本到分析藍本合併.xlsx中。

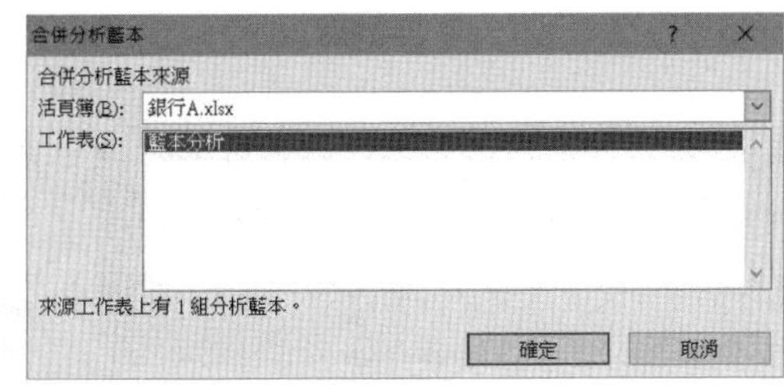

4. 合併到分析藍本合併.xlsx的分析藍本管理員畫面如下，內含各家銀行提供的分析藍本：

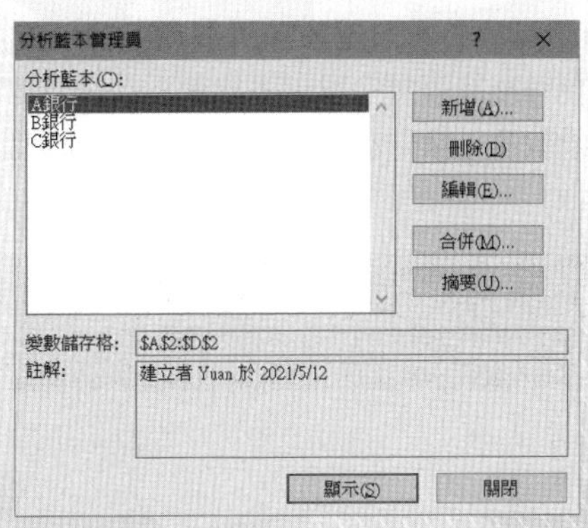

5. 單擊「摘要(U)」鈕，即產生另一張「分析藍本摘要」試算表。

企業可以提供一定的試算表格式，要求分散各地的部門依其專業提供不同的營運計畫分析藍本，企業即可運用分析藍本管理員的合併功能，將各部門提供的分析藍本合併成企業的營運計畫。

第 4 章

線性規劃敏感度分析

章節體系架構 

Unit 4-1 敏感度分析

尋求線性規劃問題的最佳解固然是決策者的重要目標，但是最佳解並不是一成不變的。最佳解可能因為市場供需變化及競爭，使銷售獲利或製造成本或可用資源的改變而改變。研究這些參數的變動對於最佳解的衝擊與影響，稱為敏感度分析 (Sensitivity Analysis)。

線性規劃問題的最佳解固然是決策者決策的重要資訊，但是最佳解僅是對線性規劃問題進行靜態的分析，也就是假設目標函數的係數，限制式的右端常數以及技術係數都是已知且固定不變。但實際經營環境中，生產產品的利潤或成本隨著原料、勞力、市場售價或技術的改變而變動。另外，生產與資源需求也因時而異。例如，市場競爭造成價格的波動自然會影響目標函數的設定。生產用料可能會缺貨，新設備或製造方法會改變限制式的右端常數與技術係數。

敏感度分析就是研究線性規劃問題最佳解對這些變動的敏感度，可讓決策者研判環境變化對於企業經營的衝擊，亦即了解最佳解是否已經變動了。如果最佳解已經變動，則需另行求解之。每一個最佳解均有一些敏感度相關資訊，因此，線性規劃問題的完整解，應該是提供一個最佳解及其相關的敏感度分析資訊。

敏感度分析或稱後最佳化分析 (Post-Optimality Analysis)，是研究當模式中參數改變時，數學模式中各種決策變數的值如何隨之改變的情形。因此，對於線性規劃問題來說，限制式的技術係數較少受制於外界的影響，故敏感度分析較為關切目標函數的係數，以及限制式右端常數的改變等對最佳解的影響。

圖解法敏感度分析

圖解法敏感度分析可對只有兩個決策變數的線性規劃問題進行目標函數中係數，或限制式中的右端常數改變對於最佳解的影響。這些圖解法敏感度分析，旨在導引與建立敏感度分析資訊的解讀技術。了解維持最佳解的目標函數係數可變的上下限範圍，了解限制式右端常數改變對目標值的影響（影子價格），以及影子價格有效的右端常數上下限值。

軟體解敏感度分析

線性規劃的最佳解提供決策者一次的決策，但是其敏感度分析則提供決策者面對經營環境的變遷，研判其對最佳解的衝擊。微軟公司試算表軟體內的規劃求解增益集，亦含有敏感度分析的功能。從敏感度分析報表可以直接讀取每個決策變數的遞減成本，及維持最佳解時各目標函數係數的上下限值；各限制式的影子價格及影子價格有效的右端常數上下限值等。

線性規劃模式的完整解

1 靜態分析 — 最佳解

- 求解各決策變數值使能在現有技術及資源限制條件下，令目標函數值極大化、極小化或等於某一定值。
- 最佳解代表是一種生產模式或作業模式。

2 敏感度分析

最佳解求得之後，決策者尚需掌握環境變遷對決策的影響：

- 市場競爭影響目標函數係數是否改變了最佳解？
- 技術進步影響技術係數是否改變了最佳解？
- 資源的消長 (右端常數) 是否改變了最佳解？
- 最佳解的改變會影響生產模式或作業模式

線性規劃模式基本上是推求一些決策變數受限於技術、競爭與資源有限等限制條件下，謀求目標函數值的極大 (小) 值或等於某值。

能求得這些決策變數值已屬非易，然市場競爭可能改變目標函數係數；技術進步也能改變限制式的技術係數；可用資源的消長也可能改變限制式的右端常數。

最佳解的決策變數值固然是決策者所需，決策者也需要掌握目標函數係數、技術係數及右端常數改變所引起的敏感度衝擊。因此，求解線性規劃問題應包括最佳解及敏感度的分析才算完整。

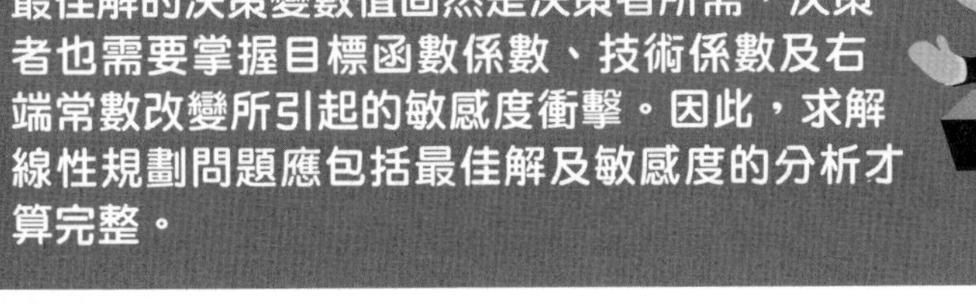

知識補充站

經營環境隨時變遷，產品的售價或成本因競爭而改變目標函數係數；製造產品的原料也因供需而改變限制式的右端常數；製造技術的改進改變限制式的技術係數。這些改變，使目標函數直線斜度改變或使可行解區域變形，而影響最佳解。

Unit 4-2 目標函數係數上下限

目標函數係數的改變當然影響目標值，但是否改變最佳解而須重新求解也是決策者關心的重要問題。以最佳獲利的飲料生產問題為例（線性規劃模式複述如下），來說明目標函數係數的改變如何影響最佳解。

飲料生產問題的線性規劃模式

極大化 $Z = 40x + 30y$（x、y 為飲料 A、飲料 B 的生產量）

受限於 (Subject t0)

$0.4x + 0.5y \le 20$	原料 1 供應量的限制
$0.2y \le 5$	原料 2 供應量的限制
$0.6x + 0.3y \le 21$	原料 3 供應量的限制
$x, y \ge 0$	決策變數非負條件

由前面圖解法或軟體法，均已求得其最佳解是生產 25 公秉的飲料 A、生產 20 公秉的飲料 B 可獲得最佳利潤 1,600 千元。飲料 A、飲料 B 的目標函數係數分別是 40 千元、30 千元。如果飲料 A 的目標函數係數改為 43 千元，則目標值（總利潤）當然改為 $Z = 43 \times 25 + 30 \times 20 = 1{,}675$ 千元，但問題是目標函數改為 $Z = 43x + 30y$ 後，整個模式的最佳解是否仍然是生產 25 公秉的飲料 A、20 公秉的飲料 B 呢？

如果最佳解並未改變，則決策者仍可按生產 25 公秉的飲料 A、20 公秉的飲料 B 模式繼續生產，且知利潤由 1,600 千元提升到 1,675 千元；如果最佳解已經改變，則需重新求解以改變生產模式。

目標函數係數上下限的敏感度分析，乃是分析目標函數中每一個係數的上下限。如果某一個係數的改變未超過其上限或下限，則最佳解不變（或生產模式不必改變）且可預知目標值的變化；如果某一個係數的改變已經超過其上限或下限，則必須重新求得最佳解以便改變其生產模式。

右圖為飲料生產問題的各限制式直線所圍成的可行解區域，及在最佳解點的目標函數直線，其最佳解為圖上的點 ③；亦即生產 25 公秉的飲料 A、生產 20 公秉的飲料 B。圖上直線 A 為原料 1 限制式直線；直線 B 為原料 3 限制式直線；則只要目標函數的直線仍處於該兩條限制式直線之間空白區內，則因目標函數直線並未進入可行解區域內，點 ③ 仍為最佳解。若將目標函數直線繞著點 ③ 反鐘向（斜率增加）轉動到與直線 A 重疊，則變成多重解 (Alternate Optimal Solution)，亦即點 ③ 與點 ④ 及其間無限多點均屬最佳解。若目標函數直線再進一步反鐘向轉動，則因目標函數直線已經進入可行解區域內而使點 ③ 不再是最佳解點，故直線 A 的斜率是目標函數直線

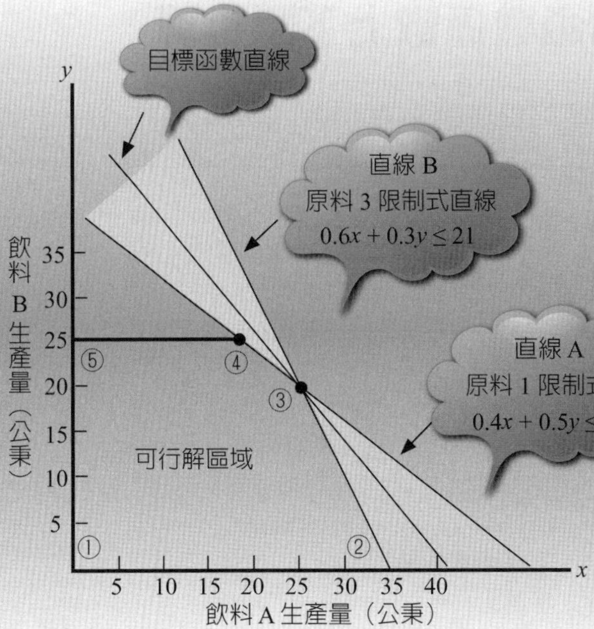

斜率的上限。

同理，若將目標函數直線繞著點 ③ 順鐘向（斜率減少）轉動到與直線 B 重疊，則亦變成多重解 (Alternate Optimal Solution)，亦即點 ③ 與點 ② 及其間無限多點均屬最佳解。若目標函數直線再進一步順鐘向轉動，則也因目標函數直線已經進入可行解區域內而使點 ③ 不再是最佳解點，故直線 B 的斜率是目標函數直線斜率的下限。

由上面的觀察，可知點 ③ 可以維持最佳解點，只要

直線 B 的斜率 ≤ 目標函數直線的斜率 ≤ 直線 A 的斜率 (1)

將直線 A（原料 1 限制式直線）寫成

$y = -0.8x + 40$ （斜率為 −0.8，y 軸截距為 40）

將直線 B（原料 3 限制式直線）寫成

$y = -2x + 70$ （斜率為 −2.0，y 軸截距為 70）

Unit 4-3 目標函數係數上下限推算

設 c_1 為飲料 A 每公秉的獲利，c_2 為飲料 B 每公秉的獲利，則目標函數為

$z = c_1x + c_2y$，寫成斜截式得

$y = -\left(\dfrac{c_1}{c_2}\right)x + \dfrac{z}{c_2}$（斜率為 $-\left(\dfrac{c_1}{c_2}\right)$，$y$ 軸截距為 $\dfrac{z}{c_2}$）

將直線 A、直線 B 及目標函數直線的斜率代入式 (1) 得

$$-2 \le -\frac{c_1}{c_2} \le -0.8 \tag{2}$$

假若飲料 B 的獲利係數維持不變 ($c_2 = 30$)，則由式 (2) 得

$$-2 \le -\frac{c_1}{30} \le -0.8$$

由左側不等式得 $c_1 \le 60$，由右側不等式得 $c_1 \ge 24$，亦即

$$24 \le c_1 \le 60 \tag{3}$$

同理，假若飲料 A 的獲利係數維持不變 ($c_1 = 40$)，則由式 (2) 得

$$20 \le c_2 \le 50 \tag{4}$$

式 (3) 與式 (4) 為本例題的最佳解範圍 (Range of Optimality)。

只要目標函數中的 c_2 維持 30 千元不變，則由式 (3) 知，c_1 值在 24 千元與 60 千元之間變動均可使目標函數直線在直線 A 與直線 B 之間，亦即點 ③ 仍是最佳解，頂多是多重解中的一解。雖然最佳解不受影響，但其最佳解值（總利潤）則在 1,200 千元至 2,100 千元之間改變。同理，只要目標函數中的 c_1 維持 40 千元不變，則由式 (4) 知，c_2 值在 20 千元與 50 千元之間變動均可使目標函數直線在直線 A 與直線 B 之間，亦即點 ③ 仍是最佳解，頂多是多重解中的一解。雖然最佳解不受影響，但其最佳解值（總利潤）則在 1,400 千元至 2,000 千元之間改變。飲料生產問題目標函數係數上下限歸納如下圖：

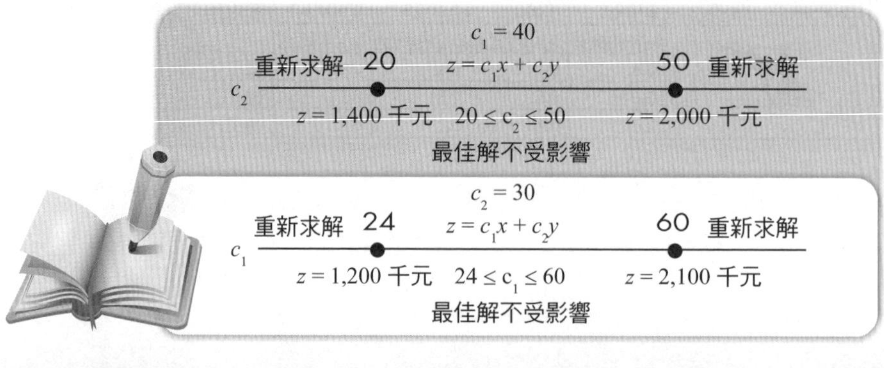

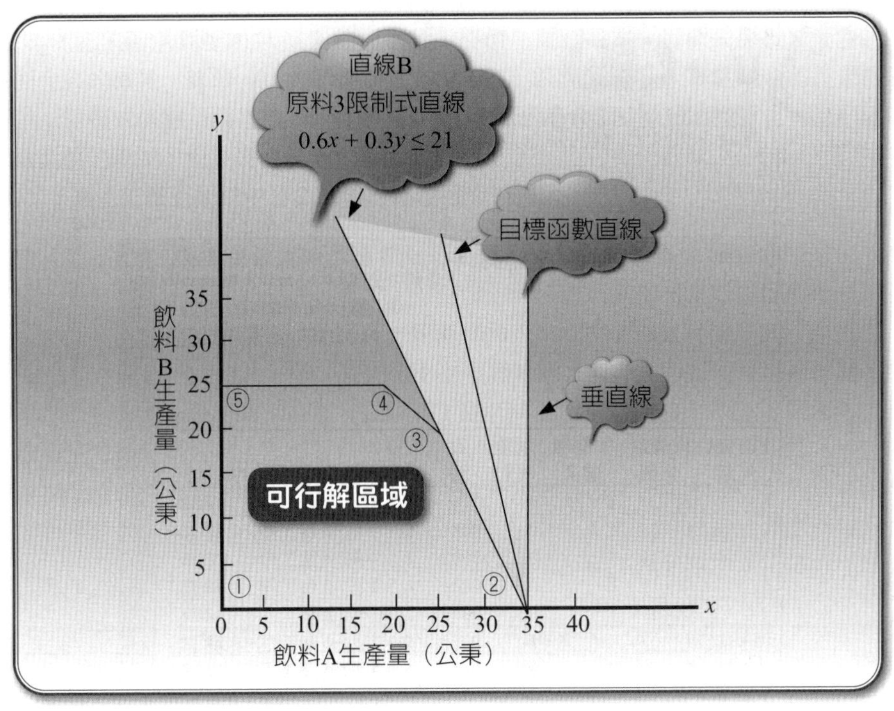

當目標函數直線繞著最佳解端點反鐘向或順鐘向轉動時，可能變成為垂直線，則目標函數直線的斜率可能沒有上限值或下限值。上圖中，目標函數直線繞著最佳解端點 ② 反鐘向轉動時，與直線 B 重疊時得到目標函數直線斜率的上限值為 –2，但目標函數直線繞著最佳解端點 ② 順鐘向轉動到垂直位置時，其斜率趨於負無限大，故無下限值。

當飲料 B 的獲利係數維持不變 $(c_2 = 30)$，則 $-\dfrac{c_1}{30} \le -2$，即 $c_1 \ge 60$；易言之，只要飲料 B 的獲利係數維持不變，飲料 A 的獲利係數值維持大於或等於 60，則點 ② 仍是最佳解。

設若飲料生產問題中的飲料 A 獲利係數 (c_1) 改為 55 千元，飲料 B 獲利係數 (c_2) 改為 25 千元；依據式 (3) $24 \le c_1 \le 60$ 知，若 c_2 維持 30，則 c_1 改為 55 千元仍在 c_1 的範圍內，應不影響最佳解；再依據式 (4) $20 \le c_2 \le 50$ 知，若 c_1 維持 40，則 c_2 改為 25 千元仍在 c_2 的範圍內，應不影響最佳解；但若兩者同時改變，則不能因為個別不影響最佳解，而推斷同時改變也不影響最佳解。

以 $c_1 = 55$，$c_2 = 25$ 代入式 (2)

$$-2 \le -\frac{c_1}{c_2} \le -0.8 \text{ 得 } -2 \le -\frac{55}{25} \le -0.8 \text{ 或 } -2 \le -2.2 \le -0.8$$

因為不等式不成立，故端點 ③ 已非最佳解端點，實解後的最佳解為端點②。

目標函數中僅一個係數在其上下限範圍內變動，不影響最佳解；但如有一個以上係數同時變動，即使各在其上下限範圍內變動，最佳解也可能變動，需重新求解。

Unit 4-4 右端常數的影子價格

在最佳利潤的飲料生產問題中，生產 1 公秉的飲料 A 需要 0.6 公秉的原料 3；生產 1 公秉的飲料 B 需要 0.3 公秉的原料 3 且原料 3 的供應量最多 21 公秉，因此寫出原料 3 供應量限制式為 $0.6x+0.3y\le 21$。

由此可知，限制式右端常數代表的是資源，資源增加或可增加產量提高利潤。下圖是飲料生產量的線性規劃模式解，儲存格 E6、E7、E8 的 20.00、4.00、21.00 分別代表原料 1、2、3 的使用量，而儲存格 G6、G7、G8 的 20、5、21 分別代表原料 1、2、3 的供應量。原料 1、原料 3 的使用量與供應量相等。代表最佳解的生產量用完所有原料 1、原料 3 的供應量而無剩餘，因此增加原料 1、原料 3 的供應量應可增加飲料的產量，但是原料 2 的使用量（4 公秉）少於供應量（5 公秉）而有剩餘，因此增加原料 2 的供應量無法增加產量。

	A	B	C	D	E	F	G
1		最佳獲利飲料生產問題					
2			飲料A	飲料B			
3		最佳生產量(公秉)	25.00	20.00	總利潤		
4		每公秉利潤(千元)	40	30	1600.00		
5			限	制	式		原料供應量
6		原料1供應量限制	0.40	0.50	20.00	≦	20
7		原料2供應量限制	0.00	0.20	4.00	≦	5
8		原料3供應量限制	0.60	0.30	21.00	≦	21
9		飲料A產量必非負	25.00		25.00	≧	0
10		飲料B產量必非負		20.00	20.00	≧	0

限制式右端常數幾何上影響限制式直線在座標軸的截距量，因此，右端常數的改變，可能改變基本可行解區域 (Basic Feasible Solution)。為了表達某一限制式右端常數增加對目標函數值的影響，對每一限制式賦予影子價格 (Shadow Price) 的觀念。一個限制式的影子價格 (Shadow Price) 為最佳解未變時，該限制式右端常數每增加一個單位對目標函數值的改變量。

若飲料生產問題中的原料 3 增加 3 公秉，使右端常數由 21 改為 24，原料 3 限制式改為 $0.6x+0.3y\le 24$。解原料 1 與原料 3 限制式直線的聯立方程式

$$\begin{cases}0.4x+0.5y\le 20\\0.6x+0.3y\le 24\end{cases}\quad 得 \quad \begin{cases}x=\dfrac{100}{3}\\[2ex] y=\dfrac{40}{3}\end{cases}$$

原料 3 增加 3 公秉後擴大的基本可行解區域及新的最佳可行解，為飲料 A 生產量 $x=\frac{100}{3}$ 公秉，飲料 B 生產量 $y=\frac{40}{3}$ 公秉如右圖，因此新的目標函數值為

$$z=40\left(\tfrac{100}{3}\right)+30\left(\tfrac{40}{3}\right)=1,733.33 \text{ 千元}$$

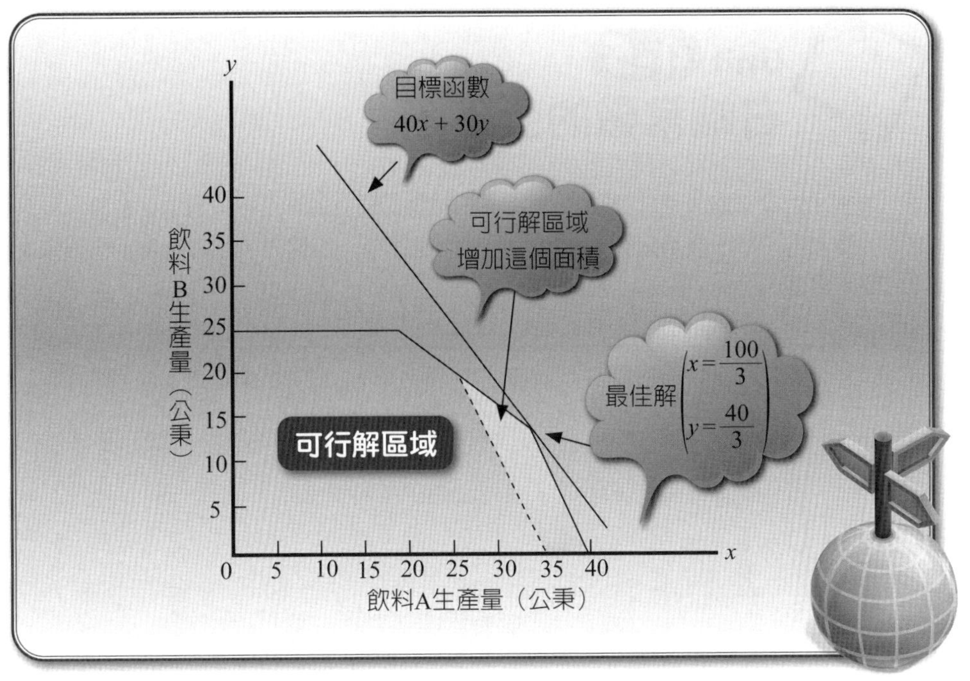

獲利值增加 1,733.33 – 1,600 = 133.33 千元，故可推論原料 3 每增加 1 公秉，可增加利潤 133.33/3 = 44.44 千元，故原料 3 的影子價格為 44.44 千元。

若原料 1 供應量增加 5 公秉，則原料 1 供應量限制式改為 $0.4x+0.5y\le 25$，解原料 1 與原料 3 限制式直線的聯立方程式

$$\begin{cases}0.4x+0.5y\le 25\\0.6x+0.3y\le 21\end{cases} \quad 得 \quad \begin{cases}x=\dfrac{50}{3}\\y=\dfrac{110}{3}\end{cases}$$

原料 1 增加 5 公秉後擴大的基本可行解區域，及新的最佳可行解為飲料 A 生產量 $x=\frac{50}{3}$ 公秉，飲料 B 生產量 $y=\frac{110}{3}$ 公秉，因此新的目標函數值為

$$z=40\left(\tfrac{50}{3}\right)+30\left(\tfrac{110}{3}\right)=1766.67 \text{ 千元}$$

獲利值增加 1,766.67 – 1,600 = 166.67 千元，故可推論原料 1 每增加 1 公秉，可增加利潤 166.67/5 = 33.33 千元，故原料 1 的影子價格為 33.33 千元。

整理得

資源	影子價格	意　義
原料 1	33.33 千元	最佳解未變時，每增加 1 公秉增加利潤 33.33 千元
原料 2	0	增加供應量無法增加利潤
原料 3	44.44 千元	最佳解未變時，每增加 1 公秉增加利潤 44.44 千元

Unit 4-5 右端常數的上下限

限制式右端常數也並非是可以無限制地增加或減少，而以影子價格來影響目標函數值，換言之，影子價格只有當限制式右端常數在某一範圍內，才適用影子價格來影響目標函數值。

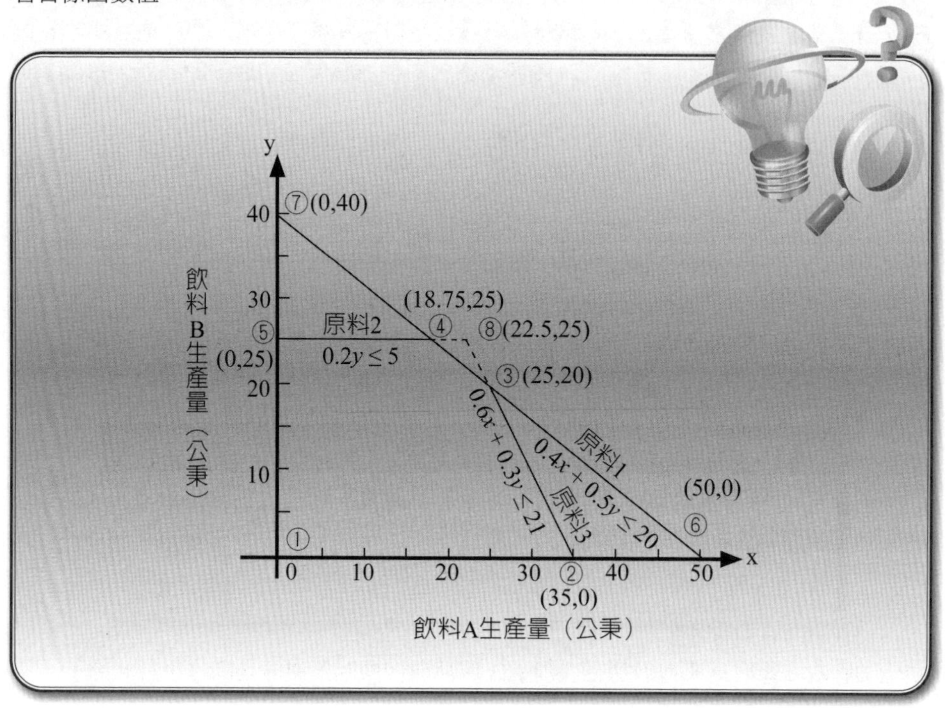

上圖的最佳解為原料 1 與原料 3 限制式直線的交點 ③ (25，20)。原料 1 與 x 座標軸的交點 ⑥ 為 (50，0)；原料 1 與 y 座標軸的交點 ⑦ 為 (0，40)；原料 1 與原料 2 的交點 ④ 為 (18.75，25)；原料 2 與原料 3 的交點 ⑧ 為 (22.5，25)。

設原料 3 的限制式直線為 $0.6x + 0.3y = b$，其與 x 軸的交點座標為 ($b/0.6$，0)；不同的右端常數 b，使原料 3 限制式直線產生平行移動。

右端常數 b 增加時，使原料 3 限制式直線向右平移。當右端常數 b 增加到使 $b/0.6 > 50$ 或 $b > 30$ 時，原料 3 限制式直線向右移動而超過點 ⑥ (50，0)，此時原料1 與原料 3 限制式直線的交點已落於 x 軸以下，因 y 值為負而非屬可行解。由此推知，原料 3 限制式右端常數 b 的最大值為 30，只要右端常數 b 的值超過 30，則最佳解已非原料 1 與原料 3 限制式直線的交點，故影子價格不可適用。

右端常數 b 減少時，使原料 3 限制式直線向左平移。當原料 3 限制式直線向左平移到交點 ④ (18.75，25) 時，原料 3 限制式的右端常數為 $b = 0.6\times18.75 + 0.3$

$\times 25 = 18.75$。此時點 ④ (18.75，25) 是原料 1、原料 2、原料 3 的共同交點。當右端常數再減少時，則因原料 1 與原料 3 限制式直線的交點已落於可行解區域以外，最佳解已非原料 1 與原料 3 限制式直線的交點 ④ (18.75，25)。由此推知，原料 3 限制式右端常數 b 的最小值為 18.75，只要右端常數值小於 18.75，則因原料 1 與原料 3 限制式直線的交點已落於可行解區域以外，最佳解已非原料 1 與原料 3 限制式直線的交點，故影子價格不可適用。

設原料 1 的限制式直線為 $0.4x + 0.5y = b$，其與 x 軸的交點座標為 (b/0.4，0)；不同的右端常數 b 使原料 1 限制式直線產生平行移動。

當右端常數 b 減少而平行左移到點 ② (35，0) 時，若再左移（減少 b 值），則因原料 1 與原料 3 限制式直線的交點已落於 x 軸以下，而非屬最佳解，故 $b/0.4 \leq 35$ 或 $b \leq 14$，亦即原料 1 限制式右端常數 b 的最小值為 14。

當右端常數 b 增加而平行右移到點 ⑧ 為 (22.5，25) 時，點 ⑧ (22.5，25) 是原料 1、原料 2、原料 3 的共同交點。此時 $b = 0.4 \times 22.5 + 0.5 \times 25 = 21.5$，若再右移（減少 b 值），則原料 1 供應量限制式直線落於可行解區域以外，而非屬最佳解，故原料 1 限制式右端常數 b 的最大值為 21.5。

設原料 2 的限制式直線為 $0.2\,y = b$，其與 y 軸的交點座標為 (0，b/0.2)；不同的右端常數 b，使原料 2 限制式直線產生平行上下移動。

因為原料 2 的限制式為非緊結 (Non-Binding) 限制式，故原料 2 限制式直線只要不下移到交點 ③ (25，20) 以下，現時最佳解維持不變，因而推知，右端常數 b 的下限值為 $b = 20 \times 0.2 = 4$；原料 2 限制式直線平行向上移動，而不影響現有最佳解，故右端常數 b 並無上限值。

影子價格雖然在模式最佳解未改變時，每增加限制式右端常數(資源)1個單位的目標值增加量，但也不能無限制地增加右端常數來增加目標值，因為增加或減少右端常數，可能改變最佳解或使模式無可行解。

知識補充站

線性規劃的最佳解中，屬於緊結限制式的才有影子價格，其右端常數在允許範圍內變動，可以影子價格改變目標值；屬於非緊結限制式的就沒有影子價格，其右端常數在允許範圍內變動，不影響最佳解；右端常數在允許範圍外的變動，均影響最佳解。限制式技術係數的改變，僅能以重新求解來掌握最佳解。

Unit 4-6 軟體解敏感度分析

線性規劃的最佳解提供決策者一次的決策，但是其敏感度分析則提供決策者面對經營環境的變遷，研判其對最佳解的衝擊。微軟公司試算表軟體內的規劃求解增益集亦含有敏感度分析的功能。本節說明其敏感度分析的使用方法與實例。

規劃求解的結果

根據線性規劃模式問題建立線性規劃模式後，將決策變數、目標函數係數、目標函數、各限制式的係數、各限制式的右端常數均需置入規劃求解試算表的適當位置。透過規劃求解參數畫面設定問題參數，及透過規劃求解選項畫面設定求解選項後，單擊「求解」鈕後規劃求解程式開始進行求解程序。

求解後，出現如下的規劃求解結果對話方塊：

規劃求解結果
規劃求解找到解答。可滿足所有限制式和最適率條件。
報表
分析結果
敏感度
極限
◉ 保留規劃求解解答
○ 還原初值
☐ 返回 [規劃求解參數] 對話方塊
☐ 大綱報表
確定 取消 儲存分析藍本…
規劃求解找到解答。可滿足所有限制式和最適率條件。
當使用 GRG 引擎時，規劃求解發現至少一個區域最佳解答。使用 Simplex LP 時，這表示規劃求解找到了全域最佳解答。

規劃求解結果對話方塊中若出現「規劃求解找到解答，可滿足所有限制式及最適率條件」，表示已經求得唯一的最佳解，且在報表欄有下列三種報表可供選擇。各報表內容簡述如下：

- **分析結果報表**：列出目標儲存格及可調整儲存格的原始值、終值、限制值，及關於限制值的資訊。
- **敏感度報表**：提供各決策變數的終值、遞減成本、目標函數係數的限值與允許的增減值；代表可用資源的各限制式右端常數 (R. H. Side) 的終值、影子價格、可用量及允許增減量等。

小博士解說

超過兩個決策變數的線性規劃模式敏感度分析尚難以圖解法求解之，不過在軟體普及化的今日，敏感度分析是輕而易舉的工作，甚至如有目標函數係數、限制式技術係數或右端常數的改變亦可以軟體重新求解來觀察其影響程度。

- **極限值報表**：列出目標儲存格及可調整儲存格的數值、上下限和目標值。含有整數限制值的模式不會產生此報告。下限是指將所有其他的可調整儲存格固定，並仍滿足限制值的情況下，可調整儲存格可以取得的最小值。上限是指在此情況下，可以取得的最大值。

飲料生產問題的規劃求解試算表，請參閱 FOR04.xlsx 中試算表「飲料生產」。極限值報表，請參閱 FOR04.xlsx 中試算表「極限值報表 1」。

下圖（參閱 FOR04.xlsx 中試算表「敏感度報表 1」）為飲料生產問題的規劃求解的敏感度報表。敏感度報表中儲存格 F9、G9、H9 的 40、20、16，分別代表飲料 A 的目標函數係數、允許的增量、允許的減量；換言之，目標函數係數 40 允許增加 20（成為 60）或允許減少 16（成為 24），都不影響現在的最佳解。報表中儲存格 F10、G10、H10 的 30、20、10，分別代表飲料 B 的目標函數係數、允許的增量、允許的減量；換言之，目標函數係數 30 允許增加 20（成為 50）或允許減少 10（成為 20），都不影響現在的最佳解。此結果與 Unit 4-3「目標函數係數上下限推算」的式 (3)、式 (4) 相符。

Microsoft Excel 14.0 敏感度報表
工作表: [FOR04.xlsx]飲料生產
已建立的報表: 2021/5/14 上午 06:52:05

變數儲存格

儲存格	名稱	終值	遞減成本	目標式係數	允許的增量	允許的減量
$C$3	飲料A 產量(公秉)	25	0	40	20	16
$C$4	飲料B 產量(公秉)	20	0	30	20	10

限制式

儲存格	名稱	終值	影子價格	限制式右手邊	允許的增量	允許的減量
$C$10	各原料需量 原料1(公秉)	20	33.3333333	20	1.5	6
$D$10	各原料需量 原料2(公秉)	4	0	5	1E+30	1
$E$10	各原料需量 原料3(公秉)	21	44.4444444	21	9	2.25

敏感度報表中儲存格 E15、F15、G15、H15 的 33.33、20、1.5、6 分別代表原料 1 的影子價格、限制式 R.H.Side、允許的增量、允許的減量；換言之，原料 1 每增加 1 公秉可增加目標函數值 33.33 千元、限制式右端常數可由現值 (20) 允許增加 1.5（成為 21.5）或允許減少 6（成為 14），都可使原料 1 的右端常數每增減 1 公秉，按影子價格 33.33 千元增減目標函數值。

儲存格 E16、F16、G16、H16 的 0.0、5、1E+30（代表無限值）、1，分別代表原料 2 的影子價格、限制式 R.H.Side、允許的增量、允許的減量；換言之，原料 2 的影子價格為 0.0 千元、限制式右端常數無上限值而下限值為 4 (= 5 – 1)。

同理，儲存格 E17、F17、G17、H17 的 44.44、21、9、2.25 可推得原料 3 的影子價格為 44.44 千元，限制式右端常數下、上限值為 18.75 (= 21 – 2.25)、30。均和 Unit 4-4「右端常數的影子價格」與 Unit 4-5「右端常數的上下限」的結果相同。

Unit 4-7 遞減成本 (一)

非基本變數（在最佳解中變數值為 0 的決策變數）的目標函數係數，如果增加或減少某一數量，則可能使非基本變數變為基本變數（在最佳解中變數值非為 0 的決策變數）。這種使變數由非基本變數變為基本變數，目標函數中該變數係數所需增減的量，稱為遞減成本 (Reduced Cost)。

設有一個食譜問題規定每人每天需要攝取 500 卡熱量、6 盎司的巧克力、10 盎司的糖與 8 盎司的脂肪；這些熱量必須來自食物。假設每個布藍妮 (Brownies) 50 元、每大匙巧克力冰淇淋 20 元、每瓶可樂 30 元、每個鳳梨酥餅 80 元，且各食物所含熱量及巧克力、糖、脂肪如下表：

食物	熱量 (卡)	巧克力 (盎司)	糖 (盎司)	脂肪 (盎司)
布藍妮（每個）	400	3	2	2
巧克力冰淇淋（大匙）	200	2	2	4
可樂（每瓶）	150	0	4	1
鳳梨酥餅（每個）	500	0	4	5
每人每天需要量	500	6	10	8

滿足熱量及養分需求的最低成本線性規劃模式為

設 x_1 為所需布藍妮個數；
x_2 為所需巧克力冰淇淋匙數；
x_3 為所需可樂瓶數；
x_4 為所需鳳梨酥餅個數；則

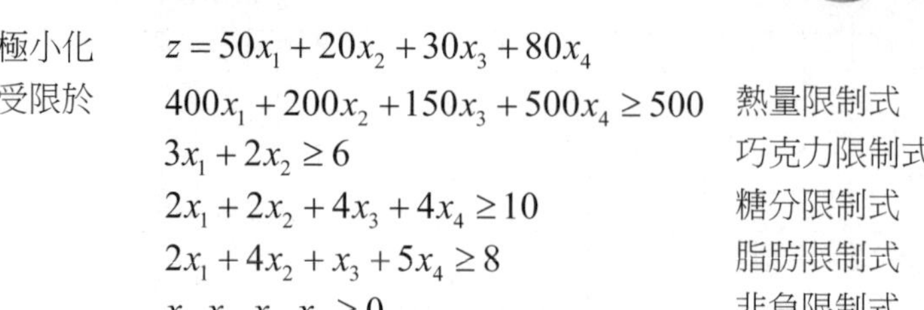

極小化　$z = 50x_1 + 20x_2 + 30x_3 + 80x_4$

受限於　$400x_1 + 200x_2 + 150x_3 + 500x_4 \ge 500$　熱量限制式

$3x_1 + 2x_2 \ge 6$　巧克力限制式

$2x_1 + 2x_2 + 4x_3 + 4x_4 \ge 10$　糖分限制式

$2x_1 + 4x_2 + x_3 + 5x_4 \ge 8$　脂肪限制式

$x_1, x_2, x_3, x_4 \ge 0$　非負限制式

下圖則為其規劃求解試算表（參閱 FOR04.xlsx 中試算表「食譜遞減成本例」），食用 3 匙巧克力冰淇淋及 1 瓶可樂共 90 元可獲得必要熱量及養分。

	A	B	C	D	E	F	G	H	I
1	最低成本食譜問題								
2		食品	布藍妮	冰淇淋	可樂	鳳梨酥餅	總成本		
3			0.00	3.00	1.00	0.00			
4		單價	50.00	20.00	30.00	80.00	90.00		
5		熱量	400.00	200.00	150.00	500.00	750.00	>=	500.00
6		巧克力	3.00	2.00	0.00	0.00	6.00	>=	6.00
7		糖分	2.00	2.00	4.00	4.00	10.00	>=	10.00
8		脂肪	2.00	4.00	1.00	5.00	13.00	>=	8.00

Microsoft Excel 14.0 敏感度報表
工作表: [FOR04.xlsx]食譜遞減成本例
已建立的報表: 2021/5/14 上午 07:18:25

變數儲存格

儲存格	名稱	終值	遞減成本	目標式係數	允許的增量	允許的減量
$C$3	布藍妮	0	27.5	50	1E+30	27.5
$D$3	冰淇淋	3	0	20	18.3333333	5
$E$3	可樂	1	0	30	10	30
$F$3	鳳梨酥餅	0	50	80	1E+30	50

限制式

儲存格	名稱	終值	影子價格	限制式右手邊	允許的增量	允許的減量
$G$5	熱量	750	0	500	250	1E+30
$G$6	巧克力	6	2.5	6	4	2.85714286
$G$7	糖分	10	7.5	10	1E+30	4
$G$8	脂肪	13	0	8	5	1E+30

上圖（參閱 FOR04.xlsx 中試算表「敏感度報表 2」）為其敏感度報表。決策變數布藍妮、鳳梨酥餅（儲存格 D9、D12）的終值為 0 表示為非基本變數，故有非零的遞減成本（儲存格 E9、E12）；決策變數冰淇淋、可樂（儲存格 D10、D11）的終值非為 0 表示為基本變數，故有零的遞減成本（儲存格 E10、E11）。

食譜問題追求的是最低成本，布藍妮的終值 0 表示其單價偏高而未入選為食譜，敏感度報表的遞減成本 27.5 元表示若能將其單價減少 27.5 元，則可能入選為食譜。

同理，鳳梨酥餅的終值 0，表示其單價偏高而未入選為食譜，敏感度報表的遞減成本 50 元，表示若能將其單價減少 50 元，則可能入選為食譜。

Unit 4-8 遞減成本 (二)

依據敏感度報表，布藍妮的遞減成本為 27.5 元，表示如果布藍妮每個單價減少 27.5 元，則布藍妮將變為基本變數，亦即被選用。下圖中，將布藍妮每個單價減少 27.5 元而為單價 22.5 元，則布藍妮變成基本變數，應該食用 1.33 個（參閱 FOR04 .xlsx 中試算表「食譜遞減成本例 A」）。

	A	B	C	D	E	F	G	H	I
1	最低成本食譜問題								
2		食品	布藍妮	冰淇淋	可樂	鳳梨酥餅	總成本		
3			1.33	1.00	1.33	0.00			
4		單價	22.50	20.00	30.00	80.00	90.00		
5		熱量	400.00	200.00	150.00	500.00	933.33	>=	500.00
6		巧克力	3.00	2.00	0.00	0.00	6.00	>=	6.00
7		糖分	2.00	2.00	4.00	4.00	10.00	>=	10.00
8		脂肪	2.00	4.00	1.00	5.00	8.00	>=	8.00

鳳梨酥餅的遞減成本為 50 元，表示如果鳳梨酥餅每個單價減少 50 元（布藍妮仍維持 50 元），則鳳梨酥餅將變為基本變數，亦即被選用（參閱 FOR04.xlsx 中試算表「食譜遞減成本例 B」），如下圖。

	A	B	C	D	E	F	G	H	I
1	最低成本食譜問題								
2		食品	布藍妮	冰淇淋	可樂	鳳梨酥餅	總成本		
3			0.00	3.00	0.00	1.00			
4		單價	50.00	20.00	30.00	30.00	90.00		
5		熱量	400.00	200.00	150.00	500.00	1100.00	>=	500.00
6		巧克力	3.00	2.00	0.00	0.00	6.00	>=	6.00
7		糖分	2.00	2.00	4.00	4.00	10.00	>=	10.00
8		脂肪	2.00	4.00	1.00	5.00	17.00	>=	8.00

如果布藍妮與鳳梨酥餅的單價均依遞減成本降價，則因其熱量較高且單價便宜而入選，惟其最低成本仍維持在 90 元（參閱 FOR04.xlsx 中試算表「食譜遞減成本例 C」），如下圖。

	A	B	C	D	E	F	G	H	I
1	最低成本食譜問題								
2		食品	布藍妮	冰淇淋	可樂	鳳梨酥餅	總成本		
3			2.00	0.00	0.00	1.50			
4		單價	22.50	20.00	30.00	30.00	90.00		
5		熱量	400.00	200.00	150.00	500.00	1550.00	>=	500.00
6		巧克力	3.00	2.00	0.00	0.00	6.00	>=	6.00
7		糖分	2.00	2.00	4.00	4.00	10.00	>=	10.00
8		脂肪	2.00	4.00	1.00	5.00	11.50	>=	8.00

如果布藍妮降價 20 元（低於遞減成本 27.5元）而為每個 30 元；鳳梨酥餅降價 30 元（低於遞減成本 50 元）而為每個 50 元，則其降價均低於遞減成本使其因單價偏高而未能入選，故最低成本仍維持在 90 元，（參閱 FOR04.xlsx 中試算表「食譜遞減成本例 D」）如下圖。

	A	B	C	D	E	F	G	H	I
1	最低成本食譜問題								
2		食品	布藍妮	冰淇淋	可樂	鳳梨酥餅	總成本		
3			0.00	3.00	1.00	0.00			
4		單價	30.00	20.00	30.00	50.00	90.00		
5		熱量	400.00	200.00	150.00	500.00	750.00	>=	500.00
6		巧克力	3.00	2.00	0.00	0.00	6.00	>=	6.00
7		糖分	2.00	2.00	4.00	4.00	10.00	>=	10.00
8		脂肪	2.00	4.00	1.00	5.00	13.00	>=	8.00

如果布藍妮降價 10 元（低於遞減成本 27.5 元）而為每個 40 元；鳳梨酥餅降價 55 元（高於遞減成本 50 元）而為每個 25 元，則布藍妮降價低於遞減成本使其因單價偏高而未能入選；鳳梨酥餅降價高於遞減成本使其因單價偏低而能入選；最佳解如下圖（FOR04.xlsx 中試算表「食譜遞減成本例 E」）。

	A	B	C	D	E	F	G	H	I
1	最低成本食譜問題								
2		食品	布藍妮	冰淇淋	可樂	鳳梨酥餅	總成本		
3			0.00	3.00	0.00	1.00			
4		單價	40.00	20.00	30.00	25.00	85.00		
5		熱量	400.00	200.00	150.00	500.00	1100.00	>=	500.00
6		巧克力	3.00	2.00	0.00	0.00	6.00	>=	6.00
7		糖分	2.00	2.00	4.00	4.00	10.00	>=	10.00
8		脂肪	2.00	4.00	1.00	5.00	17.00	>=	8.00

如果冰淇淋漲價 5 元（低於允許增量 18.33 元）而為每個 25 元；可樂降價 20 元（低於允許減量 30 元）而為每個 10 元，則冰淇淋、可樂單價均在其允許增減量範圍之內，故價格變動前的最佳解仍能維持（如試算表「食譜遞減成本例 F」）。

	A	B	C	D	E	F	G	H	I
1	最低成本食譜問題								
2		食品	布藍妮	冰淇淋	可樂	鳳梨酥餅	總成本		
3			0.00	3.00	1.00	0.00			
4		單價	50.00	25.00	10.00	80.00	85.00		
5		熱量	400.00	200.00	150.00	500.00	750.00	>=	500.00
6		巧克力	3.00	2.00	0.00	0.00	6.00	>=	6.00
7		糖分	2.00	2.00	4.00	4.00	10.00	>=	10.00
8		脂肪	2.00	4.00	1.00	5.00	13.00	>=	8.00

Unit 4-9 目標函數係數 100% 規則 (一)

軟體解所產生的敏感度報表，均為某單一參數改變而其他參數不變時的敏感度與上下限值。如果有一個以上的目標函數係數，或一個以上的限制式右端常數同時改變，則可使用 100% 規則，以研判其對最佳解的影響。本規則依據目標函數係數改變的變數的遞減成本是否為零，而有兩種情形：

情形①：所有改變目標函數係數的變數均有非零的遞減成本

如果所有改變目標函數係數的變數均有非零的遞減成本，則只要這些變數的目標函數係數的改變均維持在其允許的範圍內，則最佳解不變；只要任意一個遞減成本非零的變數，且目標函數係數的改變超出其允許的範圍內，則最佳解已經改變，而必須重新求解。

情形②：改變目標函數係數的變數中至少有一個變數的遞減成本為零

設 c_j = 變數 x_j 的目標函數係數的原值；

Δc_j = 變數 x_j 的目標函數係數 c_j 的改變量；

I_j = 敏感度分析所得目標函數係數 c_j 的最大允許增量；

D_j = 敏感度分析所得目標函數係數 c_j 的最大允許減量；

對於每一個目標係數改變的變數 x_j，計算其改變百分數 r_j 如下：

若 $\Delta c_j \geq 0$，則 $r_j = \dfrac{\Delta c_j}{I_j} \times 100$

若 $\Delta c_j \leq 0$，則 $r_j = \dfrac{-\Delta c_j}{D_j} \times 100$

設 $\sum r_j$ 為所有改變目標函數變數係數的改變百分數的總合，則

若 $\sum r_j \leq 100$，則各變數目標函數係數的改變不影響最佳解；

若 $\sum r_j > 100$，則各變數目標函數係數的改變可能影響最佳解；

因此，當目標函數係數的綜合改變，獲得不影響最佳解的結論，則不必重新求解；否則必須重新求解。100% 規則並未經過 100% 嚴密數學推演得證，故僅可供參考；在電腦軟體普及的現代，線性規劃問題的重新求解並不費事。

例題 1

以下圖（參閱 FOR04.xlsx 中試算表「敏感度報表 2」）最低成本食譜問題的敏感度報表為例，若布藍妮的售價由 50 元增為 60 元，鳳梨酥餅的售價由 80 元減為 50 元，則最佳解是否改變？

Microsoft Excel 14.0 敏感度報表
工作表: [FOR04.xlsx]食譜遞減成本例
已建立的報表: 2021/5/14 上午 07:18:25

變數儲存格

儲存格	名稱	終值	遞減成本	目標式係數	允許的增量	允許的減量
$C$3	布藍妮	0	27.5	50	1E+30	27.5
$D$3	冰淇淋	3	0	20	18.3333333	5
$E$3	可樂	1	0	30	10	30
$F$3	鳳梨酥餅	0	50	80	1E+30	50

限制式

儲存格	名稱	終值	影子價格	限制式右手邊	允許的增量	允許的減量
$G$5	熱量	750	0	500	250	1E+30
$G$6	巧克力	6	2.5	6	4	2.85714286
$G$7	糖分	10	7.5	10	1E+30	4
$G$8	脂肪	13	0	8	5	1E+30

【解】

由敏感度報表知，布藍妮與鳳梨酥餅的遞減成本均非為零，故屬情形 1。檢視這些變數的目標函數係數的改變是否均維持在其允許的範圍內。

布藍妮的目前係數為 50 元，允許的增量為 1E + 30（無限大），允許的減量為 27.5 元，故布藍妮目標函數係數的允許範圍為最少 $50 - 27.5 = 22.5$ 元，且無最大值的限制。今布藍妮的售價由 50 元增為 60 元尚在允許範圍內。

鳳梨酥餅的目前係數為 80 元，允許的增量為 1E + 30（無限大），允許的減量為 50 元，故鳳梨酥餅目標函數係數的允許範圍為最少 $80 - 50 = 30$ 元，且無最大值的限制。今鳳梨酥餅的售價由 80 元減為 50 元尚在允許範圍內，故布藍妮的售價由 50元增為 60 元，鳳梨酥餅的售價由 80 元減為 50 元，並不會改變目前的最佳解（參閱FOR04.xlsx 中試算表「食譜遞減成本例 D」）。

最低成本食譜問題

食品	布藍妮	冰淇淋	可樂	鳳梨酥餅	總成本		
	0.00	3.00	1.00	0.00			
單價	60.00	20.00	30.00	50.00	90.00		
熱量	400.00	200.00	150.00	500.00	750.00	>=	500.00
巧克力	3.00	2.00	0.00	0.00	6.00	>=	6.00
糖分	2.00	2.00	4.00	4.00	10.00	>=	10.00
脂肪	2.00	4.00	1.00	5.00	13.00	>=	8.00

Unit 4-10 目標函數係數 100% 規則（二）

例題 2

以最低成本食譜問題的敏感度報表（如下圖）為例，若布藍妮的售價由 50 元減為 40 元，鳳梨酥餅的售價由 80 元減為 25 元，則最佳解是否改變？

Microsoft Excel 14.0 敏感度報表
工作表: [FOR04.xlsx]食譜遞減成本例
已建立的報表: 2021/5/14 上午 07:18:25

變數儲存格

儲存格	名稱	終值	遞減成本	目標式係數	允許的增量	允許的減量
$C$3	布藍妮	0	27.5	50	1E+30	27.5
$D$3	冰淇淋	3	0	20	18.3333333	5
$E$3	可樂	1	0	30	10	30
$F$3	鳳梨酥餅	0	50	80	1E+30	50

限制式

儲存格	名稱	終值	影子價格	限制式右手邊	允許的增量	允許的減量
$G$5	熱量	750	0	500	250	1E+30
$G$6	巧克力	6	2.5	6	4	2.85714286
$G$7	糖分	10	7.5	10	1E+30	4
$G$8	脂肪	13	0	8	5	1E+30

【解】

由上圖的敏感度報表知布藍妮與鳳梨酥餅的遞減成本均非為零，故屬情形 1。由例題 1 知布藍妮目標函數係數的允許範圍為 22.5 元到無限大；鳳梨酥餅目標函數係數的允許範圍為最少 30 元到無最大值。今布藍妮的售價由 50 元減為 40 元仍在其允許範圍內；但鳳梨酥餅的售價由 80 元減為 25 元時，已低於允許的最小值 30 元，故原來的最佳解無法維持，而必須重新求解。

最低成本食譜問題

食品	布藍妮	冰淇淋	可樂	鳳梨酥餅	總成本		
	0.00	3.00	0.00	1.00			
單價	40.00	20.00	30.00	25.00	85.00		
熱量	400.00	200.00	150.00	500.00	1100.00	>=	500.00
巧克力	3.00	2.00	0.00	0.00	6.00	>=	6.00
糖分	2.00	2.00	4.00	4.00	10.00	>=	10.00
脂肪	2.00	4.00	1.00	5.00	17.00	>=	8.00

如上圖（參閱 FOR04.xlsx 中試算表「食譜遞減成本例 E」）最佳解，已由原來應該食用布藍妮 0 個、巧克力冰淇淋 3 匙、可樂 1 瓶及鳳梨酥餅 0 個，最低成本 90 元，改為應該食用布藍妮 0 個、巧克力冰淇淋 3 匙、可樂 0 瓶及鳳梨酥餅 1 個，最低成本 85 元。

EX 例題 3

以最低成本食譜問題的敏感度報表為例，若巧克力冰淇淋的售價由 20 元增為 25 元，可樂的售價由 30 元減為 10 元，則最佳解是否改變？

【解】

由敏感度報表知巧克力冰淇淋的遞減成本為零，故屬情形 2。檢視這些變數的目標函數係數其改變百分數之總合，以研判目前可行解是否均維持。巧克力冰淇淋的售價由 20 元增為 25 元，得 $\Delta c_2 = 25 - 20 = 5$，又允許的增量為 $I_2 = 18.33$，故 $r_2 = \frac{5}{18.33} \times 100 = 27.28\%$；可樂售價由 30 元減為 10 元，得 $\Delta c_3 = 10 - 30 = -20$，又允許的減量為 $D_3 = 30$，故 $r_3 = -\frac{-20}{30} \times 100 = 66.67\%$。

因為 $r_2 + r_3 = 27.28\% + 66.67\% = 93.95\% \le 100\%$，故可維持目前的最佳解（3 匙巧克力冰淇淋及 1 瓶可樂）；但目標函數值則因目標函數係數的改變而改為

$$z = 50x_1 + 20x_2 + 30x_3 + 80x_4 = 50 \times 0 + 25 \times 3 + 10 \times 1 + 80 \times 0 = 85 \text{ 元}$$

另巧克力冰淇淋的售價由 20 元增為 25 元，使用 3 匙共增加 15 元；可樂的售價由 30 元減為 10 元，使用 1 瓶共減少 20 元；合計減少 5 元，使原來的 90 元目標函數值減為 85 元目標函數值（參閱 FOR04 例題 .xlsx 中試算表「食譜遞減成本例 F」），如下圖。

	A	B	C	D	E	F	G	H	I
1	最低成本食譜問題								
2		食品	布藍妮	冰淇淋	可樂	鳳梨酥餅	總成本		
3			0.00	3.00	1.00	0.00			
4		單價	50.00	25.00	10.00	80.00	85.00		
5		熱量	400.00	200.00	150.00	500.00	750.00	>=	500.00
6		巧克力	3.00	2.00	0.00	0.00	6.00	>=	6.00
7		糖分	2.00	2.00	4.00	4.00	10.00	>=	10.00
8		脂肪	2.00	4.00	1.00	5.00	13.00	>=	8.00

知識補充站

一個以上目標函數係數的改變，雖有目標函數係數 100% 規則，但其數學的嚴密性尚無 100% 的驗證，因此以重新求解最為理想。即使僅有一個目標函數係數及一個限制式右端常數改變，也無相關規則可以研判之。

Unit 4-11 目標函數係數 100% 規則 (三)

例題 4

以如下的最低成本食譜問題的敏感度報表為例，若布藍妮的售價由 50 元減為 24 元，巧克力冰淇淋的售價由 20 元減為 15 元，則最佳解是否改變？

	A	B	C	D	E	F	G	H
1	Microsoft Excel 14.0 敏感度報表							
2	工作表: [FOR04.xlsx]食譜遞減成本例							
3	已建立的報表: 2021/5/14 上午 07:18:25							
4								
5								
6	變數儲存格							
7				終	遞減	目標式	允許的	允許的
8		儲存格	名稱	值	成本	係數	增量	減量
9		$C$3	布藍妮	0	27.5	50	1E+30	27.5
10		$D$3	冰淇淋	3	0	20	18.3333333	5
11		$E$3	可樂	1	0	30	10	30
12		$F$3	鳳梨酥餅	0	50	80	1E+30	50

【解】

由敏感度報表知巧克力冰淇淋的遞減成本為零，故屬情形 2。檢視這些變數的目標函數係數的改變百分數之總合以研判目前可行解是否均維持。布藍妮的售價由 50 元減為 24 元，得 $\Delta c_1 = 24 - 50 = -26$，又由敏感度報表知 $D_1 = 27.5$，故 $r_1 = -\dfrac{-26}{27.5} \times 100 = 94.55\%$；巧克力冰淇淋的售價由 20 元減為 15 元，得 $\Delta c_2 = 15 - 20 = -5$，又由敏感度報表知 $D_2 = 5$，故 $r_2 = -\dfrac{-5}{5} \times 100 = 100.0\%$。

因為 $r_1 + r_2 = 94.55\% + 100.0\% = 194.55\% > 100\%$，故目前的最佳解（3 匙巧克力冰淇淋及 1 瓶可樂）可能維持或不能維持。

	A	B	C	D	E	F	G	H	I
1	最低成本食譜問題								
2		食品	布藍妮	冰淇淋	可樂	鳳梨酥餅	總成本		
3			0.00	3.00	1.00	0.00			
4		單價	24.00	15.00	30.00	80.00	75.00		
5		熱量	400.00	200.00	150.00	500.00	750.00	>=	500.00
6		巧克力	3.00	2.00	0.00	0.00	6.00	>=	6.00
7		糖分	2.00	2.00	4.00	4.00	10.00	>=	10.00
8		脂肪	2.00	4.00	1.00	5.00	13.00	>=	8.00

但經重新求解得如上圖（參閱 FOR04.xlsx 中試算表「食譜遞減成本例 G」）可維持原可行解，但目標函數值已改為

$$z = 24x_1 + 15x_2 + 30x_3 + 80x_4 = 24\times 0 + 15\times 3 + 30\times 1 + 80\times 0 = 75 \text{ 元}$$

例題 5

以最低成本食譜問題的敏感度報表為例，若可樂的售價由 30 元增為 40 元，鳳梨酥餅的售價由 80 元減為 30 元，則最佳解是否改變？

【解】

由敏感度報表知可樂的遞減成本為零，故屬情形 2。檢視這些變數的目標函數係數的改變百分數之總合以研判目前可行解是否均維持。可樂的售價由 30 元增為 40 元，得 $\Delta c_3 = 40 - 30 = 10$，又由敏感度報表知允許的增量為 $I_3 = 10$，故 $r_3 = \dfrac{10}{10}\times 100 = 100.0\%$；鳳梨酥餅售價由 80 元減為 30 元，得 $\Delta c_4 = 30 - 80 = -50$，又允許的減量為 $D_4 = 50$，故 $r_4 = -\dfrac{-50}{50}\times 100 = 100.0\%$ 。

因為 $r_3 + r_4 = 100.0\% + 100.0\% = 200.0\% > 100\%$，故目前的最佳解（3 匙巧克力冰淇淋及 1 瓶可樂）可能維持或不維持。但經重新求解得如下（參閱 FOR04.xlsx 中試算表「食譜遞減成本例 H」）新的可行解為可樂 3 瓶，鳳梨酥餅 1 個，且目標函數值為

$$z = 50x_1 + 20x_2 + 40x_3 + 30x_4 = 50\times 0 + 20\times 3 + 40\times 0 + 30\times 1 = 90 \text{ 元}$$

	A	B	C	D	E	F	G	H	I
1	最低成本食譜問題								
2		食品	布藍妮	冰淇淋	可樂	鳳梨酥餅	總成本		
3			0.00	3.00	0.00	1.00			
4		單價	50.00	20.00	40.00	30.00	90.00		
5		熱量	400.00	200.00	150.00	500.00	1100.00	>=	500.00
6		巧克力	3.00	2.00	0.00	0.00	6.00	>=	6.00
7		糖分	2.00	2.00	4.00	4.00	10.00	>=	10.00
8		脂肪	2.00	4.00	1.00	5.00	17.00	>=	8.00

目標函數係數 100% 規則及下一單元介紹的限制式右端常數 100% 規則在套用時，都有稍微複雜的研判與計算，因為規劃求解增益集求解甚為快速與方便，如有任何目標函數係數、限制式技術係數或限制式右端常數的改變，重新求解是不錯的方法。

Unit 4-12 限制式右端常數 100% 規則 (一)

一個以上限制式右端常數的同時改變，是否影響其可行解或影子價格的適用性，可依改變右端常數的限制式是否為繫結 (Binding)，或非繫結 (Non-Binding) 限制式加以研判。有下列兩種情形：

情形①：改變右端常數的所有限制式均為非繫結 (Non-Binding) 限制式

若所有限制式的右端常數均在其允許的範圍內改變，則最佳解及目標函數值均維持不變；只要任意一個限制式右端常數的變化超出其允許的範圍，則現行最佳解已非最佳解，而必須重新求解。

情形②：改變右端常數的所有限制式至少有一個為繫結 (Binding) 限制式

設 b_j = 第 j 個限制式的右端常數；

Δb_j = 第 j 個限制式的右端常數的改變量；

I_j = 第 j 個限制式的右端常數的最大允許增量；

D_j = 第 j 個限制式的右端常數的最大允許減量；

對於每一個限制式計算其右端常數的改變百分數 r_j 如下：

若 $\Delta b_j \geq 0$，則 $r_j = \dfrac{\Delta b_j}{I_j} \times 100$

若 $\Delta b_j \leq 0$，則 $r_j = \dfrac{-\Delta b_j}{D_j} \times 100$

設 $\sum r_j$ 為所有限制式右端常數的改變百分數的總合，則

若 $\sum r_j \leq 100$，則所有限制式右端常數的改變不影響最佳解；

若 $\sum r_j > 100$，則所有限制式右端常數的改變可能影響最佳解；

因此，當所有限制式右端常數的綜合改變可獲得不影響最佳解的結論，則不必重新求解；否則必須重新求解。

小博士解說

一個以上限制式右端常數的改變，雖有限制式右端常數 100% 規則，但其數學的嚴密性尚無 100% 的驗證，因此以重新求解最為理想。任意限制式的一個技術係數的改變，也無相關規則可以研判之，因此必須重新求解之。

例題 6

前述最低成本食譜問題線性規劃模式中，若熱量的需求量由 500 卡減為 400 卡，脂肪的需求量由 8 盎司增為 10 盎司，則最佳解是否改變？

【解】

觀察下圖（參閱 FOR04.xlsx 中試算表「運算結果報表 2」）運算結果報表的第 18 至 21 列可知，熱量及脂肪的需求限制式屬於非繫結 (Not Binding) 限制式；巧克力及糖分的需求限制式屬於繫結 (Binding) 限制式。本題熱量的需求量由 500 卡減為 400 卡，脂肪的需求量由 8 盎司增為 10 盎司屬於情形 1。應檢視各限制式右端常數是否仍在其允許範圍內。

	A	B	C	D	E	F	G
27	限制式						
28		儲存格	名稱	儲存格值	公式	狀態	寬限時間
29		$G$5	熱量	750.00	$G$5>=$I$5	未繫結	250.00
30		$G$6	巧克力	6.00	$G$6>=$I$6	繫結	0.00
31		$G$7	糖分	10.00	$G$7>=$I$7	繫結	0.00
32		$G$8	脂肪	13.00	$G$8>=$I$8	未繫結	5.00

另由如下的部分敏感度報表中，熱量的右端常數為 500，允許的增量為 250，允許的減量為 1E + 30（無限大），故熱量的允許最大值為 750 卡，但無最低量的限制。脂肪的右端常數為 8，允許的增量為 5，允許的減量為 1E + 30（無限大），故脂肪的允許最大值為 13 盎司，但無最低量的限制。

	A	B	C	D	E	F	G	H
14	限制式							
15				終	影子	限制式	允許的	允許的
16		儲存格	名稱	值	價格	右手邊	增量	減量
17		$G$5	熱量	750	0	500	250	1E+30
18		$G$6	巧克力	6	2.5	6	4	2.85714286
19		$G$7	糖分	10	7.5	10	1E+30	4
20		$G$8	脂肪	13	0	8	5	1E+30

熱量的需求量由 500 卡減為 400 卡，脂肪的需求量由 8 盎司增為 10 盎司，均在其允許的範圍內，故最佳解及目標函數值均維持不變。重新求解的結果確實維持不變，如 FOR04.xls 中試算表「食譜遞減成本例 I」。

	A	B	C	D	E	F	G	H	I
1	最低成本食譜問題								
2		食品	布藍妮	冰淇淋	可樂	鳳梨酥餅	總成本		
3			0.00	3.00	1.00	0.00			
4		單價	50.00	20.00	30.00	80.00	90.00		
5		熱量	400.00	200.00	150.00	500.00	750.00	>=	400.00
6		巧克力	3.00	2.00	0.00	0.00	6.00	>=	6.00
7		糖分	2.00	2.00	4.00	4.00	10.00	>=	10.00
8		脂肪	2.00	4.00	1.00	5.00	13.00	>=	10.00

Unit 4-13 限制式右端常數 100% 規則 (二)

例題 7

前述最低成本食譜問題線性規劃模式中，若熱量的需求量由 500 卡減為 400 卡，脂肪的需求量由 8 盎司增為 15 盎司，則最佳解是否改變？

【解】

由例題 6 知，熱量需求量與脂肪需求量的限制式均屬非繫結 (Not Binding) 限制式，故屬於情形 1。熱量的需求量由 500 卡減為 400 卡，仍在其允許範圍內；但脂肪的需求量由 8 盎司增為 15 盎司，超出其允許的最大值，故最佳解及目標函數值均已改變，必須重新求解。最佳解已由原來應該食用布藍妮 0 個、巧克力冰淇淋 3 匙、可樂 1 瓶及鳳梨酥餅 0 個，最低成本 90 元改為應該食用布藍妮 0 個、巧克力冰淇淋 3.57 匙、可樂 0.71 瓶及鳳梨酥餅 0 個，最低成本 92.86 元，如下圖（參閱 FOR04.xlsx 中試算表「食譜遞減成本例 J」）。

	A	B	C	D	E	F	G	H	I
1	最低成本食譜問題								
2		食品	布藍妮	冰淇淋	可樂	鳳梨酥餅	總成本		
3			0.00	3.57	0.71	0.00			
4		單價	50.00	20.00	30.00	80.00	92.86		
5		熱量	400.00	200.00	150.00	500.00	821.43	>=	400.00
6		巧克力	3.00	2.00	0.00	0.00	7.14	>=	6.00
7		糖分	2.00	2.00	4.00	4.00	10.00	>=	10.00
8		脂肪	2.00	4.00	1.00	5.00	15.00	>=	15.00

例題 8

前述最低成本食譜問題線性規劃模式中，若熱量的需求量由 500 卡增為 750 卡，巧克力的需求量由 6 盎司減為 5 盎司，則最佳解是否改變？

【解】

由例題 6 知巧克力需求量限制式屬繫結 (Binding) 限制式，故屬情形 2，應檢視各限制式右端常數改變百分數的總合。熱量的需求量由 500 卡增為 750 卡，得 $\Delta c_1 = 750 - 500 = 250$，又由敏感度報表知 $I_1 = 250$，故 $r_1 = \dfrac{250}{250} \times 100 = 100\%$；巧克力的需求量由 6 盎司減為 5 盎司，得 $\Delta c_2 = 5 - 6 = -1$，又 $D_2 = 2.86$，故 $r_2 = -\dfrac{-1}{2.86} \times 100 = 34.97\%$。

因為 $r_1+r_2=100.0\%+34.97\%=134.97\%>100\%$，故目前的最佳解（3 匙巧克力冰淇淋及 1 瓶可樂）可能維持或不維持。但經重新求解得，如下圖（參閱 FOR04.xlsx 中試算表「食譜遞減成本例 K」），知原可行解為可樂 3 瓶、鳳梨酥餅 1 個可維持，且目標函數值為殼

$$z=50x_1+20x_2+30x_3+80x_4=50\times0+20\times3+30\times1+80\times0=90 \text{ 元}$$

	A	B	C	D	E	F	G	H	I
1	最低成本食譜問題								
2		食品	布藍妮	冰淇淋	可樂	鳳梨酥餅	總成本		
3			0.00	3.00	1.00	0.00			
4		單價	50.00	20.00	30.00	80.00	90.00		
5		熱量	400.00	200.00	150.00	500.00	750.00	>=	750.00
6		巧克力	3.00	2.00	0.00	0.00	6.00	>=	5.00
7		糖分	2.00	2.00	4.00	4.00	10.00	>=	10.00
8		脂肪	2.00	4.00	1.00	5.00	13.00	>=	8.00

例題 9

前述最低成本食譜問題線性規劃模式中，若巧克力的需求量由 6 盎司增為 8 盎司，糖分的需求量由 10 盎司減為 7 盎司，則最佳解是否改變？

【解】

因為巧克力與糖分的需求量限制式均屬緊結 (Binding) 限制式，故屬情形 2，應檢視各限制式右端常數改變百分數的總合。巧克力的需求量由 6 盎司增為 8 盎司，得 $\Delta c_2=8-6=2$，又由敏感度報表知 $I_2=4$，故 $r_2=\dfrac{2}{4}\times100=50.0\%$；糖分的需求量由 10 盎司減為 7 盎司，得 $\Delta c_3=7-10=-3$，又 $D_3=4$，故 $r_3=-\dfrac{-3}{4}\times100=$ 75.0%。

因為 $r_2+r=50.0\%+75.0\%=125.00\%>100\%$，故目前的最佳解（3 匙巧克力冰淇淋及 1 瓶可樂）可能維持或不維持。但經重新求解得，如下圖（參閱 FOR04.xlsx 中試算表「食譜遞減成本例 L」），知新的可行解為 4 匙巧克力冰淇淋，故目標函數值為

$$z=50x_1+20x_2+30x_3+80x_4=50\times0+20\times4+30\times0+80\times0=80 \text{ 元}$$

	A	B	C	D	E	F	G	H	I
1	最低成本食譜問題								
2		食品	布藍妮	冰淇淋	可樂	鳳梨酥餅	總成本		
3			0.00	4.00	0.00	0.00			
4		單價	50.00	20.00	30.00	80.00	80.00		
5		熱量	400.00	200.00	150.00	500.00	800.00	>=	500.00
6		巧克力	3.00	2.00	0.00	0.00	8.00	>=	8.00
7		糖分	2.00	2.00	4.00	4.00	8.00	>=	7.00
8		脂肪	2.00	4.00	1.00	5.00	16.00	>=	8.00

第 5 章

運輸問題與指派問題

章節體系架構 ▼

Unit 5-1 運輸問題

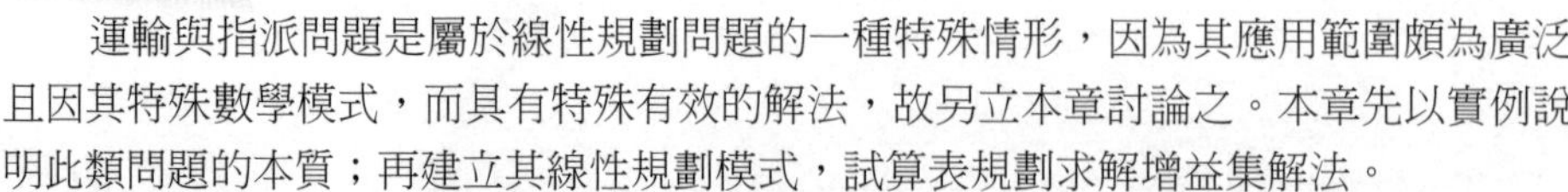

運輸與指派問題是屬於線性規劃問題的一種特殊情形，因為其應用範圍頗為廣泛且因其特殊數學模式，而具有特殊有效的解法，故另立本章討論之。本章先以實例說明此類問題的本質；再建立其線性規劃模式，試算表規劃求解增益集解法。

運輸問題的一般型態是假設有 m 個供應點 (Supply location)，每個供應點均有已知的貨品或服務的供應量 s_i，另外有 n 個需求點 (Demand location)，每個需求點也有已知的貨品或服務的需求量 d_j，若已知每一供應點 i 運輸貨品或提供服務至任一需求點 j 的運輸成本 c_{ij}，則如何在某些限制條件下，將供應點的貨品或服務以最低的成本運輸到各需求點，是企業經營經常需要的決策問題。

銘山工具產銷公司有三個工廠製造抽水馬達再運送到全國四個配銷中心。若銘山公司下一季各工廠抽水馬達的生產量如下表：

供應點	製造工廠	生產量 (個)
1	甲工廠	5,000
2	乙工廠	6,000
3	丙工廠	2,500
	總供應量	13,500

銘山公司有四個區域配銷中心，預計下一季各配銷中心的需求量如下表：

需求點	配銷中心	生產量 (個)
1	配銷中心 1	6,000
2	配銷中心 2	4,000
3	配銷中心 3	2,000
4	配銷中心 4	1,500
	總需求量	13,500

運輸問題可以如右圖網路圖表示之。

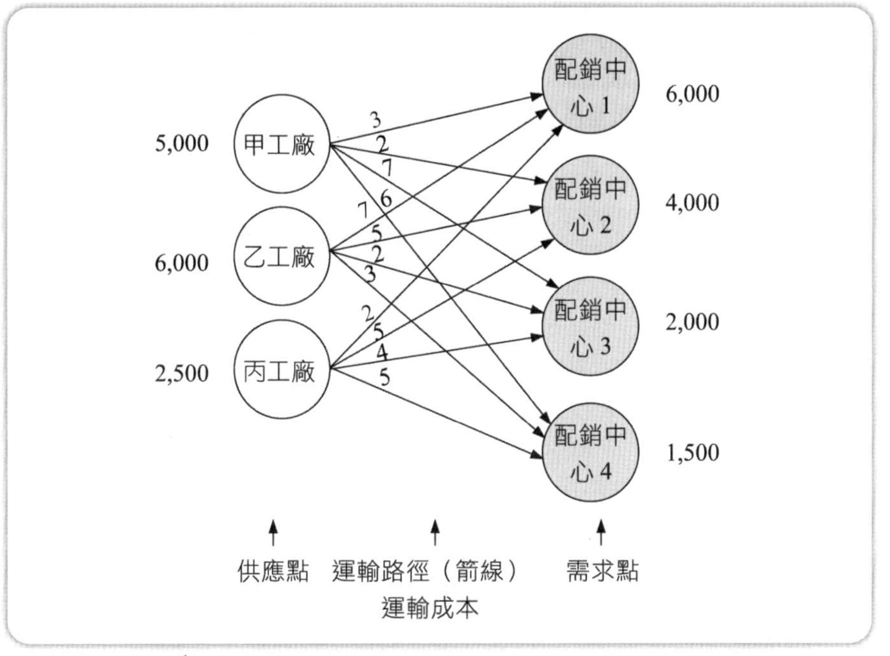

運輸問題的總供應量與總需求量必須相等。路徑上標示的可能是成本或收益，因此也有極小化或極大化的問題。

銘山公司有 3 個供應點及 4 個需求點，故有 12 條可行的運輸路徑。運輸問題以圓圈表示供應點或需求點，以箭號弧線或箭號直線表示可行的運輸路徑。代表運輸路徑的箭號線當然由供應點連接到需求點。各供應點的供應量及各需求點的需求量，均可註記於圓圈外適當位置，各運輸路徑的運輸成本亦可於箭號線上的適當位置標示之。問題的重點是，尋求以最低運輸成本決定各供應點應該經各運輸路徑運輸多少貨品，或服務到各需求點且完全滿足各需求點的需求量。各運輸路徑的運輸成本列如下表：

供應點	需求點			
	配銷中心 1	配銷中心 2	配銷中心 3	配銷中心 4
甲工廠	3	2	7	6
乙工廠	7	5	2	3
丙工廠	2	5	4	5

依據上表，從甲工廠連接指向配銷中心 1、配銷中心 2、配銷中心 3、配銷中心 4 的箭號直線上分別標示 3、2、7、6 以示其運輸成本。同理，從乙、丙工廠連接指向配銷中心 1、配銷中心 2、配銷中心 3、配銷中心 4 的箭號直線上，亦分別標示其運輸成本如上圖。

Unit 5-2 運輸問題線性規劃模式的建立

將運輸問題以線性規劃模式表示之，亦可按選定決策變數，建立目標函數，建立限制式的順序建立之。

① 選定決策變數

運輸問題的決策變數以雙附標方式表達最為方便。例如，以 x_{11} 表示由供應點 1（甲工廠）運送到需求點 1（配銷中心 1）的運輸或服務量；以 x_{12} 表示由供應點 1（甲工廠）運送到需求點 2（配銷中心 2）的運輸或服務量。一般將各供應點及需求點均各自編號之，再以第一附標表示供應點，第二附標表示需求點。在一個有 m 個供應點，n 個需求點的運輸問題中，決策變數 x_{ij} 代表由供應點 i 運送到需求點 j 的運輸或服務量，其中

$$i=1,2,\cdots,m\text{ ， }j=1,2,\cdots,n$$

每一個決策變數代表網路圖上的每一個路徑的運輸量，$x_{23}=520$ 表示由供應點 2 運輸 520 個單位的貨品到需求點 3。

② 建立目標函數

尋找最低運輸成本的目標函數，當然為各運輸路徑的運輸量 x_{ij} 與運輸單位成本 c_{ij} 乘積之總和。

從甲工廠運送的運輸成本為 $3x_{11}+2x_{12}+7x_{13}+6x_{14}$ ，
從乙工廠運送的運輸成本為 $7x_{21}+5x_{22}+2x_{23}+3x_{24}$ ，
從丙工廠運送的運輸成本為 $2x_{31}+5x_{32}+4x_{33}+5x_{34}$ ，

得目標函數為

$$Z=3x_{11}+2x_{12}+7x_{13}+6x_{14}+7x_{21}+5x_{22}+2x_{23}+3x_{24}+2x_{31}+5x_{32}+4x_{33}+5x_{34}$$

③ 建立限制式

限制式可從供應點與需求點的已知供應量與需求量建立之。例如，甲工廠的產量為 5,000 個抽水馬達，故由甲工廠輸出到各需求點的運輸量總和，應小於或等於甲工廠的產量，亦即

$$x_{11}+x_{12}+x_{13}+x_{14}\le 5{,}000 \qquad \text{甲工廠的限制條件}$$

同理，其他生產工廠的限制式如下：

$$x_{21}+x_{22}+x_{23}+x_{24}\le 6{,}000 \qquad \text{乙工廠的限制條件}$$

$x_{31}+x_{32}+x_{33}+x_{34} \le 2{,}500$　　丙工廠的限制條件

另從需求點的觀點，從各供應點運送到某一需求點的總運輸量，應等於該需求點的需求量，各需求點的限制式如下：

$x_{11}+x_{21}+x_{31}=6{,}000$　　滿足配銷中心 1 的需求量
$x_{12}+x_{22}+x_{32}=4{,}000$　　滿足配銷中心 2 的需求量
$x_{13}+x_{23}+x_{33}=2{,}000$　　滿足配銷中心 3 的需求量
$x_{14}+x_{24}+x_{34}=1{,}500$　　滿足配銷中心 4 的需求量

④ 構建線性規劃模式

銘山公司運輸問題的線性規劃模式可彙整如下：

極小化：

$$Z=3x_{11}+2x_{12}+7x_{13}+6x_{14}+7x_{21}+5x_{22}+2x_{23}+3x_{24}+2x_{31}+5x_{32}+4x_{33}+5x_{34}$$

受限於：

$x_{11}+x_{12}+x_{13}+x_{14} \le 5{,}000$
$x_{21}+x_{22}+x_{23}+x_{24} \le 6{,}000$
$x_{31}+x_{32}+x_{33}+x_{34} \le 2{,}500$
$x_{11}+x_{21}+x_{31}=6{,}000$
$x_{12}+x_{22}+x_{32}=4{,}000$
$x_{13}+x_{23}+x_{33}=2{,}000$
$x_{14}+x_{24}+x_{34}=1{,}500$
$x_{ij} \ge 0 \quad i=1,2,3 \quad j=1,2,3,4$

觀察前述線性規劃模式與銘山工具產銷公司網路圖，可得下列資訊：

1. 模式中的資訊均可於網路圖上獲得。
2. 每一個箭號直線或箭號弧線代表一個決策變數。
3. 每一個供應點或需求點代表一個限制式。
4. 由供應點運送到所有需求點的總運輸量必須小於或等於該供應點供應量。
5. 由所有供應點運送到某一需求點的總運輸量必須等於該需求點需求量。

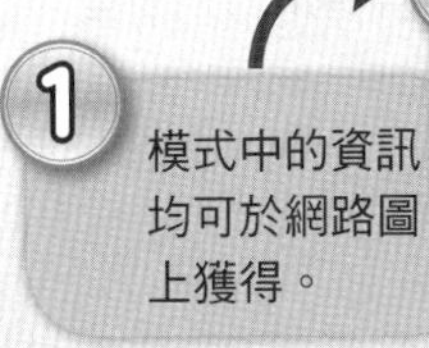

知識補充站

需求點的限制式必須採用=關係式。在極小化問題中，需求點的限制式如果採用<=關係式，則所得最佳解必是全部為零；因為需求點可以小於需求量，則不運送到需求點當然運輸成本最低了。

Unit 5-3 運輸問題線性規劃模式的通式

茲以下列符號來建立運輸問題的線性規劃模式通式

$i=$ 供應點的代號，$i=1,2,3,\cdots,m$

$j=$ 需求點的代號，$j=1,2,3,\cdots,n$

$x_{ij}=$ 代表由供應點 i 運送到需求點 j 的運輸量

$c_{ij}=$ 代表由供應點 i 運送到需求點 j 的單位運輸成本；若 c_{ij} 代表由供應點 i 運送到需求點 j 的單位運輸獲利或效益，則屬極大化的線性規劃問題

$s_i=$ 代表供應點 i 的供應能量

$d_j=$ 代表需求點 j 的總需求量

則由 m 個供應點運輸到 n 個需求點的線性規劃模式通式為

極小（大）化　$\sum_{i=1}^{m}\sum_{j=1}^{n}c_{ij}x_{ij}$

受限於　$\sum_{j=1}^{n}x_{ij}\le s_i \quad i=1,2,3,\cdots,m$

$\sum_{i=1}^{m}x_{ij}=d_j \quad j=1,2,3,\cdots,n$

$x_{ij}\ge 0 \quad i=1,2,3,\cdots,m \quad j=1,2,3,\cdots,n$

不平衡運輸問題

運輸問題供應點的總供應量與需求點的總需求量相等者，稱為平衡運輸問題(Balance Transportation)。若總供應量不等於總需求量者，稱為不平衡運輸問題(Unbalance Transportation)。不平衡問題對線性規劃模式的影響，可分兩種情形討論之：

情形①：總供應量 $\sum_{i=1}^{m}s_i$ 大於總需求量 $\sum_{j=1}^{n}d_j$

總供應量大於總需求量時，其線性規劃模式無須修改，所得最佳解中代表供應點限制式的閒置變數 (Slack Variable) 值，表示該供應點尚未運送出去的剩餘量。

情形②：總供應量 $\sum_{i=1}^{m}s_i$ 小於總需求量 $\sum_{j=1}^{n}d_j$

總供應量小於總需求量時，無法滿足所有需求點的需求，但仍需作最佳的運送並掌握各需求點缺貨的情形。通常在線性規劃模式中加入一個虛擬供應點，其供應量恰等於總需求量與總供應量的差數，使變成一個平衡的運輸問題。因為虛擬供應點並沒有供應的事實，故設定該虛擬供應點到各實際需求點的單位運輸成本為零，使不影響計算所得的總運輸成本。所得最佳解中由虛擬供應點運送到各實際需求點的運輸量代表各需求點的缺貨量。亦即線性規劃模式中的供應點限制式修改為

$$\sum_{j=1}^{n} x_{ij} \le s_i \quad i=1,2,3,\cdots,m+1 \text{ 且令 } c_{ij}=0 \quad i=m+1 \quad j=1,2,3,\cdots,n$$

最佳解中各需求點的缺貨量為 $x_{ij} \quad i=m+1 \quad j=1,2,3,\cdots,n$

運輸量限制的運輸問題

運輸問題的運輸路徑可能因為工程施工、天然災害、交通管制或交通管理的需要，而對運輸路徑的運輸量有其限制。這種運輸量的限制可在線性規劃模式中增加限制式的方式表達之。運輸量限制的方式及其限制式表達方式如下：

1 運輸量的最低限制

運輸路徑 x_{ij} 可能因為交通管理上的需要，以優惠最低運輸量 l_{ij} 的方式鼓勵大眾多加利用，則可於模式中加入限制式 $x_{ij} \ge l_{ij}$。

2 運輸量的最高限制

運輸路徑 x_{ij} 可能因為工程施工的原因，以最高運輸量 u_{ij} 的方式來限制大眾的使用，則可於模式中加入限制式 $x_{ij} \le u_{ij}$。

不通運輸路徑的運輸問題

並非所有供應點與需求點之間均有可行的運輸路徑，這種情形可於模式中將代表該不通運輸路徑的決策變數刪除，或增加該決策變數必須等於零的限制條件。

例如，供應點 2 到需求點 3 的運輸路徑不通，則於網路圖上代表供應點 2 與需求點 3 的節點之間的箭號弧線不畫或於模式中不用決策變數 x_{23} 或於模式中加入 $x_{23} = 0$ 的限制式。

各種鼓勵性、限制性、災害性的運輸政策，都可透過目標函數係數及各種限制式來完成。

知識補充站

總供應量小於總需求量的不平衡運輸問題，如果不增設虛擬供應點，則必無法滿足需求點限制式的=關係式，因而無法求得最佳解。但當總供應量大於總需求量的不平衡問題，因為供應點的限制式採用<=關係式，表示供應點的實際供應量可以小於可供量，無礙最佳解的求得。

Unit 5-4 運輸問題的 Solver 解法

運輸問題亦為線性規劃問題，當然可以利用試算表中規劃求解增益集求解之。

以規劃求解增益集尋求運輸問題的最佳解，亦須建立規劃求解模式試算表（參閱 FOR05.xlsx 中試算表「銘山 A」）。以 Unit 5-2 所建構的規劃求解模式，建立規劃求解模式試算表及最佳解如下圖。

	A	B	C	D	E	F	G	H
1	銘山公司抽水馬達最低運輸成本問題							
2		配銷中心1	配銷中心2	配銷中心3	配銷中心4			供應量
3	甲工廠	3,500.0	1,500.0	0.0	0.0	5,000.0	<=	5,000.0
4	乙工廠	0.0	2,500.0	2,000.0	1,500.0	6,000.0	<=	6,000.0
5	丙工廠	2,500.0	0.0	0.0	0.0	2,500.0	<=	2,500.0
6		6,000.0	4,000.0	2,000.0	1,500.0			
7		=	=	=	=			運輸成本
8	需求量	6,000.0	4,000.0	2,000.0	1,500.0	最低		39,500.0
9		配銷中心1	配銷中心2	配銷中心3	配銷中心4			
10	甲工廠	3.0	2.0	7.0	6.0			
11	乙工廠	7.0	5.0	2.0	3.0			
12	丙工廠	2.0	5.0	4.0	5.0			

甲工廠只需配送 3,500 個抽水馬達到配銷中心 1，配送 1,500 個抽水馬達到配銷中心 2；乙工廠不需配送抽水馬達到配銷中心 1，只需配送 2,500 個抽水馬達到配銷中心 2，配送 2,000 個抽水馬達到配銷中心 3，配送 1,500 個抽水馬達到配銷中心 4；丙工廠只需配送 2,500 個抽水馬達到配銷中心 1，不需配送抽水馬達到配銷中心 2、配銷中心 3、配銷中心 4。最低總運輸成本 39,500。

不平衡運輸問題

如果將甲工廠的供應量由 5,000 個提升到 7,500 個（有 2,500 個閒置），因屬總供應量大於總需求量的問題，無須另設虛擬工廠，而僅需將甲工廠的限制條件由：$x_{11}+x_{12}+x_{13}+x_{14}\le 5000$ 改為 $x_{11}+x_{12}+x_{13}+x_{14}\le 7{,}500$ 即可。

規劃求解模式試算表及最佳解，如下圖（參閱 FOR05.xlsx 中試算表「銘山 B）。儲存格 H3 由原來的 5,000 個提升到 7,500 個。因為甲工廠送到配銷中心 2 的單位成本是 2.0，比乙工廠送到配銷中心 2 的單位成本是 5.0 低，故原來由乙工廠配送 2,500 個到配銷中心 2 改由甲工廠配送，故最佳解中，乙工廠 6,000 個供應量中僅運送去 3,500 個而有 2,500 個閒置。最低總運輸成本降為 32,000。

	A	B	C	D	E	F	G	H
1	銘山公司抽水馬達最低運輸成本問題							
2		配銷中心1	配銷中心2	配銷中心3	配銷中心4			供應量
3	甲工廠	3,500.0	4,000.0	0.0	0.0	7,500.0	<=	7,500.0
4	乙工廠	0.0	0.0	2,000.0	1,500.0	3,500.0	<=	6,000.0
5	丙工廠	2,500.0	0.0	0.0	0.0	2,500.0	<=	2,500.0
6		6,000.0	4,000.0	2,000.0	1,500.0			
7		=	=	=	=			運輸成本
8	需求量	6,000.0	4,000.0	2,000.0	1,500.0	最低		32,000.0
9		配銷中心1	配銷中心2	配銷中心3	配銷中心4			
10	甲工廠	3.0	2.0	7.0	6.0			
11	乙工廠	7.0	5.0	2.0	3.0			
12	丙工廠	2.0	5.0	4.0	5.0			

如果甲工廠仍然維持 5,000 個供應量，配銷中心 2 的需求量由 4,000 個提升到 6,000 個，因屬總供應量小於總需求量的問題，必須另設虛擬工廠而增加四個決策變數，則規劃求解模式試算表及最佳解如下圖（參閱 FOR05.xlsx 中試算表「銘山 C」）。儲存格 C9 由原來的 4,000 個提升到 6,000 個，因為總供應量僅為 13,500 個，但總需求量為 15,500 個，故需設置供應量 2,000 個的虛擬工廠。虛擬工廠到各配銷中心的單位運輸成本設定為 0；虛擬工廠配送到各配銷中心的量，表示各配銷中心的缺貨量。下圖的最佳解中虛擬工廠送到配銷中心 1 的 2,000 個，表示配銷中心 1 的缺貨量。最低總運輸成本為 37,500。

	A	B	C	D	E	F	G	H
1	銘山公司抽水馬達最低運輸成本問題							
2		配銷中心1	配銷中心2	配銷中心3	配銷中心4			供應量
3	甲工廠	1,500.0	3,500.0	0.0	0.0	5,000.0	<=	5,000.0
4	乙工廠	0.0	2,500.0	2,000.0	1,500.0	6,000.0	<=	6,000.0
5	丙工廠	2,500.0	0.0	0.0	0.0	2,500.0	<=	2,500.0
6	虛擬工廠	2,000.0	0.0	0.0	0.0	2,000.0	<=	2,000.0
7		6,000.0	6,000.0	2,000.0	1,500.0			
8		=	=	=	=			運輸成本
9	需求量	6,000.0	6,000.0	2,000.0	1,500.0	最低		37,500.0
10		配銷中心1	配銷中心2	配銷中心3	配銷中心4			
11	甲工廠	3.0	2.0	7.0	6.0			
12	乙工廠	7.0	5.0	2.0	3.0			
13	丙工廠	2.0	5.0	4.0	5.0			
14	虛擬工廠	0.0	0.0	0.0	0.0			

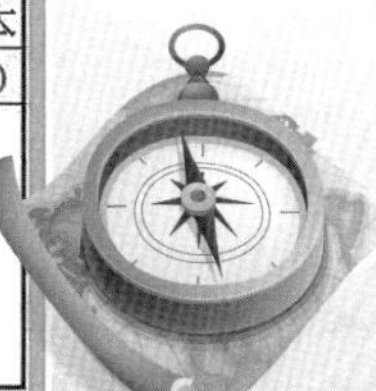

知識補充站

參閱 FOR05.xlsx 中試算表「敏感度報表 C」第 35 列可讀得：丙工廠的影子價格是 −4.0、限制式右端常數 2,500、允許的增量 1,500、允許的減量 0。若將丙工廠的供應量由 2,500 提高到 2,600，則最低運輸成本變成 37,500＋(−4.0)×100=37,100。讀者可修改 FOR05.xlsx 中試算表「銘山 C」驗證之，如試算表「銘山 C(2)」。

Unit 5-5 極大化運輸問題

若 c_{ij} 代表由供應點 i 運送到需求點 j 的單位運輸獲利，則屬極大化問題。銘山公司極大化運輸獲利問題的線性規劃模式可彙整如下：

極大化：

$$Z = 3x_{11} + 2x_{12} + 7x_{13} + 6x_{14} + 7x_{21} + 5x_{22} + 2x_{23} + 3x_{24} + 2x_{31} + 5x_{32} + 4x_{33} + 5x_{34}$$

受限於：

$$x_{11} + x_{12} + x_{13} + x_{14} \leq 5{,}000$$
$$x_{21} + x_{22} + x_{23} + x_{24} \leq 6{,}000$$
$$x_{31} + x_{32} + x_{33} + x_{34} \leq 2{,}500$$
$$x_{11} + x_{21} + x_{31} = 6{,}000$$
$$x_{12} + x_{22} + x_{32} = 4{,}000$$
$$x_{13} + x_{23} + x_{33} = 2{,}000$$
$$x_{14} + x_{24} + x_{34} = 1{,}500$$
$$x_{ij} \geq 0 \quad i = 1,2,3 \quad j = 1,2,3,4$$

則規劃求解模式試算表及最佳解，如下圖（參閱 FOR05.xlsx 中試算表「銘山 D」）。供應點配送到需求點的配送量與求最低運輸成本並不相同。最高總運輸利益為 80,500。

	A	B	C	D	E	F	G	H
1	銘山公司抽水馬達最高運輸利益問題							
2		配銷中心1	配銷中心2	配銷中心3	配銷中心4			供應量
3	甲工廠	0.0	1,500.0	2,000.0	1,500.0	5,000.0	<=	5,000.0
4	乙工廠	6,000.0	0.0	0.0	0.0	6,000.0	<=	6,000.0
5	丙工廠	0.0	2,500.0	0.0	0.0	2,500.0	<=	2,500.0
6		6,000.0	4,000.0	2,000.0	1,500.0			
7		=	=	=	=			運輸利益
8	需求量	6,000.0	4,000.0	2,000.0	1,500.0	最高		80,500.0
9		配銷中心1	配銷中心2	配銷中心3	配銷中心4			
10	甲工廠	3.0	2.0	7.0	6.0			
11	乙工廠	7.0	5.0	2.0	3.0			
12	丙工廠	2.0	5.0	4.0	5.0			

下圖為最高運輸利益線性規劃的敏感度報表（部分參閱 FOR05.xlsx 中試算表「敏感度報表 D」），第 14 列的資料 0.0、–1.0、5、1、1E + 30 分別代表決策變

數 x_{22}（乙工廠送到配銷中心 2 的配送量）終值、遞減成本、目標式係數、允許的增量與允許的減量。終值 0.0 表示運送量為 0（乙工廠到配銷中心 2 的輸送路徑未被採用）；目標式係數目前是 5，允許增加 1 也可允許減少 1E + 30，換言之，目標係數無最低值的限制，但最高值是 6；遞減成本 –1.0 表示若目標係數減少 –1.0（亦即增加 1.0），則乙工廠到配銷中心 2 的輸送路徑可能被採用。

	A	B	C	D	E	F	G	H
1	Microsoft Excel 14.0 敏感度報表							
2	工作表: [FOR05.xlsx]銘山D							
3	已建立的報表: 2021/5/14 上午 10:47:30							
4								
5								
6	變數儲存格							
7				終	遞減	目標式	允許的	允許的
8		儲存格	名稱	值	成本	係數	增量	減量
9		$B$3	甲工廠 配銷中心1	0	0	3	1	4
10		$C$3	甲工廠 配銷中心2	1500	0	2	3	1
11		$D$3	甲工廠 配銷中心3	2000	0	7	1E+30	6
12		$E$3	甲工廠 配銷中心4	1500	0	6	1E+30	4
13		$B$4	乙工廠 配銷中心1	6000	0	7	1E+30	1
14		$C$4	乙工廠 配銷中心2	0	-1	5	1	1E+30
15		$D$4	乙工廠 配銷中心3	0	-9	2	9	1E+30

下圖（參閱 FOR05.xlsx 中試算表「銘山 E」）則是將乙工廠到配銷中心 2 的輸送利益，由 5.0 提升到 6.0 的規劃求解模式試算表及最佳解。因單位運輸利益增加，故乙工廠到配銷中心 2 的輸送路徑被採用（運送量為 1,500）。

	A	B	C	D	E	F	G	H
1	銘山公司抽水馬達最高運輸利益問題							
2		配銷中心1	配銷中心2	配銷中心3	配銷中心4			供應量
3	甲工廠	1,500.0	0.0	2,000.0	1,500.0	5,000.0	<=	5,000.0
4	乙工廠	4,500.0	1,500.0	0.0	0.0	6,000.0	<=	6,000.0
5	丙工廠	0.0	2,500.0	0.0	0.0	2,500.0	<=	2,500.0
6		6,000.0	4,000.0	2,000.0	1,500.0			
7		=	=	=	=			運輸成本
8	需求量	6,000.0	4,000.0	2,000.0	1,500.0	最低		80,500.0
9		配銷中心1	配銷中心2	配銷中心3	配銷中心4			
10	甲工廠	3.0	2.0	7.0	6.0			
11	乙工廠	7.0	6.0	2.0	3.0			
12	丙工廠	2.0	5.0	4.0	5.0			

知識補充站

由上面「敏感度報表 D」第 9 列可讀得：甲工廠到配銷中心 1 的遞減成本 0.0、目標係數 3、允許的增量 1、允許的減量 4。若將甲工廠到配銷中心 1 的運輸利益由 3 改為 4 或 –1，均不影響最高總運輸利益為 80,500。讀者可修改 FOR05.xlsx 中試算表「銘山 D」驗證之。

Unit 5-6 運輸的其他問題

運輸量限制的運輸問題

若運輸路徑上的運輸量加上由甲工廠運送到配銷中心 1 的運量最多 2,000 個及乙工廠運送到配銷中心 3 的運量最少 1,000 個的運量限制，則線性規劃模式中應增加如下的二個限制式：

$x_{11} \leq 2{,}000$　　甲工廠運送到配銷中心 1 的運量最多 2,000 個

$x_{23} \geq 1{,}000$　　乙工廠運送到配銷中心 3 的運量最少 1,000 個

規劃求解模式運輸量限制增加儲存格 F14:H14 及 F15:H15 的限制式。儲存格 F14 的公式為 = B3，而儲存格 B3 代表甲工廠運送到配銷中心 1 的運量；儲存格 F15 的公式為 = D4，而儲存格 D4 代表乙工廠運送到配銷中心 3 的運量。經規劃求解增益集得最佳解如下圖（參閱 FOR05.xlsx 中試算表「銘山 F」）。最低總運輸成本為 41,000。

	A	B	C	D	E	F	G	H
1	銘山公司抽水馬達最低運輸成本問題							
2		配銷中心1	配銷中心2	配銷中心3	配銷中心4			供應量
3	甲工廠	2,000.0	3,000.0	0.0	0.0	5,000.0	<=	5,000.0
4	乙工廠	1,500.0	1,000.0	2,000.0	1,500.0	6,000.0	<=	6,000.0
5	丙工廠	2,500.0	0.0	0.0	0.0	2,500.0	<=	2,500.0
6		6,000.0	4,000.0	2,000.0	1,500.0			
7		=	=	=	=			運輸成本
8	需求量	6,000.0	4,000.0	2,000.0	1,500.0	最低		41,000.0
9		配銷中心1	配銷中心2	配銷中心3	配銷中心4			
10	甲工廠	3.0	2.0	7.0	6.0			
11	乙工廠	7.0	5.0	2.0	3.0			
12	丙工廠	2.0	5.0	4.0	5.0			
13								
14	若甲工廠運送到配銷中心1的運量最多2000個					2,000.0	<=	2,000.0
15	若乙工廠運送到配銷中心3的運量最少1000個					2,000.0	>=	1,000.0

由甲工廠運送到配銷中心 1 的運輸量為 2,000 個，符合最多 2,000 個的運量限制；乙工廠運送到配銷中心 3 的運輸量為 2,000 個，也符合最少 1,000 個的運量限制。沒有運輸限制時，由甲工廠運送到配銷中心 1 的運輸量為 3,500 個，經限制最多 2,000 個後，不足的 1,500 個則由乙工廠補足之。

不通運輸路徑的運輸問題

假設乙工廠到配銷中心 3 的運輸路徑不通，則應於線性規劃模式中增加限制式 $x_{23} = 0$。規劃求解模式試算表增加儲存格 F14：H14 的限制式。儲存格 F14 的公式為

= D4，即儲存格 D4 代表乙工廠到配銷中心 3 的運輸。儲存格 H14 的 0 值代表無運輸量，亦即運輸通路阻塞。經規劃求解增益集解得最佳解如下圖（參閱 FOR05.xlsx 中試算表「銘山 G」）。最低總運輸成本為 52,000。

	A	B	C	D	E	F	G	H
1	銘山公司抽水馬達最低運輸成本問題							
2		配銷中心1	配銷中心2	配銷中心3	配銷中心4			供應量
3	甲工廠	5,000.0	0.0	0.0	0.0	5,000.0	<=	5,000.0
4	乙工廠	500.0	4,000.0	0.0	1,500.0	6,000.0	<=	6,000.0
5	丙工廠	500.0	0.0	2,000.0	0.0	2,500.0	<=	2,500.0
6		6,000.0	4,000.0	2,000.0	1,500.0			
7		=	=	=	=			運輸成本
8	需求量	6,000.0	4,000.0	2,000.0	1,500.0	最低		52,000.0
9		配銷中心1	配銷中心2	配銷中心3	配銷中心4			
10	甲工廠	3.0	2.0	7.0	6.0			
11	乙工廠	7.0	5.0	2.0	3.0			
12	丙工廠	2.0	5.0	4.0	5.0			
13								
14	乙工廠到配銷中心3的運輸路徑不通					0.0	=	0.0

配送到配銷中心 2 以乙工廠的配銷成本最低。在乙工廠到配銷中心 3 的運輸路徑暢通時，配銷中心 2 所需的 2,000 個商品當然由乙工廠配送，但在路徑不通時，則由配送成本次低的丙工廠配送之。總運輸成本也提高到 52,000。

那麼請問如果將儲存格 F14 的公式改為 =B5，代表那一條運輸路徑不通呢？請用 FOR05.xlsx 中試算表銘山 H 修改並求解，其最低運輸成本又是多少？告訴您，答案是：
丙工廠到配銷中心 1 的運輸路徑不通
最低運輸成本是 50,500，如下圖的試算表銘山 H

	A	B	C	D	E	F	G	H
1	銘山公司抽水馬達最低運輸成本問題							
2		配銷中心1	配銷中心2	配銷中心3	配銷中心4			供應量
3	甲工廠	5,000.0	0.0	0.0	0.0	5,000.0	<=	5,000.0
4	乙工廠	1,000.0	1,500.0	2,000.0	1,500.0	6,000.0	<=	6,000.0
5	丙工廠	0.0	2,500.0	0.0	0.0	2,500.0	<=	2,500.0
6		6,000.0	4,000.0	2,000.0	1,500.0			
7		=	=	=	=			運輸成本
8	需求量	6,000.0	4,000.0	2,000.0	1,500.0	最低		50,500.0
9		配銷中心1	配銷中心2	配銷中心3	配銷中心4			
10	甲工廠	3.0	2.0	7.0	6.0			
11	乙工廠	7.0	5.0	2.0	3.0			
12	丙工廠	2.0	5.0	4.0	5.0			
13								
14	乙工廠到配銷中心3的運輸路徑不通					0.0	=	0.0

Unit 5-7 指派問題通式線性規劃模式 (一)

指派員工負責某項工作或專案、分派業務員負責某一銷售區、分派某一機器完成某項工作，以期最具效率等是決策主管經常面對的問題，這類問題通稱為指派問題 (Assignment Problem)。指派問題是運輸問題的一種特殊情形，其特徵是指派一個人負責一項且僅一項工作，但是其目標仍是尋找最低成本、最低時間或最大獲利的有利指派組合，故運輸問題的解法應可適用於指派問題。

指派問題的內容雖然分歧，但終究仍屬一種供給與需求的問題，故其提供服務的一方亦可通稱為供應點，接受服務的一方亦可通稱為需求點，惟具有供應量與需求量均為 1 的特性。

精準顧問公司最近接獲三個市場研究個案，每一個研究案需要指派一位專案經理負責，每位專案經理亦只能負責一個研究個案。精準顧問公司尚有三位經理可供指派，則應該如何指派才能在最短時間內完成該三個市場研究個案？

精準顧問公司為了在最短時間完成三個研究案，首要工作是依據每位專案經理的能力與經驗評估，其完成不同專案的所需時間（天）如下表：

專案經理	研究案 1	研究案 2	研究案 3
王經理	10 天	15 天	9 天
吳經理	9 天	18 天	5 天
蘇經理	6 天	14 天	3 天

下圖為精準顧問公司指派問題的網路圖，左側的節點代表專案經理，右側的節點

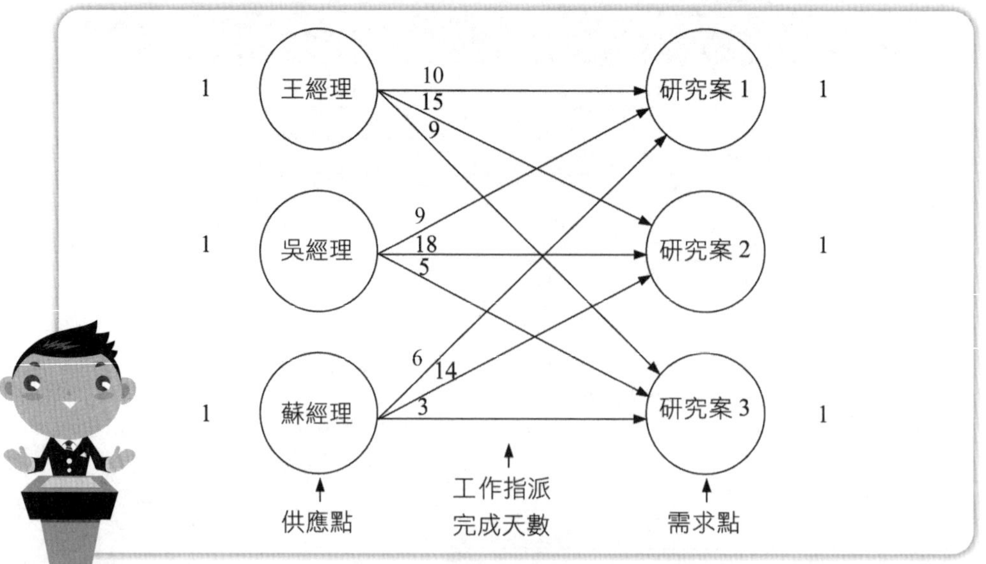

代表研究案，連接節點間的箭號弧線或箭號直線代表工作指派，箭號線上的數字代表某項指派所需完成時間。運輸問題網路圖與指派問題網路圖的重要區別是，指派問題的各供應點的供應量均為 1，各需求點的需求量亦均為 1。

指派問題線性規劃模式

將指派問題以線性規劃模式表示之，亦可按選定決策變數，建立目標函數，建立限制式的順序建立之。

1. 選定決策變數

指派問題的決策變數仍以雙附標方式表達最為方便。例如，以 x_{11} 表示指派或未指派王經理 (1) 負責完成研究案 1；以 x_{12} 表示指派或未指派王經理 (1) 負責完成研究案 2。一般將各供應點及需求點均各自編號之，再以第一附標表示供應點，第二附標表示需求點。在一個有 n 個供應點，n 個需求點的指派問題中，決策變數 x_{ij} 為 1 代表供應點 i 服務需求點 j；為 0 代表供應點 i 未指派服務需求點 j，其中 $i=1,2,\cdots,n$，$j=1,2,\cdots,n$。

2. 建立目標函數

尋找最低完成時間的目標函數當然為各研究案完成時間之總和。

研究案 1 完成時間為 $10x_{11}+9x_{21}+6x_{31}$，

研究案 2 完成時間為 $15x_{12}+18x_{22}+14x_{32}$，

研究案 3 完成時間為 $9x_{13}+5x_{23}+3x_{33}$，

得目標函數為

$$Z=10x_{11}+15x_{12}+9x_{13}+9x_{21}+18x_{22}+5x_{23}+6x_{31}+14x_{32}+3x_{33}$$

3. 建立限制式

限制式可從供應點與需求點的供應量與需求量均為 1 建立之。例如，每位專案經理僅能服務一個研究案，故

$x_{11}+x_{12}+x_{13}\le 1$　　王經理的限制條件

$x_{21}+x_{22}+x_{23}\le 1$　　吳經理的限制條件

$x_{31}+x_{32}+x_{33}\le 1$　　蘇經理的限制條件

另從需求點的觀點，每一研究案僅能有一位專案經理服務，得各需求點的限制式如下：

$x_{11}+x_{21}+x_{31}=1$　　研究案 1 的需求量為 1

$x_{12}+x_{22}+x_{32}=1$　　研究案 2 的需求量為 1

$x_{13}+x_{23}+x_{33}=1$　　研究案 3 的需求量為 1

Unit 5-8 指派問題通式線性規劃模式（二）

4. 構建線性規劃模式

精準顧問公司指派問題的線性規劃模式可彙整如下：

極小化：$Z = 10x_{11} + 15x_{12} + 9x_{13} + 9x_{21} + 18x_{22} + 5x_{23} + 6x_{31} + 14x_{32} + 3x_{33}$

受限於：

$$
\begin{aligned}
& x_{11} + x_{12} + x_{13} \le 1 \\
& x_{21} + x_{22} + x_{23} \le 1 \\
& x_{31} + x_{32} + x_{33} \le 1 \\
& x_{11} + x_{21} + x_{31} = 1 \\
& x_{12} + x_{22} + x_{32} = 1 \\
& x_{13} + x_{23} + x_{33} = 1 \\
& x_{ij} \ge 0 \quad i = 1,2,3 \quad j = 1,2,3
\end{aligned}
$$

5. 線性規劃模式的通式

茲以下列符號來建立指派問題的線性規劃模式通式

$i =$ 供應點的代號，$i = 1,2,3,\cdots,n$

$j =$ 需求點的代號，$j = 1,2,3,\cdots,n$

$x_{ij} = 1$ 代表由供應點 i 被指派服務需求點 j，$= 0$ 代表未被指派

$c_{ij} =$ 代表由供應點 i 服務需求點 j 的單位服務成本；若 c_{ij} 代表由供應點 i 服務需求點 j 的獲利或效益，則屬極大化的線性規劃問題

則由 n 個供應點服務 n 個需求點的指派問題線性規劃模式通式為

極小（大）化 $\sum_{i=1}^{n}\sum_{j=1}^{n} c_{ij}x_{ij}$

受限於

$$
\begin{aligned}
& \sum_{j=1}^{n} x_{ij} \le 1 \quad i = 1,2,3,\cdots,n \\
& \sum_{i=1}^{n} x_{ij} = 1 \quad j = 1,2,3,\cdots,n \\
& x_{ij} \ge 0 \quad i = 1,2,3,\cdots,n \quad j = 1,2,3,\cdots,n
\end{aligned}
$$

不平衡指派問題

指派問題供應點數與需求點數相等者，稱為平衡指派問題；若供應點數不等於需求點數者，稱為不平衡指派問題。不平衡指派問題對線性規劃模式有分兩種情形：

1 供應點數大於需求點數

供應點數大於需求點數時，其線性規劃模式無須修改，多餘的供應點在最佳解中未被指派 (某個決策變數值為 0)。

2 供應點數小於需求點數

供應點數小於需求點數時，無法滿足所有需求點的需求，但仍需作最佳的指派並掌握各需求點未能獲得服務的情形。通常在線性規劃模式中加入所缺的虛擬供應點，使變成一個平衡的指派問題。假若精準顧問公司接獲 5 個市場研究案，但僅有 3 位專案經理可提供服務，故需增設 2 個虛擬供應點。目標函數中代表虛擬供應點決策變數的係數為 0。所得最佳解中由虛擬供應點提供服務的需求點代表未能獲得服務的需求點。亦即線性規劃模式中的供應點限制式修改為

$$\sum_{j=1}^{n} x_{ij} \le 1 \quad i = 1,2,3,\cdots,n+m \qquad m \text{ 表示虛擬供應點數}$$

且令 $c_{ij} = 0 \quad i = n+1,\cdots,n+m \quad j = 1,2,3,\cdots,n$

最佳解中 $x_{ij}=0 \quad i = n+1,\cdots,n+m \quad j = 1,2,3,\cdots,n$ 的需求點未獲服務

無法服務的指派問題

如果某些工作因為人員專業能力不足或設備性能不夠而無法提供服務時，則可將無法提供服務的需求點刪除，再按不平衡指派問題處理之。

多重指派的指派問題

前述指派問題已被定義為一個供應點服務一個且僅一個需求點，如果某些供應點可同時服務一個以上的需求點，則屬多重指派 (Multiple Assignments) 的指派問題。多重指派僅需修改線性規劃模式中的相關供應點限制式即可。例如，供應點 i 可同時服務 a_i 個需求點，則供應點的限制式修改如下：

$$\sum_{j=1}^{n} x_{ij} \le a_i \quad i = 1,2,3,\cdots,n$$

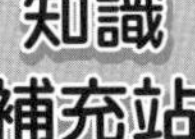

知識補充站

總供應點數小於總需求點數的不平衡指派問題，如果不增設虛擬供應點，則必無法滿足需求點限制式的等號(＝)關係式，因而無法求得最佳解。

Unit 5-9 指派問題的 Solver 解法

指派問題亦為線性規劃問題，當然可以利用試算表中規劃求解 Solver 增益集求解之。

以規劃求解程式尋求指派問題的最佳解，亦須建立規劃求解模式試算表。以 Unit 5-7「指派問題通式線性規劃模式 (一)」所建立的指派問題模式建構規劃，求解模式試算表及最佳解如圖（參閱 FOR05.xlsx 中試算表「精準 A」）。

	A	B	C	D	E	F	G
1	精準顧問公司專案指派問題						
2	專案經理	研究案1	研究案2	研究案3	限制式		
3	王經理	0	1	0	1	<=	1
4	吳經理	0	0	1	1	<=	1
5	蘇經理	1	0	0	1	<=	1
6	限制式	1	1	1			
7		=	=	=			
8		1	1	1	最低完成時間		
9							26
10	專案經理	研究案1	研究案2	研究案3			
11	王經理	10	15	9			
12	吳經理	9	18	5			
13	蘇經理	6	14	3			

王經理負責研究案 2 需要 15 天，吳經理負責研究案 3 需要 5 天，蘇經理負責研究案 1 需要 6 天，共需 26 人天完成三個市場研究案。

不平衡指派問題

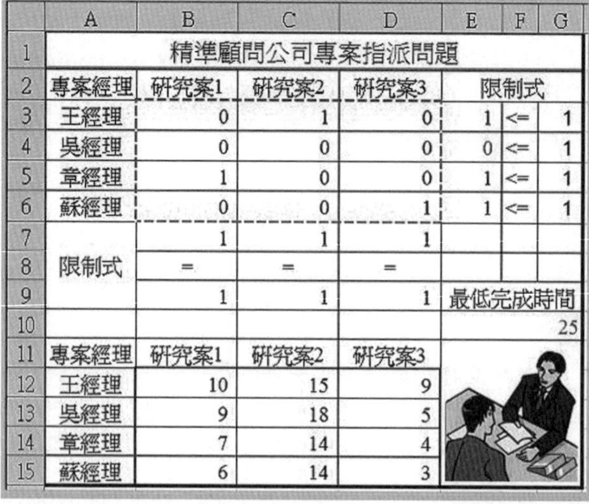

	A	B	C	D	E	F	G
1	精準顧問公司專案指派問題						
2	專案經理	研究案1	研究案2	研究案3	限制式		
3	王經理	0	1	0	1	<=	1
4	吳經理	0	0	0	0	<=	1
5	章經理	1	0	0	1	<=	1
6	蘇經理	0	0	1	1	<=	1
7	限制式	1	1	1			
8		=	=	=			
9		1	1	1	最低完成時間		
10							25
11	專案經理	研究案1	研究案2	研究案3			
12	王經理	10	15	9			
13	吳經理	9	18	5			
14	章經理	7	14	4			
15	蘇經理	6	14	3			

上圖是如果精準顧問公司有 4 位專案經理可服務 3 個市場研究案。章經理完成研究案 1、研究案 2、研究案 3 所需天數分別為 7、14、4 天。規劃求解模式試算表及最佳解（參閱 FOR05.xlsx 中試算表「精準 B」），為王經理負責研究案 2 需要 15 天，章經理負責研究案 1 需要 7 天，蘇經理負責研究案 3 需要 3 天，吳經理則未指派任何研究案，共需 25 人天完成三個市場研究案。

您能寫出上述不平衡指派問題的完整線性規劃模式嗎？

如果精準顧問公司僅有 3 位專案經理需服務 5 個市場研究案，因此增設 2 位虛擬的專案經理（虛擬 1、虛擬 2）。虛擬專案經理完成各研究案所需天數均設為 0 天。規劃求解模式試算表及最佳解，示如下圖（參閱 FOR05.xlsx 中試算表「精準 C」）。因為虛擬專案經理（虛擬 1）服務研究案 5、虛擬專案經理（虛擬 2）服務研究案 2，故研究案 2 與研究案 5 均未能獲得服務。王經理負責研究案 1 需要 10 天，吳經理負責研究案 3 需要 5 天，蘇經理負責研究案 4 需要 5 天，共需 20 人天完成三個市場研究案。

	A	B	C	D	E	F	G	H	I
1	精準顧問公司專案指派問題								
2	專案經理	研究案1	研究案2	研究案3	研究案4	研究案5	限制式		
3	王經理	1	0	0	0	0	1	<=	1
4	吳經理	0	0	1	0	0	1	<=	1
5	蘇經理	0	0	0	1	0	1	<=	1
6	虛擬1	0	0	0	0	1	1	<=	1
7	虛擬2	0	1	0	0	0	1	<=	1
8	限制式	1	1	1	1	1			
9		=	=	=	=	=			
10		1	1	1	1	1	最低完成時間		
11									20
12	專案經理	研究案1	研究案2	研究案3	研究案4	研究案5			
13	王經理	10	15	9	10	12			
14	吳經理	9	18	5	8	10			
15	蘇經理	6	14	3	5	8			
16	虛擬1	0	0	0	0	0			
17	虛擬2	0	0	0	0	0			

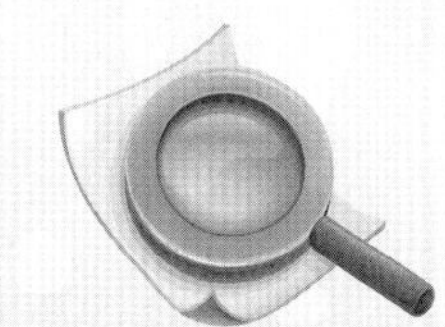

知識補充站

觀察 FOR05.xlsx 中，試算表「精準敏感度報表 B」第 12 列可讀得：吳經理負責研究案 1 若由 9 天減為 8 天或可爭取到研究案 1，但因章經理只要 7 天就可完成研究案 1，故吳經理爭取不到研究案 1；同理，吳經理負責研究案 2 若由 18 天減為 15 天或可爭取到研究案 2，但因蘇經理只要 14 天，就可完成研究案 2，故吳經理也爭取不到研究案 2。因此，可推斷吳經理在精準顧問公司是沒有競爭力的。

Unit 5-10 轉運問題通式線性規劃模式 (一)

轉運問題 (Transshipment Problem) 是運輸問題的延伸，在運輸問題中供應點僅能將貨物直接送到需求點，供應點不可接受貨物，需求點不可送出貨物；在轉運問題中則增加一種轉運點 (Transshipment location)，且供應點、需求點與轉運點間均可以有貨物輸出或接受。轉運問題仍然尋找將供應點的資源，以最有效的方式運送到需求點。

雷恩電子公司有兩個工廠生產電子零件供應四大城市，所有生產的電子零件均先送到兩個位置恰當的倉庫，再由倉庫直接配送給零售商。

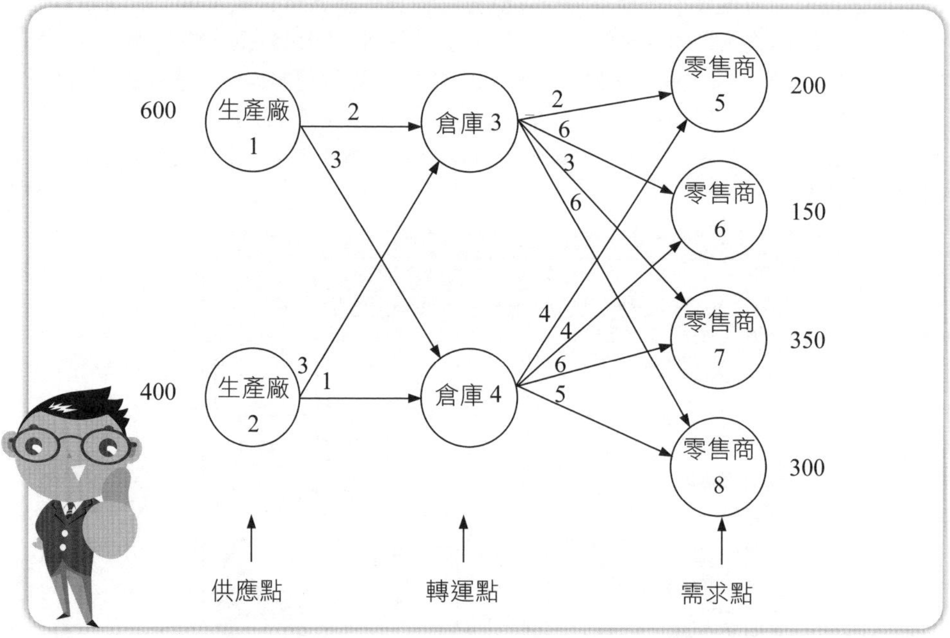

上圖為雷恩電子公司電子零件的配銷網路圖，圖中左側的節點代表生產工廠（供應點），右側的節點代表零售商，中間的節點則代表轉運點，轉運點可以接受電子零件亦可運送電子零件給零售商。由圖知生產廠 1 的產量為 600 個、生產廠 2 的產量為 400 個；零售商 5 的需求量為 200 個、零售商 6 的需求量為 150 個、零售商 7 的需求量為 350 個、零售商 8 的需求量為 300 個。供應點（生產廠）與轉運點（倉庫）間的運輸成本，如圖中的箭號直線上的數字並整理如下表。

	倉庫 3	倉庫 4
生產廠 1	2	3
生產廠 2	3	1

轉運點（倉庫）與需求點（零售商）間的運輸成本如圖中的箭號直線上的數字，並整理如下表。

	零售商 5	零售商 6	零售商 7	零售商 8
倉庫 3	2	6	3	6
倉庫 4	4	4	6	5

轉運問題亦可按選定決策變數、建立目標函數、建立限制式的順序建立線性規劃模式。

① 選定決策變數

轉運問題可以由一個供應點運送到另一個供應點，或由一個需求點運送到另一個需求點，故運輸網路圖上節點應整體按序編號，以方便決策變數的命名。決策變數以雙附標方式表達最為方便，其第 1 個附標表示運送的起點，第 2 個附標表示運送的終點。

運輸網路圖上的每一個箭號線均需賦予一個決策變數。例如，x_{23} 表示由生產廠 2 運送到倉庫 3 的運送量；x_{46} 表示由倉庫 4 運送到零售商 6 的運送量。依據上述的決策變數命名原則，x_{11}、x_{22} 等並無實質上的運輸意義。

② 建立目標函數

尋找最低運輸成本的目標函數，當然以各運輸路徑的運輸單位成本乘以運輸量之總和。雷恩電子公司電子零件的配銷的目標函數為

$$Z = 2x_{13} + 3x_{14} + 3x_{23} + x_{24} + 2x_{35} + 6x_{36} + 3x_{37} + 6x_{38} + 4x_{45} + 4x_{46} + 6x_{47} + 5x_{48}$$

③ 建立限制式

轉運網路圖上的每一個節點均有一個限制式。

供應點上所有運出量的總和必須小於或等於總供應量，故

$x_{13} + x_{14} \le 600$ 生產廠 1 的限制條件

$x_{23} + x_{24} \le 400$ 生產廠 2 的限制條件

轉運點上的總輸入量應等於總輸出量，例如，倉庫 3 的總輸入量為 $x_{13} + x_{23}$，總輸出量為 $x_{35} + x_{36} + x_{37} + x_{38}$，故得限制式為

$x_{35} + x_{36} + x_{37} + x_{38} = x_{13} + x_{23}$，或移項為

$-x_{13} - x_{23} + x_{35} + x_{36} + x_{37} + x_{38} = 0$ 　轉運點倉庫 3 的限制條件

同理，倉庫 4 的限制式為

$-x_{14} - x_{24} + x_{45} + x_{46} + x_{47} + x_{48} = 0$ 　轉運點倉庫 4 的限制條件

需求點上的總輸入量應等於該需求點的需求量，故

$x_{35} + x_{45} = 200$ 　零售商 5 的限制式

$x_{36} + x_{46} = 150$ 　零售商 6 的限制式

$x_{37} + x_{47} = 350$ 　零售商 7 的限制式

$x_{38} + x_{48} = 300$ 　零售商 8 的限制式

Unit 5-11 轉運問題通式線性規劃模式 (二)

④ 構建線性規劃模式

雷恩電子公司轉運問題的線性規劃模式可彙整如下：

極小化：

$$Z = 2x_{13} + 3x_{14} + 3x_{23} + x_{24} + 2x_{35} + 6x_{36} + 3x_{37} + 6x_{38} + 4x_{45} + 4x_{46} + 6x_{47} + 5x_{48}$$

受限於：

$x_{13} + x_{14} \le 600$　生產廠 1 的限制條件

$x_{23} + x_{24} \le 400$　生產廠 2 的限制條件

$-x_{13} - x_{23} + x_{35} + x_{36} + x_{37} + x_{38} = 0$　轉運點倉庫 3 的限制條件

$-x_{14} - x_{24} + x_{45} + x_{46} + x_{47} + x_{48} = 0$　轉運點倉庫 4 的限制條件

$x_{35} + x_{45} = 200$　零售商 5 的限制式

$x_{36} + x_{46} = 150$　零售商 6 的限制式

$x_{37} + x_{47} = 350$　零售商 7 的限制式

$x_{38} + x_{48} = 300$　零售商 8 的限制式

$x_{ij} \ge 0 \quad i = 1,2,3,4,5,6,7,8 \quad j = 1,2,3,4,5,6,7,8 \ \ for\ i \ne j$

⑤ 線性規劃模式的通式

茲以下列符號來建立轉運問題的線性規劃模式通式：

i，j 為供應點、轉運點、需求點的整體按序編號，

$i, j = 1,2,3,\cdots,n$（n 為供應點、轉運點、需求點總節點數）

x_{ij} 為由節點 i 運送到節點 j 的運送量（但 $i \ne j$）

c_{ij} 為由節點 i 運送到節點 j 的單位運輸成本（或獲利）

s_i 為供應點 i 的供應量

d_j 為需求點 j 的需求量

則線性規劃模式通式為

極小成本（極大獲利）化　$\sum_{\text{所有箭號線}} c_{ij}x_{ij}$

受限於　$\sum_{\text{輸出量}} x_{ik} - \sum_{\text{輸入量}} x_{ji} \le s_i$　所有供應點

$\sum_{\text{輸出量}} x_{ik} - \sum_{\text{輸入量}} x_{ji} = 0$　所有轉運點

$\sum_{\text{輸入量}} x_{kj} - \sum_{\text{輸出量}} x_{ji} = d_j$　所有需求點

$x_{ij} \ge 0 \quad i = 1,2,3,\cdots,n \quad j = 1,2,3,\cdots,n \quad for\ i \ne j$

不平衡轉運問題

轉運問題供應點的總供應量與需求點的總需求量相等者，稱為平衡轉運問題，若總供應量不等於總需求量者，稱為不平衡轉運問題。不平衡轉運問題對線性規劃模式的影響，可分兩種情形討論之：

1. 總供應量 $\sum_{i=1}^{m} s_i$ 大於總需求量 $\sum_{j=1}^{n} d_j$

總供應量大於總需求量時，其線性規劃模式無須修改，所得最佳解中，代表供應點的限制式的閒置變數 (Slack variable) 的值，表示該供應點尚未運送出去的閒置量。

2. 總供應量 $\sum_{i=1}^{m} s_i$ 小於總需求量 $\sum_{j=1}^{n} d_j$

總供應量小於總需求量時，無法滿足所有需求點的需求，但仍需作最佳的運送並掌握各需求點缺貨的情形。通常在線性規劃模式中加入一個虛擬供應點與一個虛擬轉運點，虛擬供應點的供應量恰等於總需求量與總供應量的差數，使變成一個平衡的轉運問題。因為虛擬供應點與虛擬轉運點並沒有供應或轉運的事實，故設定虛擬供應點與虛擬轉運點到各實際轉運點、需求點的單位運輸成本為零，使不影響計算所得的總運輸成本。

所得最佳解中由虛擬轉運點運送到各實際需求點的運輸量代表各需求點的缺貨量。線性規劃模式中增加兩個虛擬節點及虛擬供應點到虛擬轉運點的一個箭號直線、虛擬轉運點到各個需求點的箭號直線；每一個箭號直線以決策變數代表之，虛擬供應點及虛擬轉運點的限制式，各按供應點及轉運點的限制式建立之。轉運問題對運輸路徑的運輸量限制及運輸路徑不通等問題處理方式與運輸問題相同。

轉運問題中的供應點、轉運點、需求點的編號是整體按序編號而非個別編號；如果供應點、轉運點、需求點共有 15 個點，則編號宜由 1 號編號到 15 號。

知識補充站

總供應量小於總需求量的不平衡轉運問題，如果不增設虛擬供應點，則必無法滿足需求點限制式的等號(＝)關係式，因而無法求得最佳解。但當總供應量大於總需求量的不平衡問題，因為供應點的限制式採用<=關係式，表示供應點的實際供應量可以小於可供量，無礙最佳解的求得。

Unit 5-12 轉運問題的 Solver 解法

轉運問題亦為線性規劃問題，當然可以利用試算表中規劃求解 Solver 增益集求解之。

以規劃求解程式尋求轉運問題的最佳解，亦須建立規劃求解試算表。以 Unit 5-11「轉運問題通式線性規劃模式 (二)」所建立的線性規劃模式建構規劃求解模式試算表，並求得最佳解如圖（參閱 FOR05.xlsx 中試算表「雷恩 A」）。

	A	B	C	D	E	F	G	H
1	雷恩電子公司電子零件轉運問題							
2			運量	成本				限制式
3		X13	550.0	2	600.0	<=	600.0	生產廠1
4		X14	50.0	3	400.0	<=	400.0	生產廠2
5		X23	0.0	3	0.0	=	0.0	倉庫3
6		X24	400.0	1	0.0	=	0.0	倉庫4
7		X35	200.0	2	200.0	=	200.0	零售商5
8		X36	0.0	6	150.0	=	150.0	零售商6
9		X37	350.0	3	350.0	=	350.0	零售商7
10		X38	0.0	6	300.0	=	300.0	零售商8
11		X45	0.0	4				
12		X46	150.0	4			運輸成本	
13		X47	0.0	6	最低		5,200.00	
14		X48	300.0	5				

觀察上圖知生產廠 1 的 600 個電子零件有 550 個運送到轉運點 3，有 50 個運送到轉運點 4；生產廠 2 的 400 個電子零件則全部運送到轉運點 4。需求點 5 的 200 個需求量全由轉運點 3 送達；需求點 6 的 150 個需求量全由轉運點 4 送達；需求點 7 的 350 個需求量全由轉運點 3 送達；需求點 8 的 300 個需求量全由轉運點 4 送達。最低運輸成本為 5,200.00。

不平衡轉運問題

如果將生產廠 2 的供應量由 400 個提升到 500 個（有 100 個剩餘），則發生總供應量（1,100 個）大於總需求量（1,000 個）的不平衡轉運問題，其規劃求解模式試算表及最佳解如下圖（參閱 FOR05.xlsx 中試算表「雷恩 B」）。

由圖可知，生產廠 1 生產 600 個送出 550 個而剩餘 50 個；生產廠 2 生產 500 個送出 450 個而剩餘 50 個，總共有 100 個剩餘。

	A	B	C	D	E	F	G	H
1	雷恩電子公司電子零件轉運問題							
2			運量	成本				限制式
3		X13	550.0	2	550.0	<=	600.0	生產廠1
4		X14	0.0	3	450.0	<=	500.0	生產廠2
5		X23	0.0	3	0.0	=	0.0	倉庫3
6		X24	450.0	1	0.0	=	0.0	倉庫4
7		X35	200.0	2	200.0	=	200.0	零售商5
8		X36	0.0	6	150.0	=	150.0	零售商6
9		X37	350.0	3	350.0	=	350.0	零售商7
10		X38	0.0	6	300.0	=	300.0	零售商8
11		X45	0.0	4				
12		X46	150.0	4			運輸成本	
13		X47	0.0	6		最低	5,100.00	
14		X48	300.0	5				

如果總供應量維持 1,000 個，但零售商 6 的需求量由 150 個增為 250 個（有 100 個不足），則發生總供應量（1,000 個）小於總需求量（1,100 個）的不平衡轉運問題。經增加一個供應量 100 個的虛擬供應點 9，及一個虛擬轉運點 A 後，增加 5 個箭號直線。虛擬供應點到虛擬轉運點箭號直線，以決策變數 X9A 表示；虛擬轉運點 A 到 4 個需求點的箭號直線以決策變數 XA5、XA6、XA7、XA8 表示之，則規劃求解試算表及最佳解如下圖（參閱 FOR05.xlsx 中試算表「雷恩 C」）。儲存格 G8 由原來的 150 個增為 250 個，最佳解中，虛擬生產廠 9 運送 100 個到轉運點 A；轉運點 A 運送 100 個到需求點 8，表示需求點 8 有 100 個缺貨。

	A	B	C	D	E	F	G	H
1	雷恩電子公司電子零件轉運問題							
2			運量	成本				限制式
3		X13	550.0	2	600.0	<=	600.0	生產廠1
4		X14	50.0	3	400.0	<=	400.0	生產廠2
5		X23	0.0	3	0.0	=	0.0	倉庫3
6		X24	400.0	1	0.0	=	0.0	倉庫4
7		X35	200.0	2	200.0	=	200.0	零售商5
8		X36	0.0	6	250.0	=	250.0	零售商6
9		X37	350.0	3	350.0	=	350.0	零售商7
10		X38	0.0	6	300.0	=	300.0	零售商8
11		X45	0.0	4	100.0	<=	100.0	需擬生產廠9
12		X46	250.0	4	0.0	=	0.0	虛擬倉庫A
13		X47	0.0	6				
14		X48	200.0	5			運輸成本	
15		X9A	100.0	0	最低		5,100.00	
16		XA5	0.0	0				
17		XA6	0.0	0				
18		XA7	0.0	0				
19		XA8	100.0	0				

Unit 5-13 轉運問題其他情況

極大化轉運問題

若 c_{ij} 代表由節點 i 運送到節點 j 的單位運輸獲利，則規劃求解試算表及最佳解如下圖（參閱 FOR05.xlsx 中試算表「雷恩 D」）。供應點配送到轉運點後再配送到需求點的配送量與求最低運輸成本並不相同。最高運輸利益為 8,550.0。

	A	B	C	D	E	F	G	H
1		雷恩電子公司電子零件轉運問題						
2			運量	成本				限制式
3		X13	0.0	2	600.0	<=	600.0	生產廠1
4		X14	600.0	3	400.0	<=	400.0	生產廠2
5		X23	400.0	3	0.0	=	0.0	倉庫3
6		X24	0.0	1	0.0	=	0.0	倉庫4
7		X35	0.0	2	200.0	=	200.0	零售商5
8		X36	150.0	6	150.0	=	150.0	零售商6
9		X37	0.0	3	350.0	=	350.0	零售商7
10		X38	250.0	6	300.0	=	300.0	零售商8
11		X45	200.0	4				
12		X46	0.0	4			運輸利益	
13		X47	350.0	6	最高			8,550.00
14		X48	50.0	5				

運輸量限制的轉運問題

	A	B	C	D	E	F	G	H
1		雷恩電子公司電子零件轉運問題						
2			運量	成本				限制式
3		X13	600.0	2	600.0	<=	600.0	生產廠1
4		X14	0.0	3	400.0	<=	400.0	生產廠2
5		X23	0.0	3	0.0	=	0.0	倉庫3
6		X24	400.0	1	0.0	=	0.0	倉庫4
7		X35	200.0	2	200.0	=	200.0	零售商5
8		X36	50.0	6	150.0	=	150.0	零售商6
9		X37	350.0	3	350.0	=	350.0	零售商7
10		X38	0.0	6	300.0	=	300.0	零售商8
11		X45	0.0	4				
12		X46	100.0	4			運輸成本	
13		X47	0.0	6	最低			5,250.00
14		X48	300.0	5				
15		限制式	X35至少200		200.0	>=	200.0	
16			X46不超過100		100.0	<=	100.0	

若轉運點 3 到需求點 5 的運輸路徑上最少的經濟運輸量為 200 個；轉運點 4 到需求點 6 的運輸量限制為不得超過 100 個，經增加儲存格 E15:G15 及 E16:G16 的 2 個限制式後，得規劃求解模式試算表及最佳解，如上圖（參閱 FOR05.xlsx 中試算表「雷恩 E」）。最低運輸成本為 5,250.0。

儲存格 G15 的 200 表示轉運點 3 到需求點 5 的運輸路徑上最少的經濟運輸量為 200 個；儲存格 G16 的 100 表示轉運點 4 到需求點 6 的運輸量限制為不得超過 100 個等運輸量限制。

不通運輸路徑的轉運問題

假設轉運點 3 到需求點 5 的運輸路徑不通，則於規劃求解模式試算表增加儲存格 E15：G15 的限制式，並得最佳解如下圖（參閱 FOR05.xlsx 中試算表「雷恩 F」）。儲存格 C7 的值為轉運點 3 到需求點 5 的運輸量為 0，亦即運輸通路阻塞。最低運輸成本為 5,800.0。

	A	B	C	D	E	F	G	H
1	雷恩電子公司電子零件轉運問題							
2			運量	成本				限制式
3		X13	600.0	2	600.0	<=	600.0	生產廠1
4		X14	0.0	3	400.0	<=	400.0	生產廠2
5		X23	0.0	3	0.0	=	0.0	倉庫3
6		X24	400.0	1	0.0	=	0.0	倉庫4
7		X35	0.0	2	200.0	=	200.0	零售商5
8		X36	0.0	6	150.0	=	150.0	零售商6
9		X37	350.0	3	350.0	=	350.0	零售商7
10		X38	250.0	6	300.0	=	300.0	零售商8
11		X45	200.0	4				
12		X46	150.0	4			運輸成本	
13		X47	0.0	6	最低			5,800.00
14		X48	50.0	5				
15		運輸路徑X35不通==>			0.0	=	0.0	

如果轉運點 4 到需求點 6 的運輸路徑不通，儲存格 E15 的公式是什麼？最低運輸成本是多少？
答案：公式是 =C12；最低運輸成本是 5,650，如 FOR05.xlsx 中試算表「雷恩 G」。

知識補充站

總供應量大於總需求量的不平衡極大化轉運問題，如果需求點限制式採用大於等於(≧)關係式，則因滿足該項限制式而產生對需求點的供應量大於需求點之需求量的不合理情形。

第 6 章

整數線性規劃

章節體系架構▼

Unit 6-1 整數線性規劃的特質

若線性規劃問題中的某些或全部決策變數僅限於整數值，則稱為整數線性規劃 (Integer Linear Programming)。對決策變數整數值的限制，反而方便某些問題的線性規劃模式建構，使線性規劃技術的應用範圍更為廣泛。

約定所有決策變數均必須為整數值的線性規劃，稱為純粹整數線性規劃 (Pure Integer Linear Programming)，例如，

極大化　$Z = 3x_1 + 2x_2$
受限於　$x_1 + x_2 \le 6$
　　　　$x_1, x_2 \ge 0$，且 x_1、x_2 均為整數

決策變數中僅有某些約定為整數值，有些可以是實數值的線性規劃，稱為混合整數線性規劃 (Mixed Integer Linear Programming)。例如，

極大化　$Z = 3x_1 + 2x_2$
受限於　$x_1 + x_2 \le 6$
　　　　$x_1, x_2 \ge 0$，但 x_1 為整數

約定所有決策變數僅能是 0 或 1 整數值的線性規劃，稱為 0-1 整數線性規劃 (0-1 Integer Linear Programming)，或稱為二元整數線性規劃 (Binary Integer Linear Programming)。例如，

極大化　$Z = x_1 - x_2$
受限於　$x_1 + 2x_2 \le 2$
　　　　$2x_1 - x_2 \le 1$
　　　　$x_1, x_2 = 0$ 或 1

將整數線性規劃模式中的決策變數必須是整數的限制放鬆（刪除），則稱為整數線性規劃模式的 LP 放鬆版 (LP Relaxation of the IP)。

前述純粹或混合整數線性規劃模式例的 LP 放鬆版為

極大化　$Z = 3x_1 + 2x_2$
受限於　$x_1 + x_2 \le 6$
　　　　$x_1, x_2 \ge 0$

前述 0-1 整數線性規劃模式例的 LP 放鬆版為

極大化　$Z = x_1 - x_2$
受限於　$x_1 + 2x_2 \le 2$
　　　　$2x_1 - x_2 \le 1$
　　　　$x_1, x_2 \ge 0$

因此整數線性規劃模式可視為 LP 放鬆版，再加上一些決策變數必須是整數的限制條件。由於整數線性規劃的限制條件比 LP 放鬆版的限制條件多，故整數線性規劃模式的可行解區域，必小於 LP 放鬆版線性規劃模式的可行解區域。

Excel 2007 版本以後的規劃求解增益集新增一種 diff 的限制式關係式，如果指定 5 個整數決策變數為 diff（diff 代表 AllDifferent），則其意義是這 5 個整數變數值僅能是 1、2、3、4、5 的排列。12345、54123、32451、25134、31245 等都是整數 1 到 5 的不同排列，5 個整數共有 5×4×3×2×1 =120 種排列。這種整數的排列對某些決策問題的求解是有相當助益的。

銷售員拜訪行程 (Traveling Salesperson Problem, TSP) 規劃，是一種簡單但是繁瑣的決策問題。假設有一銷售員計畫從城市 0 拜訪城市 1、城市 2、城市 3、城市 4、城市 5；則如何的拜訪順序，才能夠拜訪城市不重複且行程最短？

下圖是銷售員從城市 0 依序拜訪城市 2、城市 3、城市 4、城市 1、城市 5 再回到城市 0；因為城市與城市間的距離均為已知，故任意順序的拜訪均可簡單的算出總行程距離；困難的是，城市 0→2→3→4→1→5→0 的拜訪順序僅是 120 種順序之一，其他尚有 119 種城市的拜訪順序可以推計總行程距離，再比較 120 種行程中哪一種順序的總行程距離最短。

如果有 10 個城市就有 10! = 10×9×8×7×6×5×4×3×2×1 = 362,880 種拜訪順序，比較總行程距離，幾乎不可行的辦法；整數規劃可以適用此類問題的求解。

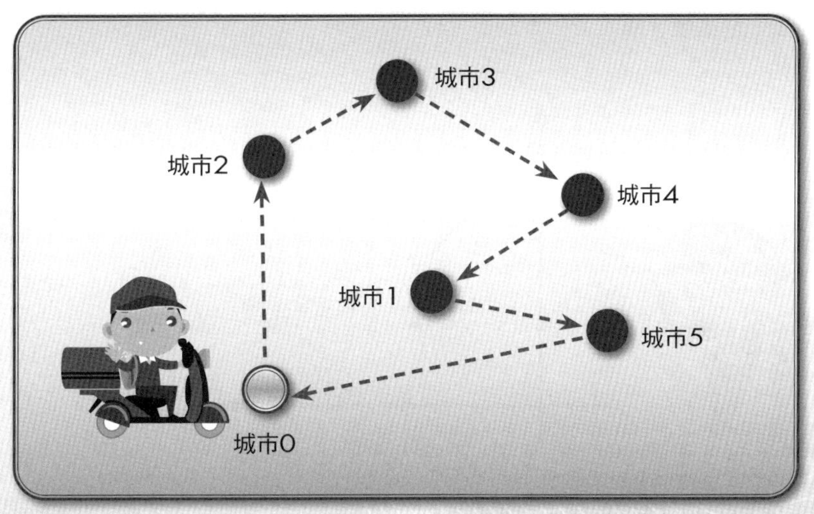

知識補充站

參閱 FOR06.xlsx 檔中，「TSP」為 8 個城市的最短旅程安排線性規劃模式試算表，展示新版規劃求解增益集的 diff 使用範例。

Unit 6-2 整數線性規劃解法

圖解法

整數線性規劃模式可視為 LP 放鬆版，再加上一些決策變數必須是整數的限制條件。由於整數線性規劃的限制條件比 LP 放鬆版的限制條件多，故整數線性規劃模式的可行解區域，必小於 LP 放鬆版線性規劃模式的可行解區域。

設有如下的兩個決策變數純粹整數線性規劃模式，

極大化 $Z = 21x_1 + 11x_2$

受限於 $7x_1 + 4x_2 \leq 13$

$x_1, x_2 \geq 0$，且 x_1、x_2 均為整數

則如下圖其可行解僅限於下列諸點：(0，0)、(0，1)、(0，2)、(0，3)、(1，0)、(1，1)。將各點代入目標函數並比較函數值，即可求得 $x_1 = 0$，$x_2 = 3$，$Z = 33$ 的最佳解。在 LP 放鬆版並非無限值解 (Unbounded Solution) 時，其可行解區域內的整數值可行解點是有限的，將這些有限可行解點代入目標函數並比較目標函數值，當可推得整數線性規劃模式的最佳解，惟實務上有限的可行解數仍然相當多，使前述計算並比較目標函數值，以求最佳解的方法變為不可行。

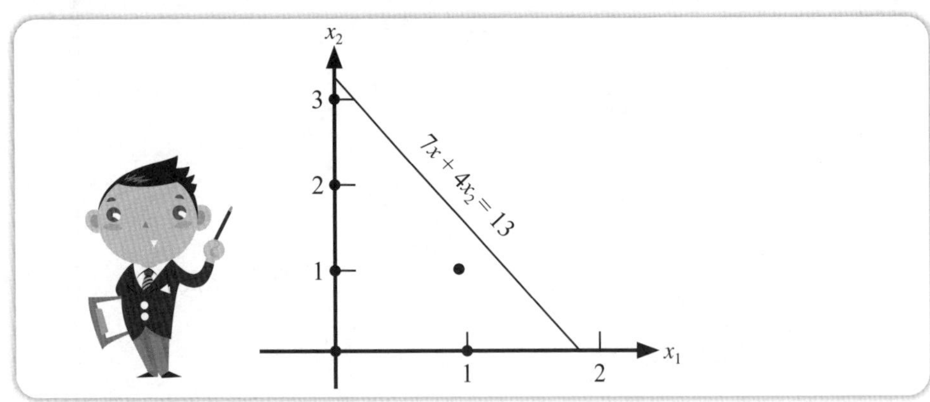

初學者或許認為以單純法求解整數線性規劃的 LP 放鬆版，並視 LP 放鬆版最佳解的整數部分為整數線性規劃的最佳解。事實不然，本例刪除整數限制的 LP 放鬆版最佳解為 $x_1 = 1.857$，$x_2 = 0$（請參閱 FOR06.xlsx 檔中試算表「簡例」）。

	A	B	C	D	E
1	X1	X2	Z		
2	1.857	0.000			
3	21.000	11.000	39.000		
4	7.000	4.000	13.000	<=	13

經四捨五入取整數值得 $x_1 = 2$、$x_2 = 0$，此點已落於LP放鬆版可行解區域以外；若捨去小數部分而得 $x_1 = 1$、$x_2 = 0$，雖然此點仍在LP放鬆版可行解區域內，但顯然並非為最佳解。

Solver解法

整數線性規劃為一般線性規劃（決策變數可以是含有小數的實數），僅是增加某些或全部決策變數必須是整數值或0-1整數值，故試算表規劃求解Solver程式（增益集）如果可以設定這些限制條件，當可求解整數線性規劃問題。

上圖為規劃求解的參數畫面，限制式增加了$A$2=整數及$B$2=整數。單擊「新增」鈕後出現下圖的新增限制式畫面。在新增限制式畫面左側欄位輸入決策變數的儲存格參照位址，中間欄位選擇int、bin、diff表示該決策變數必須是整數值，或是0-1整數值，或是全部相異整數。

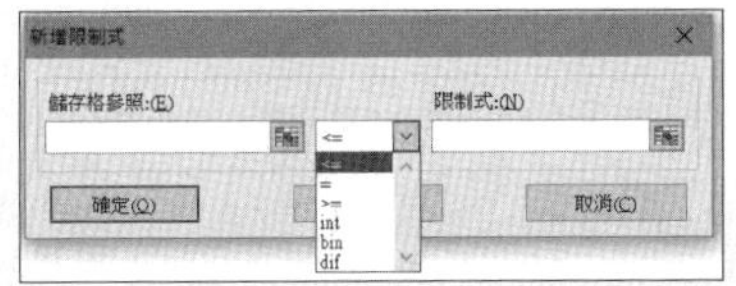

因為規劃求解增益集的預設條件是「忽略整數限制式」，因此在設定含有整數限制式的線性規劃模式時，應單擊「選項」鈕出現如下畫面，點擊「☑忽略整數限制式」，使變成「☐忽略整數限制式」，以解除對整數限制式的忽略。

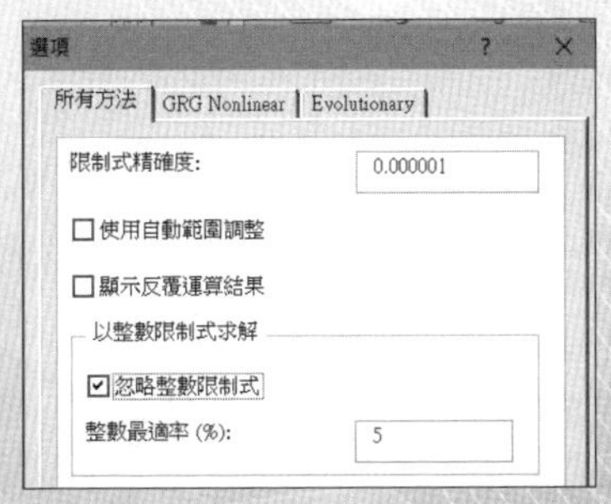

限制式及規劃求解選項設定後，在規劃求解參數畫面上單擊「求解」鈕，即可獲得整數規劃的唯一解或其他無解狀況（請參閱FOR06.xlsx檔中試算表「簡例(2)」）。

Unit 6-3 必為整數的決策變數實例

整數線性規劃模式的構建仍按選定決策變數、建立目標函數、建立限制式的順序建立之，不再贅述。本節重點為列舉一些應用決策變數為整數值或 0 與 1 值或全異整數(diff)的應用例，這些例子如果不使用整數規劃，則有其一定的困難。

線性規劃問題的許多決策變數如油料參配、飲料生產等其量的性質均屬可分性(Divisibility)，亦即可以是含有小數的實數；但某些決策變數如人員指派、冷氣機的生產量或購置量、罐裝飲料的產銷、投資案、房屋購置等均屬不可分性的決策變數，例如，無法投資半個投資案、無法生產半部冷氣機等。這些具有不可分性的決策變數必須以整數線性規劃解決之。

例題 6-1

彩華服飾公司製造襯衫、短裙、短褲等三種衣服。每件襯衫、短裙、短褲所需工時（時）、布料（平方碼）、售價（元）如下表：

	工時	布料	售價
襯衫	3	4	12
短裙	2	3	8
短褲	6	2.5	15

每週可用人工工時為 150 小時，布料為 160 平方碼，試尋求每週最高獲利的產量。

【解】

選定如下的決策變數

x_1 為每週襯衫的生產量
x_2 為每週短裙的生產量
x_3 為每週短褲的生產量

則線性規劃模式為

極大化 $Z = 12x_1 + 8x_2 + 15x_3$
受限於 $3x_1 + 2x_2 + 6x_3 \leq 150$
$4x_1 + 3x_2 + 2.5x_3 \leq 160$
$x_1, x_2, x_3 \geq 0$

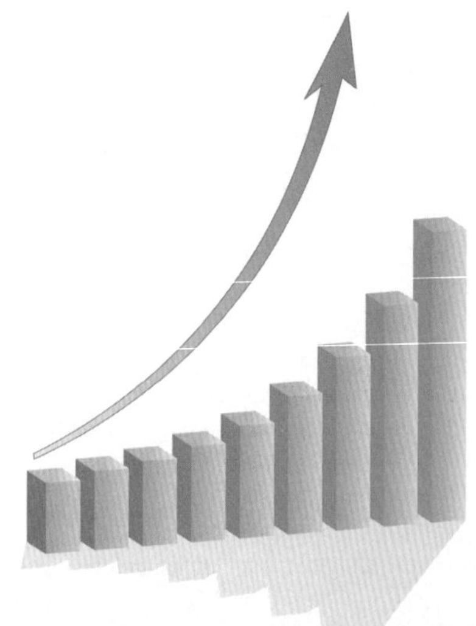

依本線性規劃模式建立規劃求解試算表，並求得最佳解如下圖（參閱 FOR06.xlsx 中試算表「例題 6-1」）。最佳解的最高銷貨收入為 534.55 元，生產襯衫 35.45 件，短褲 7.27 件；這些不合理的生產數量，乃因並未指定代表襯衫、短裙、短褲生產量決策變數的儲存格 B3、C3、D3 必須是整數值。

	A	B	C	D	E	F	G
1	彩華服飾公司最大銷貨收入的商品產量						
2		襯衫	短裙	短褲			
3	產量	35.45	0.00	7.27			
4							銷貨收入
5	售價	12.00	8.00	15.00		最高	534.55
6	工時	3.00	2.00	6.00	150	<=	150.00
7	布料	4.00	3.00	2.50	160	<=	160.00

下圖為將代表襯衫產量的儲存格 B3 指定為必須是整數的畫面，繼續指定代表短裙、短褲的儲存格 C3、D3 必須為整數後，單擊「確定」鈕回到規劃求解參數畫面。

新增限制式		
儲存格參照:(E)		限制式:(N)
$B$3	int	整數
確定(O)	新增(A)	取消(C)

在規劃求解參數畫面單擊「求解」鈕，即可獲得下圖的最佳解（參閱 FOR06.xlsx 中試算表「例題 6-1A」）。約定決策變數為整數後的最佳解為生產襯衫 34 件，短褲 8 件，最高銷貨收入為 528.00 元。

	A	B	C	D	E	F	G
1	彩華服飾公司最大銷貨收入的商品產量						
2		襯衫	短裙	短褲			
3	產量	34.00	0.00	8.00	<=必須整數		
4							銷貨收入
5	售價	12.00	8.00	15.00		最高	528.00
6	工時	3.00	2.00	6.00	150.00	<=	150.00
7	布料	4.00	3.00	2.50	156.00	<=	160.00

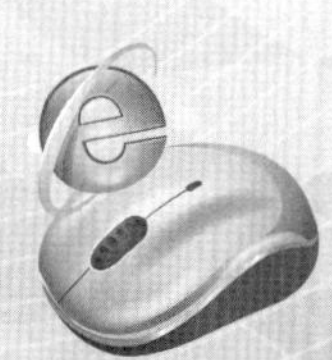

不限制產量必須整數的最佳解是生產襯衫 35.45 件，短褲 7.27 件；限制產量必須整數的最佳解雖也是生產襯衫及短褲，但其產量是襯衫 34 件（不是襯衫 35.45 件的整數部分或四捨五入）、短褲 8 件（不是短褲 7.27 件的整數部分或四捨五入）。

Unit 6-4 必須為 0 或 1 的決策變數實例

決策問題中常有一些是否或有無的決策問題；例如投資案除了不能投資 0.4 個投資案外，尚有是否投資的問題。是否投資可以 0 或 1 的決策變數表示之，通常以 1 表示投資，以 0 表示不投資。多種可行方案選擇的決策問題亦須藉助 0 或 1 決策變數來表示其選擇邏輯；例如，最多選擇兩個方案；選擇甲案則不可選擇乙案；選擇甲案則必須選擇丙、丁案等邏輯問題需求。

例題 6-2

眾利投資公司正在考慮四項投資，投資案 1 現在必須投入資金 5,000 元，預期以後逐年回收的淨現值 (NPV, Net Present Value) 為 16,000 元；投資案 2 現在必須投入資金 7,000 元，預期以後逐年回收的淨現值 (NPV) 為 22,000 元；投資案 3 現在必須投入資金 4,000 元，預期以後逐年回收的淨現值 (NPV) 為 12,000 元；投資案 4 現在必須投入資金 3,000 元，預期以後逐年回收的淨現值 (NPV) 為 8,000 元。若現有資金 14,000 元可供投資，試求獲得最大淨現值回收的投資組合。

【解】

投資組合係指某一投資案是否投資，故選定決策變數如下：

$x_1 = 1$ 表示投資投資案 1，$= 0$ 表示不投資投資案 1
$x_2 = 1$ 表示投資投資案 2，$= 0$ 表示不投資投資案 2
$x_3 = 1$ 表示投資投資案 3，$= 0$ 表示不投資投資案 3
$x_4 = 1$ 表示投資投資案 4，$= 0$ 表示不投資投資案 4

目標函數為　極大化 $Z = 16x_1 + 22x_2 + 12x_3 + 8x_4$ 以千元為單位
總投資額的限制式為 $5x_1 + 7x_2 + 4x_3 + 3x_4 \leq 14$ 以千元為單位

則整數線性規劃模式為

$$
\begin{aligned}
\text{極大化}\quad & Z = 16x_1 + 22x_2 + 12x_3 + 8x_4 \\
\text{受限於}\quad & 5x_1 + 7x_2 + 4x_3 + 3x_4 \leq 14 \\
& x_i = 0 \text{ 或 } 1 \quad (i = 1,2,3,4)
\end{aligned}
$$

	A	B	C	D	E	F	G	H
1	眾利投資公司最佳淨現值的投資組合							
2								
3		投資案1	投資案2	投資案3	投資案4			
4	是否投資?	0.00	1.00	1.00	1.00			淨現值
5		0或1↑	0或1↑	0或1↑	0或1↑	最高		42.00
6	淨現值	16.00	22.00	12.00	8.00			
7	期初投資	5.00	7.00	4.00	3.00	14.00	<=	14.00

上圖為本投資組合的規劃求解試算表及其最佳解（參閱 FOR06.xlsx 中試算表「例題 6-2」）。儲存格 B4 的值為 0 表示投資案 1 不投資，儲存格 C4：E4 均為 1 表示投資案 2、3、4 均予投資。最佳回收淨現值為 42,000 元。

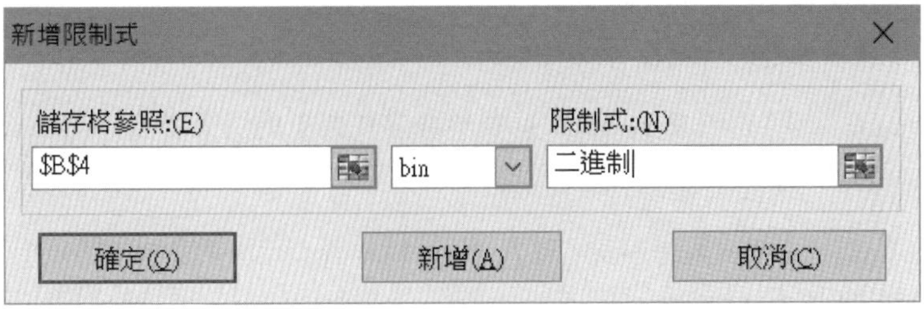

新增限制式

儲存格參照:(E) $B$4 bin 限制式:(N) 二進制

確定(O) 新增(A) 取消(C)

上圖為將代表投資案 1 決策變數的儲存格 B4 設定為 0-1 (bin, binary) 值。將代表四個投資案決策變數的儲存格 B4：E4 設定為 bin 限制式後，得下圖的「規劃求解參數」畫面。

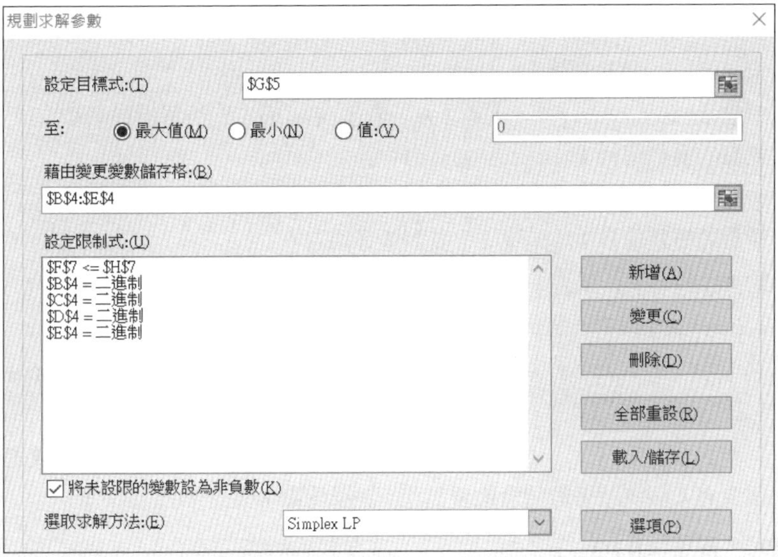

規劃求解參數

設定目標式:(T) $G$5

至: 最大值(M) 最小(N) 值:(V) 0

藉由變更變數儲存格:(B)

$B$4:$E$4

設定限制式:(U)

$F$7 <= $H$7
$B$4 = 二進制
$C$4 = 二進制
$D$4 = 二進制
$E$4 = 二進制

新增(A) 變更(C) 刪除(D) 全部重設(R) 載入/儲存(L)

將未設限的變數設為非負數(K)

選取求解方法:(E) Simplex LP 選項(P)

知識補充站

投資逐年回收的淨現值 (NPV, Net Present Value)，表示投資以後每年可以領回某些金額，將這些每年回收的金額貼現到投資當時的幣值，就是淨現值。

Unit 6-5 二元決策變數的邏輯應用

0 或 1 決策變數的應用技巧說明如下：

設 $x_i = 0$ 或 1　$i = 1,2,3,\cdots n$，w 為整數值 0 或 1 的決策變數，n, k 為任意整數 $(k \le n$，$w \le n)$，則

1. 限制式 $x_1 + x_2 + x_3 + \cdots + x_n \le 1$，表示該 n 個二元決策變數之間是相互排斥的 (Mutually Exclusive)；亦即該 n 個決策變數僅能有一個決策變數值為 1，其餘必須為 0；亦可以全部為 0。
2. 限制式 $x_1 + x_2 + x_3 + \cdots + x_n = 1$，表示該 n 個二元決策變數之間是相互排斥的 (Mutually Exclusive)；亦即該 n 個二元決策變數僅能有一個決策變數值為 1，其餘必須為 0；不可以全部為 0。
3. 限制式 $x_1 + x_2 + x_3 + \cdots + x_n \le k$，表示該 n 個二元決策變數最多可以有 k 個決策變數的變數值為 1。
4. 限制式 $x_1 + x_2 + x_3 + \cdots + x_n \ge k$，表示該 n 個二元決策變數最少有 k 個決策變數的變數值為 1。
5. 限制式 $x_1 + x_2 + x_3 + \cdots + x_n = k$，表示該 n 個二元決策變數必須有 k 個決策變數的變數值為 1，其餘決策變數值必須為 0。
6. 限制式 $x_1 + x_2 + x_3 + \cdots + x_n \le nw$，表示該 n 個二元決策變數 (x_{i}，i = 1,2,3,$\cdots$,n) 值中任意一個為 1，則 w 決策變數值必為 1。
7. 限制式 $x_1 + x_2 + x_3 + \cdots + x_n \le n - 1 + w$，表示 n 個決策變數 (x_{i}，i = 1,2,3,$\cdots$,n) 值均為 1，w 決策變數值才為 1。
8. 限制式 $x_1 + x_2 + x_3 + \cdots + x_n \le (k-1) + [n - (k-1)]w$，表示 n 個決策變數中至少有 k 個決策變數的變數值為 1，決策變數 w 的變數值才為 1。

小博士解說

以上各種情況並非二元決策變數應用例的全部，但這些可以訓練其他邏輯條件的編寫。

若二元變數 $x_1, x_2, x_3, \ldots, x_n$，$w$ 代表 n 個學生及導師參加畢業旅行的意願，1 表示參加，0 表示不參加。則上列限制式 6 表示只要有一個學生參加畢業旅行 (不等式左側必 >=1)，則導師必然參加 (w=1)，才能滿足限制式 6。限制式 7 表示只有 n 個學生均參加畢業旅行 (不等式左側必等於 n)，則導師必然參加 (w=1)，才能滿足限制式 7。

又如限制式 $x_1 \ge x_2$ 表示只要第 2 號學生參加畢業旅行，第 1 號學生必然參加，才能滿足限制式 $x_1 \ge x_2$；若第 2 號學生不參加畢業旅行，則第 1 號學生可參加也可不參加，均能滿足限制式 $x_1 \ge x_2$。

例題 6-3

將例題 6-2 眾利投資公司的投資組合加上下列的限制條件，再尋求其最佳投資組合。

(1) 眾利投資公司最多僅能選擇兩項投資案；
(2) 若眾利投資公司選擇投資案 2，也必須選擇投資案 1；
(3) 若眾利投資公司選擇投資案 2，則不能選擇投資案 4。

【解】

(1) 眾利投資公司最多僅能選擇兩項投資案；
應在例題 6-2 的整數線性規劃模式加入限制式 $x_1+x_2+x_3+x_4\le 2$
(2) 若眾利投資公司選擇投資案 2，也必須選擇投資案 1；
整數線性規劃模式應再加入限制式 $x_2\le x_1$ 或 $x_2-x_1\le 0$
(3) 若眾利投資公司選擇投資案 2，則不能選擇投資案 4。
整數線性規劃模式應再加入限制式 $x_2+x_4\le 1$
完整的整數線性規劃模式為

極大化　$Z=16x_1+22x_2+12x_3+8x_4$

受限於　$5x_1+7x_2+4x_3+3x_4\le 14$

$x_1+x_2+x_3+x_4\le 2$　　增加的限制條件 1

$x_2-x_1\le 0$　　增加的限制條件 2

$x_2+x_4\le 1$　　增加的限制條件 3

$x_i=0$ 或 $1\quad (i=1,2,3,4)$

下圖為本投資組合的規劃求解試算表及其最佳解（參閱 FOR06.xlsx 中試算表「例題 6-3」）。儲存格 F4:H4 的不等式代表新增的限制條件 1；儲存格 F8:H8 的不等式代表新增的限制條件 2；儲存格 F9:H9 的不等式代表新增的限制條件 3。最佳淨現值為 38,000 元，僅選擇投資案 1 與投資案 2。

	A	B	C	D	E	F	G	H
1	眾利投資公司最佳淨現值的投資組合							
2								
3		投資案1	投資案2	投資案3	投資案4	限制條件1 ↓		
4	是否投資?	1.00	1.00	0.00	0.00	2.00	<=	2
5		0或1 ↑	0或1 ↑	0或1 ↑	0或1 ↑	最高		38.00
6	淨現值	16.00	22.00	12.00	8.00			
7	期初投資	5.00	7.00	4.00	3.00	12.00	<=	14.00
8				限制條件2→		0.00	<=	0.00
9				限制條件3→		1.00	<=	1.00

Unit 6-6 固定開銷的問題 (一)

租用一塊土地不論閒置不用或充分開墾謀利，所需支付的租金是事先約定的，並不因為閒置或利用而減低或增加租金。凡此，只要約定租用而不問是否充分利用均需支付租金之類的問題，稱為固定開銷 (Fixed-Charge) 問題。

例題 6-4

彩華服飾公司製造襯衫、短裙、短褲等三種衣服。每種衣服均各需一種特殊設備縫製；縫製襯衫、短裙、短褲的設備每週租金分別為 200 元、150 元與 100 元。每件襯衫、短裙、短褲所需工時（時）、布料（平方碼）、售價（元）及變動成本（元），如下表：

	工時	布料	售價	變動成本
襯衫	3	4	12	6
短裙	2	3	8	4
短褲	6	4	15	8

每週可用人工工時為 150 小時，布料為 160 平方碼，試尋求每週最高獲利的產量。

【解】

選定如下的決策變數：

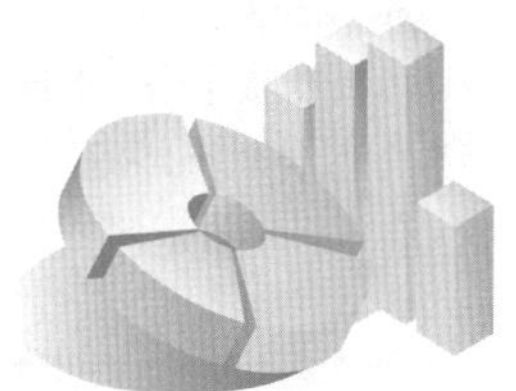

x_1 為每週襯衫的生產量，且須為整數
x_2 為每週短裙的生產量，且須為整數
x_3 為每週短褲的生產量，且須為整數

特殊縫製設備的租金並不依產量多寡，而依是否租用某種設備以生產某種衣服而定，例如，只要縫製一件或以上的襯衫，就必須租用襯衫縫製特殊設備；只有不縫製襯衫，才不需租用襯衫縫製特殊設備。此類設備租用與否的決策變數為 0 與 1 的整數變數。設 y_1、y_2、y_3 表示是否租用生產襯衫、短裙、短褲特殊設備的決策變數，則

$y_i = 1$　若 $x_i > 0$，$y_i = 0$　若 $x_i = 0$

決策變數選定後，依據題意，目標函數（每週利潤）應等於

每週銷貨收入 **減** 每週變動成本 **減** 每週特殊縫製設備租金
每週特殊縫製設備租金 $= 200y_1 + 150y_2 + 100y_3$，

故目標函數為

極大化 $Z = (12x_1 + 8x_2 + 15x_3) - (6x_1 + 4x_2 + 8x_3) - (200y_1 + 150y_2 + 100y_3)$

或

極大化 $Z = 6x_1 + 4x_2 + 7x_3 - 200y_1 - 150y_2 - 100y_3$

150 小時及 160 平方碼的工時與布料限制條件推得下列限制式：

$3x_1 + 2x_2 + 6x_3 \le 150$　　150 小時的工時限制條件

$4x_1 + 3x_2 + 4x_3 \le 160$　　160 平方碼的布料限制條件

彙總得整數線性規劃模式如下：

極大化　$Z = 6x_1 + 4x_2 + 7x_3 - 200y_1 - 150y_2 - 100y_3$

受限於　$3x_1 + 2x_2 + 6x_3 \le 150$

$4x_1 + 3x_2 + 4x_3 \le 160$

$x_1, x_2, x_3 \ge 0$ 且 x_1, x_2, x_3 均為整數

$y_1, y_2, y_3 = 0$ 或 1

下圖為本衣服生產模式的規劃求解試算表及其最佳解（請參閱 FOR06.xlsx 中試算表「例題 6-4」）。最高獲利為 250 元，襯衫生產量為 30 件，短裙生產量為 0 件，短褲生產量為 10 件；儲存格 E3 的值為 0，表示不需租用襯衫縫製設備而與問題題意不符；同理，短褲的生產亦有相同的問題。此乃因模式中並未考量只要縫製 1 件或以上的襯衫，因此有需租用縫製設備的固定開銷 (Fixed-Charge) 問題。

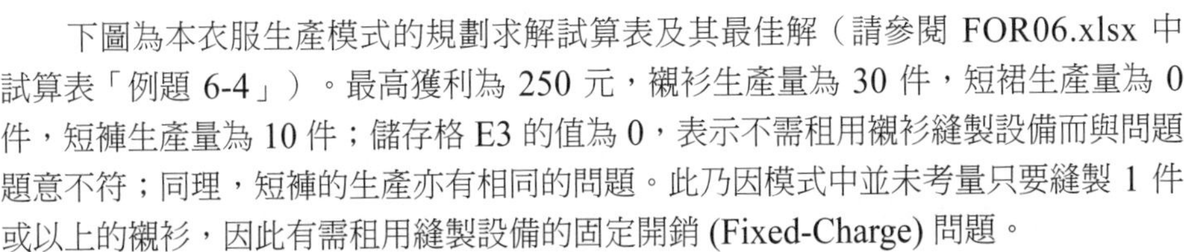

	A	B	C	D	E	F	G
1	彩華服飾公司每週最高獲利的衣服產量						
2		襯衫	短裙	短褲	襯衫設備	短裙設備	短褲設備
3	產量	30.00	0.00	10.00	0	0	0
4		整數↑	整數↑	整數↑	0或1↑	0或1↑	0或1↑
5							
6		襯衫	短裙	短褲			
7	工時	3.00	2.00	6.00			
8	材料	4.00	3.00	4.00			
9	售價	12.00	8.00	15.00			
10	變動成本	6.00	4.00	8.00			
11	設備租金	200.00	150.00	100.00		獲利	
12	工時限制	150.00	<=	150.00	最高	250.00	
13	布料限制	160.00	<=	160.00			

因為最佳解中襯衫生產 30 件、短褲生產 10 件，因此代表租用縫製襯衫設備的儲存格 E3 應該為 1，代表租用縫製短褲設備的儲存格 G3 也應該為 1。次一單元說明應該如何增加限制式，以符合題意。

Unit 6-7 固定開銷的問題（二）

生產襯衫所租用襯衫縫製設備的固定開銷問題，可以下列限制式處理之：

$$x_1 \le M_1 y_1$$

其中 M_1 為現有資源可以生產襯衫的最多件數；生產 1 件襯衫需要 3 小時工時，4 平方碼布料，在 150 小時的工時及 160 平方碼的布料資源下，襯衫最多僅能生產 40 件，故 $M_1 = 40$ ，限制式可以寫成 $x_1 \le 40y_1$ 。

若 $x_1 > 0$，且因 y_1 僅能為 0 或 1，故 y_1 必須等於 1 才能滿足限制式 $x_1 \le 40y_1$。

若 $x_1 = 0$，則 $x_1 \le 40y_1$，此時 y_1 等於 0 或 1 均能滿足限制式 $x_1 \le 40y_1$，但規劃求解程式為使目標函數值最大，必使 y_1 等於 0（因為 y_1 的目標函數係數為負值）。

若 M_1 不是現有資源所能生產的襯衫最多件數（40 件），假設 $M_1 = 30$，則限制式 $x_1 \le 30y_1$，反而限制襯衫的生產量不能大於 30 件，而發生不符題意的問題。

同理，生產 1 件短裙需要 2 小時工時，3 平方碼布料，在150 小時的工時及 160 平方碼的布料資源下，短裙最多僅能生產 53 件，故 $M_2 = 53$，限制式可以寫成 $x_2 \le 53y_2$。

生產 1 件短褲需要 6 小時工時，4 平方碼布料，在 150 小時的工時及 160 平方碼的布料資源下，短褲最多僅能生產 25 件，故 $M_3 = 25$，限制式可以寫成 $x_3 \le 25y_3$。因此本題的整數線性規劃模式應改為

極大化　$Z = 6x_1 + 4x_2 + 7x_3 - 200y_1 - 150y_2 - 100y_3$

受限於　$3x_1 + 2x_2 + 6x_3 \le 150$

$4x_1 + 3x_2 + 4x_3 \le 160$

$x_1 \le 40y_1$ 若 $x_1 > 0$ 則 $y_1 = 1$　生產襯衫設備固定開銷限制條件

$x_2 \le 53y_2$ 若 $x_2 > 0$ 則 $y_2 = 1$　生產短裙設備固定開銷限制條件

$x_3 \le 25y_3$ 若 $x_3 > 0$ 則 $y_3 = 1$　生產短褲設備固定開銷限制條件

$x_1, x_2, x_3 \ge 0$ 且 x_1, x_2, x_3 均為整數

$y_1, y_2, y_3 = 0$ 或 1

小博士解說

生產 1 件襯衫需要 3 小時工時，150 小時的工時可生產 150/3＝50 件襯衫；生產 1 件襯衫需要 4 平方碼布料，160 平方碼的布料可生產 160/4＝40 件襯衫，襯衫最多僅能生產40件，故 M_1＝40。短裙、短褲最多僅能生產的件數，可以類推之。

下圖為增加固定開銷限制條件後的規劃求解試算表及其最佳解（參閱 FOR06.xlsx中試算表「例題 6-4A」）。最高獲利為 75 元，襯衫生產量為 0 件，短裙生產量為 0 件，短褲生產量為 25 件；儲存格 G3 的值為 1，表示需租用短褲縫製設備，儲存格 E3、F3 均為 0 表示不需租用襯衫、短裙縫製設備（襯衫、短裙生產量均為 0）。

	A	B	C	D	E	F	G
1	彩華服飾公司每週最高獲利的衣服產量						
2		襯衫	短裙	短褲	襯衫設備	短裙設備	短褲設備
3	產量	0.00	0.00	25.00	0	0	1
4		整數↑	整數↑	整數↑	0或1↑	0或1↑	0或1↑
5							
6		襯衫	短裙	短褲			
7	工時	3.00	2.00	6.00			
8	材料	4.00	3.00	4.00			
9	售價	12.00	8.00	15.00			
10	變動成本	6.00	4.00	8.00			
11	設備租金	200	150	100			
12	最大產量	40	53	25			
13	MiYi	0.00	0.00	25.00		獲利	
14	工時限制	150.00	<=	150.00	最高	75.00	
15	布料限制	100.00	<=	160.00			

如果將生產短褲設備固定開銷限制條件改為 $x_3 \le 20y_3$（最多生產 20 件短褲），則規劃求解試算表及最佳解如下圖（參閱 FOR06.xlsx 中試算表「例題 6-4B」）。最佳解為生產 53 件短裙，可獲利 $(8-4)\times 53-150=62$ 元。

	A	B	C	D	E	F	G
1	彩華服飾公司每週最高獲利的衣服產量						
2		襯衫	短裙	短褲	襯衫設備	短裙設備	短褲設備
3	產量	0.00	53.00	0.00	0	1	0
4		整數↑	整數↑	整數↑	0或1↑	0或1↑	0或1↑
5							
6		襯衫	短裙	短褲			
7	工時	3.00	2.00	6.00			
8	材料	4.00	3.00	4.00			
9	售價	12.00	8.00	15.00			
10	變動成本	6.00	4.00	8.00			
11	設備租金	200	150	100			
12	最大產量	40	53	20			
13	MiYi	0.00	53.00	0.00		獲利	
14	工時限制	106.00	<=	150.00	最高	62.00	
15	布料限制	159.00	<=	160.00			

Unit 6-8 涵蓋面的問題（消防隊設置）

例題 6-5

某縣擬設置若干消防隊使能在六個鄉鎮發生火災時，消防車均可在 15 分鐘（駕駛時間）內抵達。下表為該六個鄉鎮間消防車駕駛所需分鐘數，試以線性規劃技術決定消防隊應設置於哪些鄉鎮？

From ↓ To→	鄉鎮 1	鄉鎮 2	鄉鎮 3	鄉鎮 4	鄉鎮 5	鄉鎮 6
鄉鎮 1	0	10	20	30	30	20
鄉鎮 2	10	0	25	35	20	10
鄉鎮 3	20	25	0	15	30	20
鄉鎮 4	30	35	15	0	15	25
鄉鎮 5	30	20	30	15	0	14
鄉鎮 6	20	10	20	25	14	0

【解】

選定如下的二元決策變數：

$x_1 = 1$ 表示鄉鎮 1 設置消防隊，$= 0$ 表示鄉鎮 1 不設置消防隊，
$x_2 = 1$ 表示鄉鎮 2 設置消防隊，$= 0$ 表示鄉鎮 2 不設置消防隊，
$x_3 = 1$ 表示鄉鎮 3 設置消防隊，$= 0$ 表示鄉鎮 3 不設置消防隊，
$x_4 = 1$ 表示鄉鎮 4 設置消防隊，$= 0$ 表示鄉鎮 4 不設置消防隊，
$x_5 = 1$ 表示鄉鎮 5 設置消防隊，$= 0$ 表示鄉鎮 5 不設置消防隊，
$x_6 = 1$ 表示鄉鎮 6 設置消防隊，$= 0$ 表示鄉鎮 6 不設置消防隊，

目標函數應為

極小化　$Z = x_1 + x_2 + x_3 + x_4 + x_5 + x_6$

每一個鄉鎮均有其限制條件，即 15 分鐘駕駛行程內的鄉鎮，均可考慮設置消防隊，各鄉鎮在 15 分鐘駕駛行程內的鄉鎮列如下表：

小博士解說

依據上表，在鄉鎮 1 設置消防隊時，15 鐘內可到達鄉鎮 1、鄉鎮 2。同理，在鄉鎮 2 設置消防隊時，15 鐘內可到達鄉鎮 1、鄉鎮 2、鄉鎮 6。在鄉鎮 3 設置消防隊時，15 鐘內可到達鄉鎮 3、鄉鎮 4。因此可以推得下表。

鄉鎮	15 分鐘駕駛行程的鄉鎮
鄉鎮 1	鄉鎮 1、鄉鎮 2
鄉鎮 2	鄉鎮 1、鄉鎮 2、鄉鎮 6
鄉鎮 3	鄉鎮 3、鄉鎮 4
鄉鎮 4	鄉鎮 3、鄉鎮 4、鄉鎮 5
鄉鎮 5	鄉鎮 4、鄉鎮 5、鄉鎮 6
鄉鎮 6	鄉鎮 2、鄉鎮 5、鄉鎮 6

故得下列各鄉鎮限制式為：

$x_1 + x_2 \geq 1$　　鄉鎮 1 的限制條件（15 分鐘可達鄉鎮 1、鄉鎮 2）

$x_1 + x_2 + x_6 \geq 1$　　鄉鎮 2 的限制條件（15 分鐘可達鄉鎮 1、鄉鎮 2、鄉鎮 6）

$x_3 + x_4 \geq 1$　　鄉鎮 3 的限制條件（15 分鐘可達鄉鎮 3、鄉鎮 4）

$x_3 + x_4 + x_5 \geq 1$　　鄉鎮 4 的限制條件（15 分鐘可達鄉鎮 3、鄉鎮 4、鄉鎮 5）

$x_4 + x_5 + x_6 \geq 1$　　鄉鎮 5 的限制條件（15 分鐘可達鄉鎮 4、鄉鎮 5、鄉鎮 6）

$x_2 + x_5 + x_6 \geq 1$　　鄉鎮 6 的限制條件（15 分鐘可達鄉鎮 2、鄉鎮 5、鄉鎮 6）

彙總目標函數與限制式可得整數線性規劃模式為

極小化　$Z = x_1 + x_2 + x_3 + x_4 + x_5 + x_6$

受限於　$x_1 + x_2 \geq 1$　　鄉鎮 1 的限制條件

$x_1 + x_2 + x_6 \geq 1$　　鄉鎮 2 的限制條件

$x_3 + x_4 \geq 1$　　鄉鎮 3 的限制條件

$x_3 + x_4 + x_5 \geq 1$　　鄉鎮 4 的限制條件

$x_4 + x_5 + x_6 \geq 1$　　鄉鎮 5 的限制條件

$x_2 + x_5 + x_6 \geq 1$　　鄉鎮 6 的限制條件

$x_1, x_2, x_3, x_4, x_5, x_6 = 0$ 或 1

消防隊設置決策問題					
鄉鎮1	鄉鎮2	鄉鎮3	鄉鎮4	鄉鎮5	鄉鎮6
0	1	0	1	0	0
0或1 ↑	0或1 ↑	0或1 ↑	0或1 ↑	0或1 ↑	0或1 ↑
	鄉鎮1的限制條件→		1	>=	1
	鄉鎮2的限制條件→		1	>=	1
	鄉鎮3的限制條件→		1	>=	1
	鄉鎮4的限制條件→		1	>=	1
	鄉鎮5的限制條件→		1	>=	1
	鄉鎮6的限制條件→		1	>=	1
					消防隊數
				最少	2

上圖為上列線性規劃模式的規劃求解試算表及其最佳解（參閱 FOR06.xlsx 中試算表「例題 6-5」）。最少消防隊數為 2 隊，僅鄉鎮 2 及鄉鎮 4 設置即可。

Unit 6-9 涵蓋面的問題 (航運中心設置)

例題 6-5 為涵蓋面 (Set-Covering) 的典型問題。在涵蓋面問題中，某一集合（集合 1）的每一個元素，必須被另一個集合（集合 2） 的某些元素所涵蓋。涵蓋面問題的目的是，使能涵蓋集合 1 所有元素的集合 2 的元素個數為最少。

在例題 6-5 中，集合 1 為六個鄉鎮的集合，集合 2 則為消防隊所處鄉鎮的集合；則集合 2 中鄉鎮 2 的消防隊，可以涵蓋鄉鎮 1、鄉鎮 2、鄉鎮 6；集合 4 中鄉鎮 4 的消防隊，可以涵蓋鄉鎮 3、鄉鎮 4、鄉鎮 5。涵蓋面問題在人員或航次排班問題方面應用甚廣。

例題 6-6

美國西方航空公司經營亞特蘭大（Atlanta，簡稱為 AT）、波士頓 (Boston, BO)、芝加哥 (Chicago, CH)、丹福 (Denver, DE)、休士頓 (Houston, HO)、洛杉磯 (Los Angle, LA)、紐奧良 (New Orleans, NO)、紐約 (New York, NY)、匹茲堡 (Pittsburgh, PI)、鹽湖城 (Salk Lake City, SL)、舊金山 (San Francisco, SF) 及西雅圖 (Seattle, SE) 等大城市的航線。西方航空公司擬在某些大城市設置航運中心 (Hub)，使所有大城市距離航運中心的航程在 1,000 哩以內。下表為各大城市航程 1,000 哩以內的大城市。

中心城市	1,000 哩航程以內的大城市
亞特蘭大 (Atlanta, AT)	AT，CH，HO，NO，NY，PI
波士頓 (Boston, BO)	BO，NY，PI
芝加哥 (Chicago, CH)	AT，CH，NY，NO，PI
丹福 (Denver, DE)	DE，SL
休士頓 (Houston, HO)	AT，HO，NO
洛杉磯 (Los Angle, LA)	LA，SL，SF
紐奧良 (New Orleans, NO)	AT，CH，HO，NO
紐約 (New York, NY)	AT，BO，CH，NY，PI
匹茲堡 (Pittsburgh, PI)	AT，BO，CH，NY，PI
鹽湖城 (Salk Lake City, SL)	DE，LA，SL，SF，SE
舊金山 (San Francisco, SF)	LA，SL，SF，SE
西雅圖 (Seattle, SE)	SL，SF，SE

試以線性規劃技術決定航運中心 (Hub) 應設置於哪些大城市？

【解】

下圖為美國西方航空公司航運中心設置決策的規劃求解試算表，及其最佳解（參閱 FOR06.xlsx 中試算表「例題 6-6」）。最經濟可於波士頓 (BO)、紐奧良 (NO)、鹽湖城 (SL) 等 3 大城市設置航運中心（如圖中儲存格 B16：M16 中值為 1 的城市）。

波士頓 (BO) 航運中心涵蓋波士頓 (BO)、紐約 (NY)、匹茲堡 (PI) 等 3 大城市，如圖中第 4 列中粗斜體 1。

	A	B	C	D	E	F	G	H	I	J	K	L	M	N	O	P
1	美國西方航空公司航運中心設置決策															
2		AT	BO	CH	DE	HO	LA	NO	NY	PI	SL	SF	SE	涵蓋數		Hub數
3	AT	1	0	1	0	1	0	1	1	1	0	0	0	1	>=	1
4	**BO**	0	***1***	0	0	0	0	0	***1***	***1***	0	0	0	1	>=	1
5	CH	1	0	1	0	0	0	1	1	1	0	0	0	1	>=	1
6	DE	0	0	0	1	0	0	0	0	0	1	0	0	1	>=	1
7	HO	1	0	0	0	1	0	1	0	0	0	0	0	1	>=	1
8	LA	0	0	0	0	0	1	0	0	0	1	1	0	1	>=	1
9	**NO**	***1***	0	***1***	0	***1***	0	***1***	0	0	0	0	0	1	>=	1
10	NY	1	1	1	0	0	0	0	1	1	0	0	0	1	>=	1
11	PI	1	1	1	0	0	0	0	1	1	0	0	0	1	>=	1
12	**SL**	0	0	0	***1***	0	***1***	0	0	0	***1***	***1***	***1***	1	>=	1
13	SF	0	0	0	0	0	1	0	0	0	1	1	1	1	>=	1
14	SE	0	0	0	0	0	0	0	0	0	1	1	1	1	>=	1
15														設置數		
16	Hub	0	1	0	0	0	0	1	0	0	1	0	0	3		
17																
18	RangeName→				HUB(B16:M16),HubCovered(N3:N14),HubRequired(P3:P14)											

紐奧良 (NO) 航運中心涵蓋亞特蘭大 (AT)、芝加哥 (CH)、休士頓 (HO)、紐奧良 (NO) 等 4 大城市，如圖中第 9 列中粗斜體 1。

鹽湖城 (SL) 航運中心涵蓋丹福 (DE)、洛杉磯 (LA)、鹽湖城 (SL)、舊金山 (SF)、西雅圖 (SE) 等 5 大城市，如圖中第 12 列中粗斜體 1。

試算表中 B 到 M 行 (Column) 的第 3 列到第 14 列，每一垂直行僅有一個粗斜體 1，表示僅被一個航運中心涵蓋，如儲存格 N3：N14 的值均為 1。

12 個大城市也有 12 個限制式，為簡化限制式的設定，將表示每一大城市被航運中心涵蓋數的儲存格 (N3：N14) 範圍，命名為 HubCovered；將表示每一大城市所需被涵蓋的航運中心數的儲存格 (P3：P14) 範圍，命名為 HubRequired，則各大城市的限制式設定可以簡化為 HubCovered>=HubRequired。

亞特蘭大 (AT) 被航運中心涵蓋數（儲存格 N3）可按下列公式計算之：

=SUMPRODUCT(HUB,B3：M3)

可將上列公式複製到儲存格 N4 到 N13，而得各大城市的被航運中心涵蓋數。

簡化的限制式設定，請檢視試算表「例題 6-6」的規劃求解參數畫面的限制式欄框。

Unit 6-10 n×n 魔術方陣

所謂魔術方陣(Magic Square)，一般是指一個 n×n 的方陣，在其中填入 n^2 個相異正整數，譬如1～n^2之連續整數，使得n條直欄、n條橫列與兩條對角線的數字和皆相等，而滿足這樣條件的方陣就稱為n×n魔術方陣，且其和數為$[n\times(n^2+1)]/2$。如下列3×3魔術方陣及4×4魔術方陣。

3×3 魔術方陣	4×4 魔術方陣
填入數字 1，2，3，…，3^2(=9)	填入數字 1，2，3，…，4^2(=16)
每直欄，每橫列及左斜、右斜對角線的數字和=$[3\times(3^2+1)]\div2=15$；如	每直欄，每橫列及左斜、右斜對角線的數字和=$[4\times(4^2+1)]\div2=34$；如

	4	9	2	15
	3	5	7	15
	8	1	6	15
15	15	15	15	15

	14	1	4	15	34
	9	7	6	12	34
	8	10	11	5	34
	3	16	13	2	34
34	34	34	34	34	34

自從 EXCEL2007 以後版本的規劃求解增益集提供了一個全異整數(diff-AllDifferent)的整數決策變數限制的選項，利用這個限制選項可以輕易的找出各種不同階數的魔術方陣。

這是一個非典型的規劃求解決策問題，無須撰寫線性規劃模式，亦無目標函數，僅需指定決策變數及其相關的限制式即可。以下為 3×3 魔術方陣的建置步驟。

1. 在試算表上的任意 3 個連續欄及 3 個連續列，填入任意數字或全留空白均可，如下的儲存格 B2：D4。在這些儲存格可以填入任意數字或空白。

	A	B	C	D	E	F	G
1	3X3 魔術方陣						
2		10	20	30	60	=SUM(B2:D2)	
3		2	3	4	9	=SUM(B3:D3)	各列總和
4		3	4	5	12	=SUM(B4:D4)	
5	36	15	27	39	18		
6	=B4+C3+D2	=SUM(B2:B4)	=SUM(C2:C4)	=SUM(D2:D4)	=B2+C3+D4		
7	左斜對角總和		各欄總和		右斜對角總和		

2. 在該數字方陣下面（或任意位置）以公式計算各欄的總和，如儲存格B5的15是該欄的10+2+3的和，其公式如儲存格 B6 的=SUM(B2：B4)；其餘如儲存格C5的27是該欄的20+3+4的和，其公式如儲存格 C6；儲存格D5的39是該欄的 30+4+5 的和，其公式如儲存格D6。

3. 在該數字方陣右側（或任意位置）以公式計算各列的總和，如儲存格E2的60是該列的10+20+30的和，其公式如儲存格F2的=SUM(B2：D2)；其餘如儲存格E3的9是該列的2+3+4的和，其公式如儲存格F3；儲存格E4的12是該列的3+4+5的和，其公式如儲存格F4。
4. 另在儲存格A5的36是左斜對角線3+3+30的和，其公式如儲存格A6；儲存格E5的18是右斜對角線10+3+5的和，其公式如儲存格E6。
5. 由「資料索引」標籤中的「分析」群組，點選「規劃求解」，導入如下規劃求解畫面。

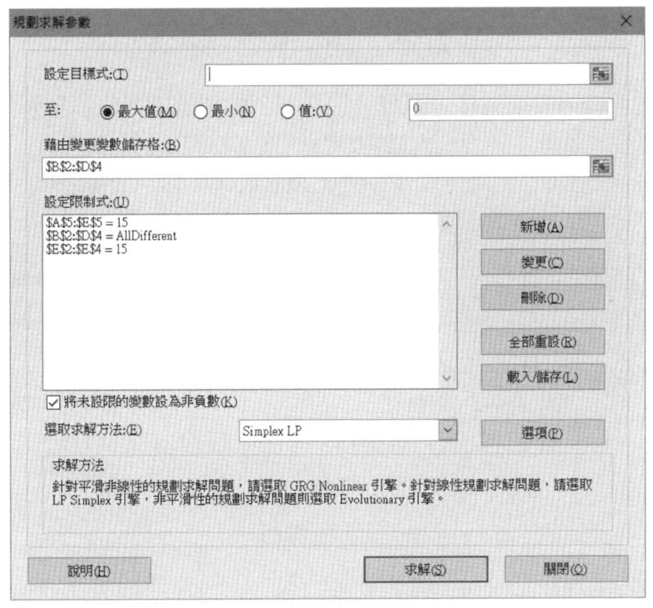

6. 畫面中的「設定目標式：(T)」欄位應清成空白，任意點選最大值、最小或值等選項。
7. 畫面中的「藉由變更變數儲存格：」欄位，填入魔術方陣的儲存格位址，本例是$B$2：$D$4。
8. 限制式的設定有二：一是將各欄總和、各列總和及兩對角線總和設定為15（3×3魔術方陣的和數）；一是將所有決策變數設定為全異整數(diff)如下畫面：

9. 完成前述設定後（請參閱 FOR06.xlsx 檔中的試算表 Magic Square 3×3），即可單擊規劃求解參數畫面中的「求解」鈕，即可得到如下的3×3魔術方陣的解。

	A	B	C	D	E	F	G
1	3X3 魔術方陣						
2		4	9	2	15	=SUM(B2:D2)	
3		3	5	7	15	=SUM(B3:D3)	各列總和
4		8	1	6	15	=SUM(B4:D4)	
5	15	15	15	15	15		
6	=B4+C3+D2	=SUM(B2:B4)	=SUM(C2:C4)	=SUM(D2:D4)	=B2+C3+D4		
7	左斜對角總和		各欄總和		右斜對角總和		

如為推求4×4魔術方陣，則可設定4欄4列的連續儲存格為全異整數的決策變數，再設定各欄、各列及兩條對角線的數字總和為$[4\times(4^2+1)]\div 2=34$（請參閱 FOR06.xlsx 檔中的試算表 Magic Square 4×4），求解後可得如下畫面：

	A	B	C	D	E	F	G	H
1	4 X 4 魔術方陣							
2		14	1	4	15	34	=SUM(B2:E2)	
3		9	7	6	12	34	=SUM(B3:E3)	各列總和
4		8	10	11	5	34	=SUM(B4:E4)	
5		3	16	13	2	34	=SUM(B5:E5)	
6	34	34	34	34	34	34		
7	=B5+C4+D3+E2	=SUM(B2:B5)	=SUM(C2:C5)	=SUM(D2:D5)	=SUM(E2:E5)	=B2+C3+D4+E5		
8	左斜對角總和		各欄總和			右斜對角總和		

多準則決策規劃

章節體系架構 

Unit 7-1 多準則決策問題本質

線性規劃技術可為決策者尋覓多個決策變數（如多種產品的最佳產量、多項投資的最佳組合等）在各種限制條件（原料人工的限制、資金的限制、風險的限制）下的單一準則 (Single Criterion)，或目標（最大利潤、最小成本）的最佳解；但決策者可能需要同時考量多項準則 (Multiple Criteria)，以獲得最佳的決策。例如，某公司為新建生產工廠選擇廠址的決策；土地及廠房建造成本因廠址不同而異，如果最低的土地及廠房建造成本是選擇廠址的唯一準則，則決策者可評估不同廠址的土地及廠房建造成本，並選擇最低成本的廠址為最佳決策。

假若決策者除了考量土地及廠房建造成本外，尚需考量產品的運輸問題、勞工僱用來源問題、能源供給問題及稅務等問題時，則構成一種多準則的決策問題 (Multiple Criteria Decision Making Problem)。某一廠址可能土地及廠房建造成本最低，但勞工來源或產品及原料的運輸問題可能不夠理想；也可能勞力及能源供給相當充沛，但土地及廠房建造成本甚高。

凡此多項決策準則間或有相互矛盾或競爭之問題，因此尚難獲得所有準則均處最佳狀態的最佳解，技術上僅能求得多項準則的最佳妥協解決方案 (Compromise Solution)。多準則決策規劃即是一種尋覓多準則決策問題最佳妥協解決方案的規劃技術。

本章討論目標規劃 (Goal Programming) 與層級分析法 (Analytic Hierarchy Process) 兩種多準則規劃技術。目標規劃係以線性規劃技術處理能夠將決策問題的目標及限制，以函數或方程式表示的多準則決策問題；如果多項準則的目標或限制條件不能以函數或方程式表示之，而僅能憑決策者的偏好、直覺來研判，則可使用層級分析法加以分析。

個人生活或企業經營的一些決策問題，並非均可以實際數值做客觀的分析。例如，購買汽車、購置住宅、就業選擇、廠址選擇、各國國力比較等，這些決策問題或許僅憑個人或少數人討論後就決定了。

層級分析法 (AHP) 能將這些直覺的決策，透過各項決策準則綜合多人對逐項準則的評比，加以有系統、客觀地分析得出客觀結論供決策者參考。

小博士解說

線性規劃 (Linear Programming) 模式可以推得單準則的最佳精確解，目標規劃 (Goal Programming) 模式則可推得多準則的最佳妥協解。如果決策問題中，既無目標函數或方程式的限制式，而僅憑某些人的個人主觀偏好來做決策時，層級分析法 (Analytic Hierarchy Process) 可謂較為科學與客觀的一種推理方法。目標規劃模式與層級分析法是本章研究重點。

決策問題分類

1 單目標決策問題

如決定公司各產品產量，以推求在市場競爭與資源限制下獲得最高利潤 (單一目標)。

→ 決策技術 →

線性規劃技術可獲得最佳解

2 多目標決策問題

以一定廣告預算投入報紙、廣播與電視廣告，以期將訊息送達 500 萬以上男性 (目標 1)、300 萬以上女性 (目標 2) 及 450 萬以上勞工 (目標 3) 觀眾。

→ 決策技術 →

目標規劃法僅能求得最佳妥協決策方案

3 直覺性決策問題

從直覺性的決策準則 (通勤方便、公園綠地、購物方便、休閒設施、都市形象等) 選購合適住宅。

→ 決策技術 →

層級分析法

知識補充站

多準則決策問題可能無法找到最佳解可以滿足所有準則，而僅能找到所謂的妥協解 (Compromise Solution)；亦即所有準則中，可能有些準則完全滿足，另些準則妥協則僅能找到最接近的解。因為妥協方式不同，而有各種目標函數建置方法。

Unit 7-2 目標規劃模式建構

單準則決策問題

某投資者擬以 80,000 元投資 A、B 兩種股票，其每股單價、每年每股獲利及每股風險如下表所示：

股票	每股單價	每股每年獲利	每股風險
A 股	25 元	12%（3 元）	0.50
B 股	50 元	10%（5 元）	0.25

設決策變數 x_1、x_2，分別代表投資 A 股票及 B 股票的股數，如果投資者以追求最大每年獲利為投資的單一準則，則線性規劃模式如下：

極大化：$z = 3x_1 + 5x_2$
受限於：$25x_1 + 50x_2 \le 80,000$
$x_1, x_2 \ge 0$

其規劃求解試算表（請參閱 FOR07.xlsx 檔中試算表「投資組合 A」）及最佳解，如下圖所示：

	A	B	C	D	E	F
1	投資組合最大獲利					
2		投資於	投資股數	每股單價	每股每年獲利	每股風險
3		A股	3,200	25.00	3.00	0.50
4		B股	0	50.00	5.00	0.25
5		所需資金	80,000.00	<=	80,000.00	
6		最大獲利	9,600.00			
7		風險值	1,600.00			

亦即投資於 A 股票 3,200 股、投資於 B 股票 0 股可獲得最大獲利 9,600 元，風險值為 1,600。如果投資者以追求最低風險為投資的單一準則，則線性規劃模式如下：

極小化：$z = 0.50x_1 + 0.25x_2$
受限於：$25x_1 + 50x_2 \le 80,000$
$x_1, x_2 \ge 0$

其規劃求解試算表（請參閱 FOR07.xlsx 檔中試算表「投資組合 B」）及最佳解，如下圖所示，亦即均不投資當然可以獲得零風險，不投資當然亦無獲利。不投資當然非投資者所願，但投資於 A 股票 3,200 股、投資於 B 股票 0 股雖可獲得最大獲利 9,600 元，但風險值為 1,600 亦為投資者認為太高而裹足不前。

	A	B	C	D	E	F
1	投資組合最低風險					
2		投資於	投資股數	每股單價	每股每年獲利	每股風險
3		A股	0	25.00	3.00	0.50
4		B股	0	50.00	5.00	0.25
5		所需資金	0.00	<=	80,000.00	
6		最低風險	0.00			
7		獲利值	0.00			

如果投資者感覺假如風險值能夠不高於 700，且報酬值高於 9,000 元，則有極高的投資意願；使這個投資組合決策問題變成兩個準則（風險值能夠不高於 700，報酬值高於 9,000 元）的多準則決策問題。

多準則決策問題

前面投資組合中的兩個準則，可以寫成如下的關係式：

$$0.50x_1 + 0.25x_2 \le 700$$
$$3x_1 + 5x_2 \ge 9,000$$

以上為表述兩個準則的期望式且與資金限制式 $25x_1 + 50x_2 \le 80,000$ 有相同的形式，如將該兩準則期望式視同線性規劃的限制式，則由下圖知空白區雖滿足限制式 $25x_1 + 50x_2 \le 80,000$ 與限制式 $0.50x_1 + 0.25x_2 \le 700$，但限制式 $3x_1 + 5x_2 \ge 9,000$ 則無法滿足，故屬不可行解；另外如何表述線性規劃的目標函數，亦有其困難。

多準則決策問題可能無法找到最佳解可以滿足所有準則，而僅能找到所謂的妥協解 (Compromise Solution)；亦即所有準則中，可能有些準則完全滿足，而另些準則妥協則僅能找到最接近的解。因為妥協方式不同，而有各種目標函數建置方法。

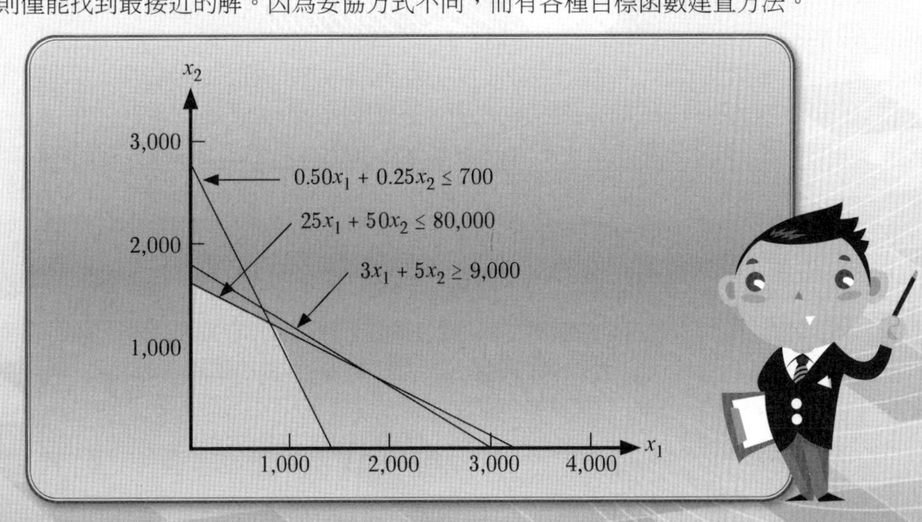

Unit 7-3 目標方程式

在前述實例中，因為可用資金僅有 80,000 元，故限制式 $25x_1 + 50x_2 \leq 80,000$ 為不可違反的資源限制式，準則 $0.5x_1 + 0.25x_2 \leq 700$ 則僅表示投資者的期望而已，實際投資的風險值可能大於、等於或小於 700。因資源限制所形成的限制式，亦稱為硬性限制式 (Hard Constraint)，因決策準則所形成的限制式僅是投資者的期望而未必如願，故其限制式稱為軟性限制式 (Soft Constraint)。

硬性限制式與軟性限制式在形式上完全相同，其區別完全依決策者的意願或環境的限制；如果決策者僅有 80,000 元可用於投資，絕對不能超過 80,000 元，則屬硬性限制式。如果決策者僅是期望投資風險值小於 700，而允許超過的偏離，則屬軟性限制式；至於超過或不足多少的風險值為決策者所能接受，則屬決策者的意願問題。目標規劃 (Goal Programming) 法僅是使這些超過或不足的偏離趨於最小的一種尋覓妥協解的技術。目標方程式則是將這些表示期望的軟性限制式，轉換成可以適用線性規劃技術求解的方法。

方程式 $0.5x_1 + 0.25x_2 - d_1^+ + d_1^- = 700$ 可以表述投資股票風險值可以大於、等於或小於 700 的期望；其中 700 代表準則的目標值 (Target Value)，d_1^+、d_1^- 分別代表投資股票風險值 $0.5x_1 + 0.25x_2$ 超過或未達目標值的變數，故稱為偏離變數 (Deviation Variable)。

偏離變數的通式為 d_i^+ 或 d_i^-，其下標的 i 表示第 i 個準則（軟性限制式）期望式的偏離變數，其上標為 + 表示期望值超過目標值，為 − 表示期望值未達目標值。依據偏離變數的定義，變數值均不可為負值以符合線性規劃的非負限制，且 d_i^+ 或 d_i^- 必有一個變數值為 0。當 $d_1^+ > 0$、$d_1^- = 0$ 時，投資風險值必大於目標值 700，才能減去 d_1^+ 後等於 700；當 $d_1^+ = 0$、$d_1^- > 0$ 時，投資風險值必小於目標值 700，才能加上 d_i^- 後等於 700；當 $d_1^+ = 0$、$d_1^- = 0$ 時，投資風險值必等於目標值 700。修改後的投資風險準則期望式方程式 $0.5x_1 + 0.25x_2 - d_1^+ + d_1^- = 700$ 可表達風險值超過，等於或未達目標值，故稱為目標方程式 (Goal Equation)。

因為準則期望式 $0.5x_1 + 0.25x_2 \leq 700$ 期望風險值 $0.5x_1 + 0.25x_2$ 越小越佳，故在期望小於或等於 (≤) 的目標方程式中，偏離變數 d_i^+ 越小越好。

同理，第 2 個準則期望式 $3x_1 + 5x_2 \geq 9,000$ 可以加入偏離變數 d_2^+、d_2^-，而得到目標方程式 $3x_1 + 5x_2 - d_2^+ + d_2^- = 9,000$。因為準則期望式 $3x_1 + 5x_2 \geq 9,000$ 期望投資報酬值 $3x_1 + 5x_2$ 越大越佳，故在期望大於或等於 (≥) 的目標方程式中，偏離變數 d_i^- 越小越好。

含有 ≤ 的期望式，偏離變數 d_i^+ 越小越好
含有 ≥ 的期望式，偏離變數 d_i^- 越小越好

如果將準則的目標方程式加入線性規劃模式的限制式，則可得線性規劃模式的目標函數為極小化 $d_1^+ + d_2^-$；而得完整線性規劃模式為

極小化 $d_1^+ + d_2^-$

受限於

$$25x_1 + 50x_2 \le 80{,}000$$

$$0.5x_1 + 0.25x_2 - d_1^+ + d_1^- = 700$$

$$3x_1 + 5x_2 - d_2^+ + d_2^- = 9{,}000$$

$$x_1, x_2, d_1^+, d_1^-, d_2^+, d_2^- \ge 0$$

	A	B	C	D	E	F
1	投資組合例極小化d_1^++d_2^-					
2		投資於	投資股數	每股單價	每股每年獲利	每股風險
3		A股	2,000	25.00	3.00	0.50
4		B股	600	50.00	5.00	0.25
5		偏離變數1+	450			
6		偏離變數1-	0			
7		偏離變數2+	0			
8		偏離變數2-	0			
9		所需資金	80,000.00	<=	80,000.00	
10		目標程式式1	700.00	=	700.00	
11		目標方程式2	9,000.00	=	9,000.00	
12		最低偏離值	450.00			
13		風險值	1,150.00			
14		獲利值	9,000.00			

上圖為前述線性規劃模式的規劃求解試算表（請參閱 FOR07.xlsx 檔中試算表「投資組合 C」），偏離變數 d_1^+ 與 d_2^- 和最小值為 450，雖得獲利值 9,000 元，但風險值 1,150 卻大於 700 而不符合投資者的期望。

目標函數值等於 0 的意義為所考量的期望式均符合目標值，目標函數值不等於 0 表示某些期望式未能獲得期望的目標值。圖中偏離變數 1 的 d_1^+ 值為 450，偏離變數 1 的 d_1^- 值為 0，表示期望式 1（$0.5x_1 + 0.25x_2 - d_1^+ + d_1^- = 700$）比期望值超過 450，亦即 $700 + 450 = 1{,}150$。

目標函數 $d_1^+ + d_2^-$ 中的 d_1^+ 代表投資風險值的偏離值、d_2^- 代表投資獲利值的偏離值，其和數尚無實質上的意義，而必須探究非零偏離變數的個別意義。

知識補充站

目標規劃模式中限制式與期望式的形式完全相同；決策者決心達到的目標稱為限制式（或硬性限制式）；決策者僅是期望而有妥協空間的期望式稱為軟性限制式。目標規劃模式的目標函數為各軟性限制式中某個偏離變數的總和。其總和數值並無一般意義，而需解讀各個偏離變數值的意義。

Unit 7-4
目標規劃模式建構步驟

目標規劃係以線性規劃技術為基礎，故如何將多準則決策規劃問題轉為線性規劃模式為解決問題的第一重要步驟。建立目標規劃模式的步驟有

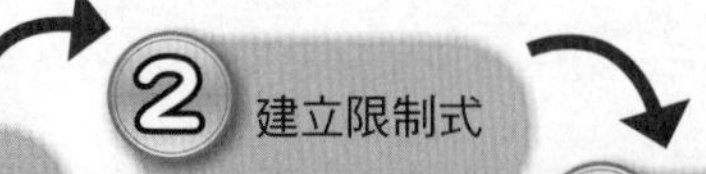

其中設定決策變數與建立限制式與線性規劃模式的建構方法相同；建立目標方程式及建立目標函數分述如下。目標方程式建立步驟為

① 將所有硬性限制式併入線性規劃模式的限制式；

② 將所有準則期望式按 1、2、3 等編號之；

③ 將第 i 個準則增加 d_i^+ 與 d_i^- 兩個偏離變數，如第 2 個準則增加 d_2^+ 與 d_2^- 兩個偏離變數；

④ 將各準則期望式的目標值置於目標方程式等式右側，準則期望式減去該準則的正偏離變數，加上負偏離變數置於目標方程式等號左側；例如第 2 個準則期望式為 $3x_1 + 5x_2 \geq 9{,}000$，則目標方程式等號右側置入目標值 9,000；準則期望式 $3x_1 + 5x_2$ 減去該準則的正偏離變數 d_2^+，加上負偏離變數 d_2^- 置於等號左側，而成 $3x_1 + 5x_2 - d_2^+ + d_2^- = 9{,}000$。

每一個準則期望式增加兩個非負的偏離變數，形成一個目標方程式，並視同線性規劃模式的軟性限制式。建立目標函數步驟如右圖。

多準則決策規劃問題中的各個準則，經過期望式化成目標方程式，且併入線性規劃模式的限制式後，則整個模式的目標為使各目標方程式中某個偏離變數值趨於最小。目標方程式中偏離變數挑選原則如下：

1. 若目標方程式的原準則期望式含有 $\leq$ 關係式，則取該目標方程式的偏離變數 d_i^+ 為目標函數的變數，且越小越佳；
2. 若目標方程式的原準則期望式含有 $\geq$ 關係式，則取該目標方程式的偏離變數 d_i^- 為目標函數的變數，且越小越佳之；

使各目標方程式中某個偏離變數值趨於最小的一種方法，即是使該些偏離變數值的總和值極小化。多準則決策問題中極小化某些偏離變數值的總和值的方法，稱為等權目標法，其他尚有加權目標法與優先目標法來建立目標函數。

目標方程式建置步驟

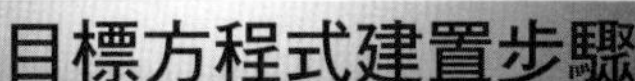

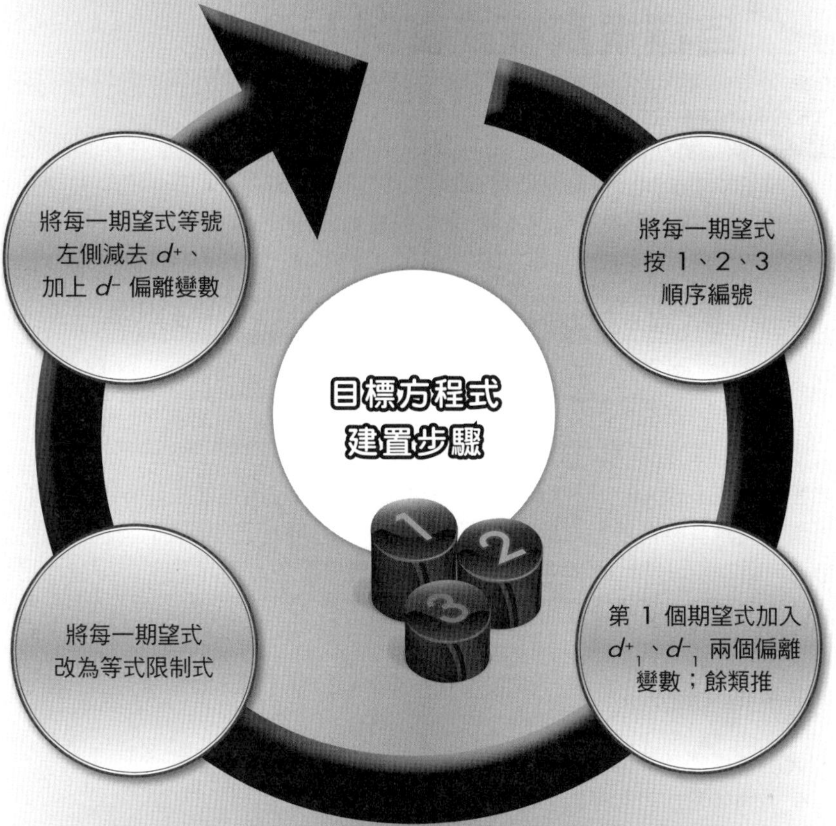

目標方程式
建置步驟
將每一期望式
按 1、2、3
順序編號
第 1 個期望式加入
d^+_1、d^-_1 兩個偏離
變數；餘類推
將每一期望式
改為等式限制式
將每一期望式等號
左側減去 d^+、
加上 d^- 偏離變數
1
2
3

目標規劃模式的目標函數式是由各目標方程式的某一個偏離變數的總和，且是極小化之。
若某一期望式的不等式是 ≥，則取 d^+ 偏離變數；若不等式是 ≤，則取 d^- 偏離變數。

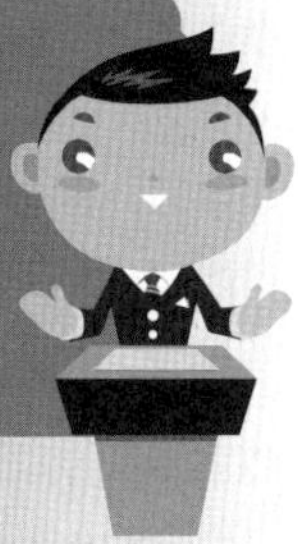

知識補充站

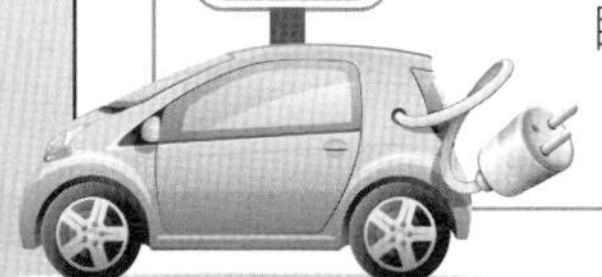

目標規劃模式中不含偏離變數的限制式稱為硬性限制式；含有偏離變數的限制式稱為軟性限制式。

Unit 7-5 目標規劃模式實例 (一)

例題 7-1

頌可辦公室用品公司規劃其四位銷售員次月的銷售計畫，期望能在次月拜訪老客戶至少 200 家，拜訪新客戶至少 120 家；根據過去經驗，拜訪每家客戶所需時數及可能銷售額如下表：

客戶類別	所需時數	可能銷售額 (元)
老客戶	2	250
新客戶	3	125

銷售員每週工作 40 小時，每月工作 160 小時，四位銷售員共有 640 小時的銷售力，經理部門希望整體銷售力能在次月創造至少 70,000 元的業績；銷售力至少使用 600 小時，超時加班時數最多 40 小時（亦即銷售力最多 680 小時），試建立目標規劃模式以規劃該公司應拜訪老客戶、新客戶各若干戶。

【解】

設定如下的決策變數：

x_1 代表應該拜訪老客戶數
x_2 代表應該拜訪新客戶數

歸納之，本題共有如下的五個決策準則：

準則 1：銷售力總工作小時數不得超過 680 小時
準則 2：銷售力總工作小時數不得少於 600 小時
準則 3：銷售業績至少 70,000 元
準則 4：拜訪老客戶至少 200 家
準則 5：拜訪新客戶至少 120 家

將各準則的期望式轉化為目標方程式：

準則 1 的期望式為 $2x_1 + 3x_2 \le 680$，得
目標方程式 1：$2x_1 + 3x_2 - d_1^+ + d_1^- = 680$
為滿足 $\le$ 期望式，應使偏離變數 d_1^+ 越小越佳。同理，
準則 2 的期望式為 $2x_1 + 3x_2 \ge 600$，得
目標方程式 2：$2x_1 + 3x_2 - d_2^+ + d_2^- = 600$
為滿足 $\ge$ 期望式，應使偏離變數 d_2^- 越小越佳。同理，
準則 3 的期望式為 $250x_1 + 125x_2 \ge 70,000$，設其偏離變數為 d_3^+、d_3^-，則得

目標方程式 3：$250x_1 + 125x_2 - d_3^+ + d_3^- = 70,000$

為滿足 ≥ 期望式，應使偏離變數 d_3^- 越小越佳。

準則 4 的期望式為 $x_1 \geq 200$，設其偏離變數為 d_4^+、d_4^-，則得

目標方程式 4：$x_1 - d_4^+ + d_4^- = 200$

為滿足期望式，應使偏離變數 d_4^- 越小越佳。

準則 5 的期望式為 $x_2 \geq 120$，設其偏離變數為 d_5^+、d_5^-，則得

目標方程式 5：$x_2 - d_5^+ + d_5^- = 120$ 為滿足期望式，應使偏離變數 d_5^- 越小越佳。將所有目標方程式視同線性規劃模式的軟性限制式，可得如下的目標規劃模式：

極小化　$z = d_1^+ + d_2^- + d_3^- + d_4^- + d_5^-$

受限於

$2x_1 + 3x_2 - d_1^+ + d_1^- = 680$　目標方程式 1

$2x_1 + 3x_2 - d_2^+ + d_2^- = 600$　目標方程式 2

$250x_1 + 125x_2 - d_3^+ + d_3^- = 70,000$　目標方程式 3

$x_1 - d_4^+ + d_4^- = 200$　目標方程式 4

$x_2 - d_5^+ + d_5^- = 120$　目標方程式 5

$x_1, x_2, d_1^+, d_1^-, d_2^+, d_2^-, d_3^+, d_3^-, d_4^+, d_4^-, d_5^+, d_5^- \geq 0$

	A	B	C	D	E	F	G	H	I	J	K	L	M
1	頌可辦公室用品公司銷售人力運用規劃(目標等權重)												
2		X1	X2	D1P	D1M	D2P	D2M	D3P	D3M	D4P	D4M	D5P	D5M
3		250	60	0	0	80	0	0	0	50	0	0	60
4		2	3	-1	1	680	=	680					
5		2	3	-1	1	600	=	600		目標函數==>		60	
6		250	125	-1	1	70,000	=	70,000					
7		1	0	-1	1	200	=	200					
8		0	1	-1	1	120	=	120					

上圖為本例的規劃求解試算表（請參閱 FOR07.xlsx 檔中試算表「頌可 A」）。偏離變數 d_1^+、d_1^-、d_2^+、d_2^- 的單位為小時；d_3^+、d_3^- 的單位為元；d_4^+、d_4^-、d_5^+、d_5^- 的單位為家數，故目標函數值 60 尚無一致的單位。目標函數值 60（非為 0）表示某些偏離變數值非為 0 值，檢視所得的妥協解中的決策變數與偏離變數值，才能掌握妥協方案為拜訪 250 家老客戶、60 家新客戶（儲存格 B3、C3）；因為 $d_2^+ = 80$（儲存格 F3）表示總工作時數比 600 小時超過 80 小時；$d_4^+ = 50$ 表示比預定拜訪老客戶 200 家多 50 家；$d_5^- = 60$ 表示比預定拜訪新客戶 120 家少 60 家。因為 d_3^- 為 0 表示銷售業績已達 70,000 元。

知識補充站

目標規劃模式乃用規劃求解增益集求解之，惟其目標函數值不具實質意義，應就目標函數中各個偏離變數的值，研判各期望式達成的程度。如果某個軟性限制式的正、負偏離變數均為 0(不可能均非為 0)，則表示該期望式完全達到預期目標；如果正偏離變數非為 0，則表示該期望式超過預期目標；如果負偏離變數非為 0，則表示該期望式未達預期目標。

Unit 7-6 目標規劃模式實例 (二)

例題 7-2

派森汽車公司擬在電視進行促銷廣告，每分鐘廣告費及可達觀眾數如下表：

電視節目	觀眾數 (百萬)			每分鐘廣告費
	HIM	LIP	HIW	
足球賽	7	10	5	100,000
電影集	3	5	4	60,000

若派森汽車公司僅有 600,000 元的廣告預算且有下列廣告目標（或準則）：

目標 1：廣告至少可達 40 百萬的高收入男性 (High Income Man, HIM)；
目標 2：廣告至少可達 60 百萬的低收入大眾 (Low Income People, LIP)；
目標 3：廣告至少可達 35 百萬的高收入女性 (High Income Woman, HIW)；

試為派森汽車公司研擬廣告策略？

【解】

設如下的決策變數：

x_1 =足球賽廣告分鐘數
x_2 =電影集廣告分鐘數

則任何滿足下列線性規劃模式的解均可滿足各設定目標：

極小化（或極大化） $z = 0x_1 + 0x_2$ 或任意含有決策變數的目標函數
受限於 $7x_1 + 3x_2 \geq 40$ HIM 期望觀眾數限制式
$10x_1 + 5x_2 \geq 60$ LIP 期望觀眾數限制式
$5x_1 + 4x_2 \geq 35$ HIW 期望觀眾數限制式
$100x_1 + 60x_2 \leq 600$ 廣告預算限制式，以千元為單位
$x_1, x_2 \geq 0$

本題是規劃在僅有 600,000 元的廣告預算下，期望達到 3 個廣告目標；規劃模式中，已將廣告預算的限制與 3 個廣告目標的期望寫成限制式；因此只要滿足所有限制式的決策變數 x_1（足球賽廣告分鐘數）、x_2（電影集廣告分鐘數）就符合本題之目標。目標函數為極大化 $z = 0x_1 + 0x_2$ 或極小化 $z = 0x_1 + 0x_2$ 或極大化 $z = 3x_1 + 5x_2$ 或極小化 $z = 7x_1 + 10x_2$ 均無不可，其目的僅是為了符合線性規劃模式中必有目標函數式與限制式，才能適用相關解法。

下圖為其規劃求解試算表（請參閱 FOR07.xlsx 檔中試算表「例題 7-2」）。

	A	B	C	D	E	F	G
1	例題 7-2 (全部硬性限制式)						
2		決策變數	X1	X2			
3		變數值	0.00	0.00			
4		目標係數	0.00	0.00	0.00		
5		限制式1	7.00	3.00	0.00	≧	40.00
6		限制式2	10.00	5.00	0.00	≧	60.00
7		限制式3	5.00	4.00	0.00	≧	35.00
8		限制式4	100.00	60.00	0.00	≦	600.00

單擊規劃求解參數畫面中的「求解」鈕，得下圖「規劃求解找不到合適的解」結果畫面；換言之，在 600,000 元廣告費的預算限制下，無法滿足所有期望的 3 個目標。

規劃求解結果

規劃求解找不到合適的解。

報表
可行性
可行性範圍限制

◉ 保留規劃求解解答
○ 還原初值

☐ 返回 [規劃求解參數] 對話方塊　☐ 大綱報表

確定　取消　儲存分析藍本⋯

規劃求解找不到合適的解。

規劃求解找不到可滿足所有限制式的點。

若決策者並不堅持目標 1、2、3 必定均要滿足，則必須將各目標期望式由硬性限制式改為軟性限制式，則可依目標規劃法求解之。

若能夠求得唯一解，則所得的決策變數（足球賽廣告分鐘數與電影集廣告分鐘數），就能滿足在 600,000 元廣告費的預算限制下，達到期望的 3 個目標的廣告策略；此時的目標函數式（$z = 0x_1 + 0x_2$、$z = 3x_1+5x_2$、$z = 3x_1 - 5x_2$ 或其他）的值並無實質意義。

以 Excel 的規劃求解增益集求解線性規劃模式堪稱簡捷方便，因此如果模式中有目標期望式 (軟性限制式)，可先將之視為硬性限制式求解之。如果獲得唯一最佳解，則所有目標期望式均可完全滿足；如果無可行解，再將所有目標期望式改為目標方程式加入線性規劃模式中，求取最佳妥協解。

Unit 7-7 目標規劃模式實例 (三)

例題 7-2 (續)

前述模式未能求得最佳解，乃因將目標期望式視同硬性限制式的結果，為了要求得妥協解，必須將這些目標期望式進行如下的軟化工作。

首先將目標 1（限制式 1）視同軟性限制式而列出如下的目標方程式：

$$7x_1 + 3x_2 - d_1^+ + d_1^- = 40$$

決策者原期望目標 1 能夠超過 40 百萬高收入男性 (HIM) 收看節目，但在廣告費 600,000 元下無法達成目標，因此並不堅持之。目標方程式中的 d_1^- 值越小，則觀眾數越接近 40 百萬人；目標方程式中的 d_1^+ 值非零，則高收入男性 (HIM) 觀眾數超過 40 百萬人。

同理，將目標 2（限制式 2）視同軟性限制式，而列出如下的目標方程式：

$$10x_1 + 5x_2 - d_2^+ + d_2^- = 60$$

目標方程式中的 d_2^- 值越小，則觀眾數越接近 60 百萬人；d_2^+ 值越大，則觀眾數超過 60 百萬人越多。

將目標 3（限制式 3）視同軟性限制式，而列出如下的目標方程式：

$$5x_1 + 4x_2 - d_3^+ + d_3^- = 35$$

目標方程式中的 d_3^- 值越小，則觀眾數越接近 35 百萬人；d_3^+ 值越大，則觀眾數超過35百萬人越多。

限制式 4 則因廣告費不得超過 600,000 元，故屬硬性限制式。因此可得目標函數為

極小化 $z = d_1^- + d_2^- + d_3^-$

彙整硬性限制式與軟性限制式的目標方程式後，得線性規劃模式為

極小化 $z = d_1^- + d_2^- + d_3^-$

受限於
$$7x_1 + 3x_2 - d_1^+ + d_1^- = 40$$
$$10x_1 + 5x_2 - d_2^+ + d_2^- = 60$$
$$5x_1 + 4x_2 - d_3^+ + d_3^- = 35$$
$$100x_1 + 60x_2 \le 600$$
$$x_1, x_2, d_1^+, d_1^-, d_2^+, d_2^-, d_3^+, d_3^- \ge 0$$

目標函數中偏離變數的係數 d_1^-、d_2^-、d_3^- 均為 1，故屬等權目標法。

下圖為其規劃求解模式試算表及最佳解（請參閱 FOR07.xlsx 檔中試算表「例題 7-2B」），此最佳解為原題的妥協解。

	A	B	C	D	E	F	G	H	I	J	K	L	M
1	例題 7-2（目標規劃法）												
2		決策變數	X1	X2	D1P	D1M	D2P	D2M	D3P	D3M			
3		變數值	5.00	1.67	0.00	0.00	0.00	1.67	0.00	3.33	5.00		
4		限制式1	7.00	3.00	-1	1	0	0	0	0	40.00	=	40.00
5		限制式2	10.00	5.00	0	0	-1	1	0	0	60.00	=	60.00
6		限制式3	5.00	4.00	0	0	0	0	-1	1	35.00	=	35.00
7		限制式4	100.00	60.00	0	0	0	0	0	0	600.00	≦	600.00

解得決策變數 $x_1 = 5$（儲存格 C3），表示應在足球賽節目廣告 5 分鐘；決策變數 $x_2 = 1.67$（儲存格 D3），表示應在電影集節目廣告 1.67 分鐘。D2P（儲存格 G3）代表偏離變數 d_2^+。同理，D2M 代表偏離變數 d_2^-，其餘類推之。目標函數值 5.00 表示有些目標無法完全滿足，檢視試算表中第 3 列得 $d_1^- = 0$（儲存格 F3）、$d_1^+ = 0$ 表示目標 1 的觀眾數剛好等於 40 百萬人；$d_2^+ = 0$（儲存格 G3）、$d_2^- = 1.67$ 表示目標 2 比預期的 60 百萬人短少 1.67 百萬人；$d_3^+ = 0$（儲存格 I3）、$d_3^- = 3.33$ 表示目標 3 比預期的 35 百萬人短少 3.33 百萬人；合計短少 $1.67 + 3.33 = 5.00$ 百萬人（即目標函數值）。

依據前述結果，將試算表「例題 7-2」的目標 2 硬性限制式、目標 3 硬性限制式的右端常數分別減少 1.67 百萬人、3.33 百萬人改為

目標 2

$$10x_1 + 5x_2 \geq 58.33$$

(LIP 期望觀眾數限制式)
減少 1.67 百萬人

目標 3

$$5x_1 + 4x_2 \geq 31.67$$

(HIW 期望觀眾數限制式)
減少 3.33 百萬人

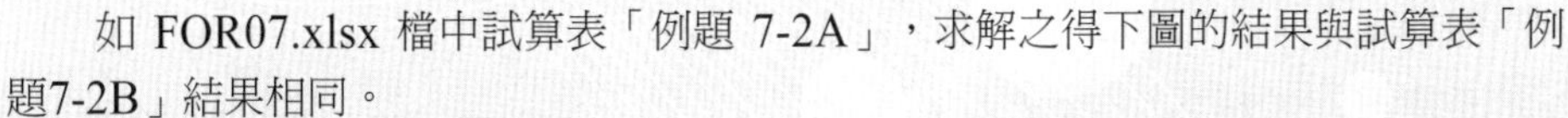

如 FOR07.xlsx 檔中試算表「例題 7-2A」，求解之得下圖的結果與試算表「例題7-2B」結果相同。

	A	B	C	D	E	F	G
1	例題 7-2A（全部硬性限制式）						
2		決策變數	X1	X2			
3		變數值	5.00	1.67			
4		目標係數	0.00	0.00	0.00		
5		限制式1	7.00	3.00	40.00	≧	40.00
6		限制式2	10.00	5.00	58.33	≧	58.33
7		限制式3	5.00	4.00	31.67	≧	31.67
8		限制式4	100.00	60.00	600.00	≦	600.00

Unit 7-8 加權目標法

加權目標法為建立多準則決策問題的目標函數的方法之一；設 d_i^* 為準則 i 應使變數值趨小的偏離變數（其中上標 * 可能為＋或－），則加權目標函數為

$$\text{極小化} \quad z = w_1 d_1^* + w_2 d_2^* + \cdots + w_n d_n^*$$

其中 w_i 為準則 i 的加權數，所有加權數均為正數，為決策者對於某一準則主觀上所認定的重要性指標；加權數越大表示重要性越高。目標函數中所有權數均相等者，稱為等權目標法；所有權數並未全相等者，稱為加權目標法。

例題 7-3

在例題 7-2 中派森汽車公司認為如果無法達成各目標值，則可能減少的銷售額如下表：

目　標	每減少一百萬觀眾可能減少的銷售額
目標 1 (HIM)	200,000 元
目標 2 (LIP)	100,000 元
目標 3 (HIW)	50,000 元

試為派森汽車公司研擬廣告策略，使銷售額的減少趨於最低？

【解】

由例題 7-2 知各偏離變數代表未達預期觀眾數的百萬人數，因此如以 200、100、50（千元）為偏離變數的加權數，則整個目標規劃模式可寫成

$$\text{極小化} \quad z = 200d_1^- + 100d_2^- + 50d_3^-$$

$$\begin{aligned}\text{受限於} \quad & 7x_1 + 3x_2 - d_1^+ + d_1^- = 40 \\ & 10x_1 + 5x_2 - d_2^+ + d_2^- = 60 \\ & 5x_1 + 4x_2 - d_3^+ + d_3^- = 35 \\ & 100x_1 + 60x_2 \le 600 \\ & x_1, x_2, d_1^+, d_1^-, d_2^+, d_2^-, d_3^+, d_3^- \ge 0\end{aligned}$$

	A	B	C	D	E	F	G	H	I	J	K	L	M
1	例題 7-3（加權目標規劃法）												
2		決策變數	X1	X2	D1P	D1M	D2P	D2M	D3P	D3M			
3		變數值	6.00	0.00	2.00	0.00	0.00	0.00	0.00	5.00			
4		加權數				200.00		100.00		50.00	250.00		
5		限制式1	7.00	3.00	-1	1	0	0	0	0	40.00	=	40.00
6		限制式2	10.00	5.00	0	0	-1	1	0	0	60.00	=	60.00
7		限制式3	5.00	4.00	0	0	0	0	-1	1	35.00	=	35.00
8		限制式4	100.00	60.00	0	0	0	0	0	0	600.00	≦	600.00

上圖為其規劃求解試算表及最佳解（請參閱 FOR07.xlsx 檔中試算表「例題 7-3」），此最佳解為原題的妥協解。

圖中的目標函數值 250.00 表示可能銷售額減少 250 千元；亦即其中有些目標無法滿足，檢視試算表第 3 列得 $d_1^- = 0$ 、 $d_1^+ = 2$ 表示目標 1 的觀眾數比預期的 40 百萬人超過 2 百萬人；$d_2^+ = 0$、$d_2^- = 0$ 表示目標 2 的觀眾數剛好達到預期的 60 百萬人；$d_3^+ = 0$ 、 $d_3^- = 5$ 表示目標 3 的觀眾數比預期的 35 百萬人短少 5 百萬人；合計短少 $5 - 2 = 3.00$ 百萬人。目標函數值 $z = 200d_1^- + 100d_2^- + 50d_3^- = 200 \times 0 + 100 \times 0 + 50 \times 5 = 250$。另得 $x_1 = 6$ 表示應在足球賽節目廣告 6 分鐘； $x_2 = 0$ 表示應不在電影集節目廣告。

例題 7-4

在例題 7-2 中如果派森汽車公司為了盡量達到各目標設定值，同意可以增加廣告預算（加權數 1），試為派森汽車公司研擬廣告策略使銷售額的減少趨於最低？

【解】

因為決策者同意廣告預算亦可以增加，則將硬性限制式 4 視同軟性限制式，得下列目標方程式

$$100x_1 + 60x_2 - d_4^+ + d_4^- = 600$$

因為廣告費預算的不等關係為≤，故目標方程式中的偏離變數 d_4^+ 值越小越佳，則目標規劃模式的目標函數改為

極小化 $z = 200d_1^- + 100d_2^- + 50d_3^- + d_4^+$

且將限制式 $100x_1 + 60x_2 \le 600$ 改為 $100x_1 + 60x_2 - d_4^+ + d_4^- = 600$ ；非負限制式 $x_1, x_2, d_1^+, d_1^-, d_2^+, d_2^-, d_3^+, d_3^- \ge 0$ 改為 $x_1, x_2, d_1^+, d_1^-, d_2^+, d_2^-, d_3^+, d_3^-, d_4^+, d_4^- \ge 0$。

下圖為其規劃求解試算表及最佳解（請參閱 FOR07.xlsx 檔中試算表「例題 7-4」），此最佳解為原題的妥協解。應在足球賽節目廣告 4.33 分鐘；在電影集節目廣告 3.33 分鐘。目標 1 的觀眾數比預期的 40 百萬人超過 0.33 百萬人。目標 4 比預期的廣告費超過 33.33 千元。

	A	B	C	D	E	F	G	H	I	J	K	L	M	N	O
1	例題 7-4 (加權目標規劃法)														
2		決策變數	X1	X2	D1P	D1M	D2P	D2M	D3P	D3M	D4P	D4M			
3		變數值	4.33	3.33	0.33	0.00	0.00	0.00	0.00	0.00	33.33	0.00			
4		加權數				200.00		100.00		50.00	1.00		33.33		
5		限制式1	7.00	3.00	-1	1	0	0	0	0	0	0	40.00	=	40.00
6		限制式2	10.00	5.00	0	0	-1	1	0	0	0	0	60.00	=	60.00
7		限制式3	5.00	4.00	0	0	0	0	-1	1	0	0	35.00	=	35.00
8		限制式4	100.00	60.00	0	0	0	0	0	0	-1	1	600.00	=	600.00

Unit 7-9 加權目標法程式使用說明

使圖解作業研究軟體試算表以外的試算表處於作用中 (Active)，選擇☞FOR/多準則決策分析/加權目標法 (Weights Method)/建立加權目標法試算表☜出現下圖輸入畫面。依據例題 7-3 輸入決策變數個數 (2)、線性限制式個數 (1) 及決策準則個數 (3)。

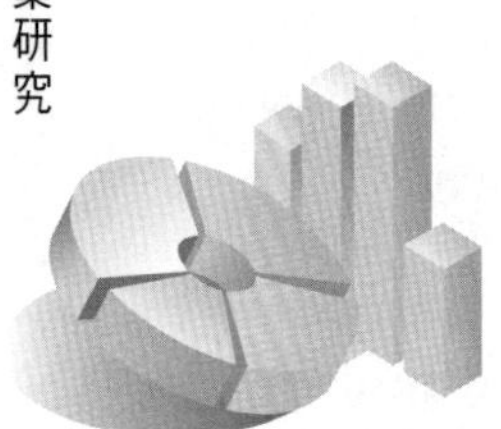

建立加權目標法試算表

試算表名稱	加權目標法試算表	
決策變數個數(n)	2	確定
線性限制式個數(m)	1	
決策準則個數(p)	3	取消

參數輸入後，單擊「確定」鈕，則出現下圖的指導畫面，要求在淡黃色區內限制式係數、不等關係、右端常數，準則係數、不等關係、右端常數及準則加權數。

建立多準則決策分析 加強目標法試算表

請在試算表(WEI2)淡黃色區域內輸入 加權目標法的限制式係數,不等關係,右端常數,
準則係數,不等關係,右端常數,準則加權數,然後
從功能表選 加權目標法的 進行加權目標法分析

確定

單擊「確定」鈕後，出現如下的加權目標法試算表，依據例題 7-3 輸入資料。

	A	B	C	D	E	F	G
3	加權目標法試算表						
4	決策變數	X1	X2				
5	變數值	6.00	0.00				
6	限制式1	100.00	60.00	600.00	<=	600.00	加權數↓
7	準則1	7.00	3.00	42.00	>=	40.00	200
8	準則2	10.00	5.00	60.00	>=	60.00	100
9	準則3	5.00	4.00	30.00	>=	35.00	50

選擇☞FOR/多準則決策分析/加權目標法 (Weights Method)/進行加權目標法分析☜即得下圖的運算結果（請參閱 FOR07.xlsx 檔中試算表「WEI1」）。

	A	B	C	D	E	F	G	H	I	J
3	加權目標法試算表									
4	決策變數	X1	X2							
5	變數值	6.00	0.00							
6	限制式1	100.00	60.00	600.00	<=	600.00	加權數↓			
7	準則1	7.00	3.00	42.00	>=	40.00	200			
8	準則2	10.00	5.00	60.00	>=	60.00	100			
9	準則3	5.00	4.00	30.00	>=	35.00	50			
10										
11	偏離變數	D1P	D1M	D2P	D2M	D3P	D3M	250.00	←目標函數	
12	變數值	2.00	0.00	0.00	0.00	0.00	5.00			
13	42.00	-1.00	1.00	0.00	0.00	0.00	0.00	40.00	=	40.00
14	60.00	0.00	0.00	-1.00	1.00	0.00	0.00	60.00	=	60.00
15	30.00	0.00	0.00	0.00	0.00	-1.00	1.00	35.00	=	35.00

與下圖的規劃求解結果相符（請參閱 FOR07.xlsx 檔中試算表「例題 7-3」）。

	A	B	C	D	E	F	G	H	I	J	K	L	M
1	例題 7-3 (加權目標規劃法)												
2		決策變數	X1	X2	D1P	D1M	D2P	D2M	D3P	D3M			
3		變數值	6.00	0.00	2.00	0.00	0.00	0.00	0.00	5.00			
4		加權數				200.00		100.00		50.00	250.00		
5		限制式1	7.00	3.00	-1	1	0	0	0	0	40.00	=	40.00
6		限制式2	10.00	5.00	0	0	-1	1	0	0	60.00	=	60.00
7		限制式3	5.00	4.00	0	0	0	0	-1	1	35.00	=	35.00
8		限制式4	100.00	60.00	0	0	0	0	0	0	600.00	≦	600.00

選擇☞FOR/多準則決策分析/加權目標法 (Weights Method)/列印加權目標法試算表☜，並選擇縱向列印或橫向列印後，即可將運算結果印出。

下圖為依據例題 7-4 所建立的加權目標法試算表，並於黃色區域內輸入題述資料後，選擇☞FOR/多準則決策分析/加權目標法 (Weights Method)/進行加權目標法分析☜所得的運算結果（請參閱 FOR07.xlsx 檔中試算表「WEI2」）。

	A	B	C	D	E	F	G	H	I	J	K	L
3	加權目標法試算表											
4	決策變數	X1	X2									
5	變數值	4.33	3.33				加權數↓					
6	準則1	7.00	3.00	40.33	>=	40.00	200					
7	準則2	10.00	5.00	60.00	>=	60.00	100					
8	準則3	5.00	4.00	35.00	>=	35.00	50					
9	準則4	100.00	60.00	633.33	<=	600.00	1					
10												
11	偏離變數	D1P	D1M	D2P	D2M	D3P	D3M	D4P	D4M	33.33	←目標函數	
12	變數值	0.33	0.00	0.00	0.00	0.00	0.00	33.33	0.00			
13	40.33	-1.00	1.00	0.00	0.00	0.00	0.00	0.00	0.00	40.00	=	40.00
14	60.00	0.00	0.00	-1.00	1.00	0.00	0.00	0.00	0.00	60.00	=	60.00
15	35.00	0.00	0.00	0.00	0.00	-1.00	1.00	0.00	0.00	35.00	=	35.00
16	633.33	0.00	0.00	0.00	0.00	0.00	0.00	-1.00	1.00	600.00	=	600.00

Unit 7-10 優先目標法 (一)

加權目標法中決策者必須對每一個目標賦予一個加權數，惟決策者有時對於釐定目標的加權數有困難，因此有優先目標法 (Preemptive Method)。優先目標法可讓決策者指定某一個或某些目標為最優先考量，再指定某一個或某些目標為次等優先考量等。如果決策者可以釐定各目標的加權數，則亦可與優先目標法並用之。優先目標法的目標函數表示法說明如下：

假設某一目標規劃法的決策問題中有 n 個軟性限制式，則有 $2 \times n$ 個偏離變數 $d_1^+, d_1^-, d_2^+, d_2^-, \cdots, d_n^+, d_n^-$，則目標函數可寫成

極小化 $P_1(w_1 d_1^*) + P_2(w_2 d_2^*) + \cdots + P_m(w_m d_m^*)$ 　　式中＊可能＋或－

$P_m(w_m d_m^*)$ 表示在優先目標法中的第 m 個優先目標，第 m 個偏離變數為 d_m^+ 或 d_m^-，w_n 為目標 m 的加權數，如果無加權數，則令 $w_m = 1$；$P_3(3d_4^+ + d_7^-)$ 表示優先目標規劃模式中的第 3 個優先目標，該優先目標考量目標 4 的 d_4^+ 且加權數為 3，及目標 7 的 d_7^- 且未指定加權數（假設為 1）。

一個優先目標可以包括多個目標方程式的偏離變數，而一個目標方程式的偏離變數則不可出現在一個以上的優先目標，故優先目標法中的優先目標數可能少於目標數。

一個有 m 個優先目標的優先目標法模式，必須按優先目標序求解 m 次的線性規劃模式；第 1 次求解的線性規劃模式的目標函數，為第 1 優先目標中的一個或多個加權偏離的和數；第 2 次求解的線性規劃模式的目標函數，為第 2 優先目標中的一個或多個加權偏離的和數，再加上前一次偏離變數值的限制式，以保證前一次求解成果；如此繼續求解 m 次線性規劃模式，最後即得優先目標法的妥協解。

例題 7-5

將例題 7-2 的目標規劃法模式寫成如下的優先目標法模式：

極小化 $z = P_1(d_1^-) + P_2(d_2^-) + P_3(d_3^-)$

受限於
$$7x_1 + 3x_2 - d_1^+ + d_1^- = 40$$
$$10x_1 + 5x_2 - d_2^+ + d_2^- = 60$$
$$5x_1 + 4x_2 - d_3^+ + d_3^- = 35$$
$$100x_1 + 60x_2 \le 600$$
$$x_1, x_2, d_1^+, d_1^-, d_2^+, d_2^-, d_3^+, d_3^- \ge 0$$

【解】

依據目標函數 $z = P_1(d_1^-) + P_2(d_2^-) + P_3(d_3^-)$，可知共有 3 個優先目標；第 1 個優

先目標考量偏離變數 d_1^-（假設為 1）；第 2 個優先目標考量偏離變數 d_2^-（權數 1）；第 3 個優先目標考量偏離變數 d_3^-（假設為 1）；且應按第 1、2、3 優先目標求解之。

第 1 次求解的線性規劃模式為

極小化 $z = d_1^-$

受限於 $7x_1 + 3x_2 - d_1^+ + d_1^- = 40$

$10x_1 + 5x_2 - d_2^+ + d_2^- = 60$

$5x_1 + 4x_2 - d_3^+ + d_3^- = 35$

$100x_1 + 60x_2 \le 600$

$x_1, x_2, d_1^+, d_1^-, d_2^+, d_2^-, d_3^+, d_3^- \ge 0$

下圖為第 1 優先目標的規劃求解試算表（請參閱 FOR07.xlsx 檔中試算表「例題7-5A」）及最佳解。目標儲存格 J3 的公式為 = E3，儲存格 E3 的內容為偏離變數 d_1^-。

	A	B	C	D	E	F	G	H	I	J	K	L
1	例題 7-5-A (第1優先目標)											
2	決策變數	X1	X2	D1P	D1M	D2P	D2M	D3P	D3M			
3	變數值	5.00	1.67	0.00	0.00	0.00	1.67	0.00	3.33	0.00	←目標函數值	
4	目標1	7.00	3.00	-1	1	0	0	0	0	40.00	=	40.00
5	目標2	10.00	5.00	0	0	-1	1	0	0	60.00	=	60.00
6	目標3	5.00	4.00	0	0	0	0	-1	1	35.00	=	35.00
7	限制式4	100.00	60.00	0.00	0.00	0.00	0.00	0.00	0.00	600.00	≤	600.00

檢視上圖的目標函數值 0.00 表示偏離變數 d_1^- 並無偏差，亦即目標 1 完全符合預期的觀眾數 40 百萬人。為保持第 1 優先目標的成果，在考量第 2 優先目標時，應加入 $d_1^- = 0$ 的限制式，再求解第 2 優先目標的目標函數。

第 2 優先目標的目標函數為「極小化 $z = d_2^-$」。次頁上圖為第2優先目標的規劃求解試算表及最佳解（請參閱 FOR07.xlsx 檔中試算表「例題 7-5B」）。目標儲存格 J3 的公式為 = G3，儲存格 G3 的內容為偏離變數 d_2^-；由儲存格 D3 知，$d_1^+ = 2$ 表示目標 1，不僅達到預期的 40 百萬人且超過 2 百萬人。第 8 列為保持第 1 優先目標所新增的 $d_1^- = 0$ 限制式。檢視目標函數值（儲存格 J3）0.00 表示偏離變數 d_2^- 並無偏差，亦即目標 2 完全符合預期的觀眾數 60 百萬人。為保持第 1、2 優先目標的成果，在考量第 3 優先目標時，應累積加入 $d_2^- = 0$ 的限制式，再求解第 3 優先目標的目標函數。

知識補充站

優先目標法的目標規劃模式乃用規劃求解增益集求解之，惟目標函數中有幾個優先目標就需要使用幾次的規劃求解增益集。除第一次外，每使用一次規劃求解，就需增加前一次規劃求解所得偏離變數值的限制式，以保證前一個優先目標的成果。

Unit 7-11 優先目標法 (二)

	A	B	C	D	E	F	G	H	I	J	K	L
1	例題 7-5B (第2優先目標)											
2	決策變數	X1	X2	D1P	D1M	D2P	D2M	D3P	D3M			
3	變數值	6.00	0.00	2.00	0.00	0.00	0.00	0.00	5.00	0.00	←目標函數值	
4	目標1	7.00	3.00	-1	1	0	0	0	0	40.00	=	40.00
5	目標2	10.00	5.00	0	0	-1	1	0	0	60.00	=	60.00
6	目標3	5.00	4.00	0	0	0	0	-1	1	35.00	=	35.00
7	限制式4	100.00	60.00	0.00	0.00	0.00	0.00	0.00	0.00	600.00	≦	600.00
8	新增限制	0.00	0.00	0.00	1.00	0.00	0.00	0.00	0.00	0.00	=	0.00

第 3 優先目標的目標函數為「極小化 $z = d_3^-$」。下圖為第 3 優先目標的規劃求解試算表（請參閱 FOR07.xlsx 檔中試算表「例題 7-5C」）及最佳解。目標儲存格 J3 的公式為 = I3，儲存格 I3 的內容為偏離變數 d_3^-。

	A	B	C	D	E	F	G	H	I	J	K	L
1	例題 7-5C (第3優先目標)											
2	決策變數	X1	X2	D1P	D1M	D2P	D2M	D3P	D3M			
3	變數值	6.00	0.00	2.00	0.00	0.00	0.00	0.00	5.00	5.00	←目標函數值	
4	目標1	7.00	3.00	-1	1	0	0	0	0	40.00	=	40.00
5	目標2	10.00	5.00	0	0	-1	1	0	0	60.00	=	60.00
6	目標3	5.00	4.00	0	0	0	0	-1	1	35.00	=	35.00
7	限制式4	100.00	60.00	0.00	0.00	0.00	0.00	0.00	0.00	600.00	≦	600.00
8	新增限制	0.00	0.00	0.00	1.00	0.00	0.00	0.00	0.00	0.00	=	0.00
9	新增限制	0.00	0.00	0.00	0.00	0.00	1.00	0.00	0.00	0.00	=	0.00

圖中的第 8 列為保持第 1 優先目標所保留的 $d_1^- = 0$ 限制式；第 9 列為保持第 2 優先目標所新增的 $d_2^- = 0$ 限制式。檢視目標函數值 5.00（儲存格 J3）表示某些偏離變數有偏差的情形；由第 3 列知，$d_1^+ = 2$、$d_1^- = 0$ 表示目標 1 不僅達到預期的 40 百萬人，且超過 2 百萬人；$d_2^+ = 0$、$d_2^- = 0$ 表示目標 2 達到預期的 60 百萬人；$d_3^+ = 0$、$d_3^- = 5$ 表示目標 3 未能達到預期的 35 百萬人，且有 5 百萬人的減少。

如果目標函數改為 $z = P_1(4d_3^-) + P_2(2d_2^-) + P_3(d_1^-)$，則規劃求解試算表應如何修改？
答案是：試算表 7-5D 的目標儲存格 (J3) 修改＝4*I3
試算表 7-5E 的目標儲存格 (J3) 需改為＝2*G3
試算表 7-5F 的目標儲存格 (K3) 需改為＝E3

如將目標函數改為 $z = P_1(4d_3^-) + P_2(2d_2^-) + P_3(d_1^-)$，則應先將目標儲存格 (J3) 的公式改為 = 4*I3（請參閱 FOR07.xlsx 檔中試算表「例題 7-5D」），並求得最佳解如下圖。$d_3^+ = 0$、$d_3^- = 0$ 表示目標 3 達到預期的 35 百萬人。

	A	B	C	D	E	F	G	H	I	J	K	L
1	例題 7-5D z=P₁(4d⁻₃)+P₂(2d⁻₂)+P₃(d⁻₁) (第1優先目標)											
2	決策變數	X1	X2	D1P	D1M	D2P	D2M	D3P	D3M			
3	變數值	3.00	5.00	0.00	4.00	0.00	5.00	0.00	0.00	0.00	←目標函數值	
4	目標1	7.00	3.00	-1	1	0	0	0	0	40.00	=	40.00
5	目標2	10.00	5.00	0	0	-1	1	0	0	60.00	=	60.00
6	目標3	5.00	4.00	0	0	0	0	-1	1	35.00	=	35.00
7	限制式4	100.00	60.00	0.00	0.00	0.00	0.00	0.00	0.00	600.00	≦	600.00

次將目標儲存格 (J3) 的公式改為 = 2*G3 且增加新的限制式，以保證 $d_3^- = 0$（請參閱 FOR07.xlsx 檔中試算表「例題 7-5E」），並求得最佳解如下圖。$d_2^+ = 0$、$d_2^- = 5$ 表示目標 2 未能達到預期的 60 百萬人，且有 5 百萬人的減少。

	A	B	C	D	E	F	G	H	I	J	K	L
1	例題 7-5E z=P₁(4d⁻₃)+P₂(2d⁻₂)+P₃(d⁻₁) (第2優先目標)											
2	決策變數	X1	X2	D1P	D1M	D2P	D2M	D3P	D3M			
3	變數值	3.00	5.00	0.00	4.00	0.00	5.00	0.00	0.00	10.00	←目標函數值	
4	目標1	7.00	3.00	-1	1	0	0	0	0	40.00	=	40.00
5	目標2	10.00	5.00	0	0	-1	1	0	0	60.00	=	60.00
6	目標3	5.00	4.00	0	0	0	0	-1	1	35.00	=	35.00
7	限制式4	100.00	60.00	0.00	0.00	0.00	0.00	0.00	0.00	600.00	≦	600.00
8	新增限制	0.00	0.00	0.00	0.00	0.00	0.00	0.00	1.00	0.00	=	0.00

再將目標儲存格 (J3) 的公式改為 = E3且再增加新的限制式，以保證 $d_2^- = 5$（請參閱 FOR07.xlsx 檔中試算表「例題 7-5F」）並求得最佳解如下圖。$d_1^+ = 0$、$d_1^- = 4$ 表示目標 1 未能達到預期的 40 百萬人，且有 4 百萬人的減少。

	A	B	C	D	E	F	G	H	I	J	K	L
1	例題 7-5F z=P₁(4d⁻₃)+P₂(2d⁻₂)+P₃(d⁻₁) (第3優先目標)											
2	決策變數	X1	X2	D1P	D1M	D2P	D2M	D3P	D3M			
3	變數值	3.00	5.00	0.00	4.00	0.00	5.00	0.00	0.00	4.00	←目標函數值	
4	目標1	7.00	3.00	-1	1	0	0	0	0	40.00	=	40.00
5	目標2	10.00	5.00	0	0	-1	1	0	0	60.00	=	60.00
6	目標3	5.00	4.00	0	0	0	0	-1	1	35.00	=	35.00
7	限制式4	100.00	60.00	0.00	0.00	0.00	0.00	0.00	0.00	600.00	≦	600.00
8	新增限制	0.00	0.00	0.00	0.00	0.00	0.00	0.00	1.00	0.00	=	0.00
9	新增限制	0.00	0.00	0.00	0.00	0.00	1.00	0.00	0.00	5.00	=	5.00

最終解是在 600,000 元廣告預算可以在足球賽廣告 3 分鐘，電影集廣告 5 分鐘。目標 1 有 4 百萬人；目標 2 有 5 百萬人未能達到預期；目標 3 達到預期。

Unit 7-12 優先目標法程式使用說明

使圖解作業研究軟體試算表以外的試算表處於作用中 (Active)，選擇☞FOR/多準則決策分析/優先目標法 (Preemptive Method)/建立優先目標法試算表☜，出現下圖的輸入畫面。依據例題 7-5 輸入決策變數個數 (2)、線性限制式個數 (1) 及決策準則個數 (3)。

參數輸入後，單擊「確定」鈕，則出現下圖的指導畫面，要求在淡黃色區內優先目標法的限制式係數、不等關係、右端常數及準則加權數。

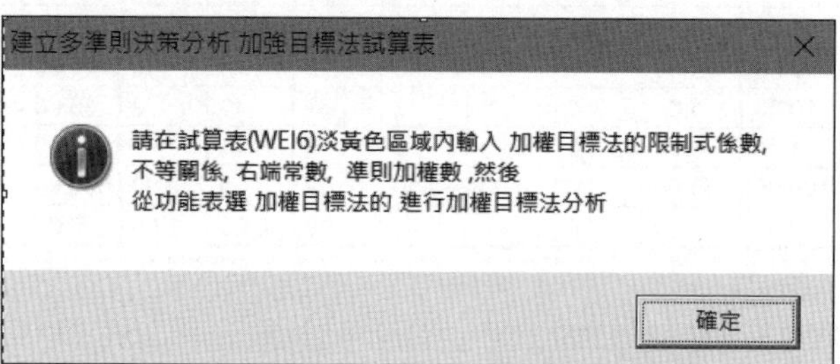

閱讀指導畫面後，單擊「確定」鈕，則出現下圖的優先目標法試算表（請參閱 FOR07.xlsx 檔中試算表「PRE1」）。

	A	B	C	D	E	F	G	H
3	優先目標法試算表							
4	決策變數	X1	X2					
5	變數值→	6.00	0.00					
6	限制式1	100.00	60.00	600.00	<=	600.00	加權數↓	優先序↓
7	準則1	7.00	3.00	42.00	>=	40.00	1	1
8	準則2	10.00	5.00	60.00	>=	60.00	1	2
9	準則3	5.00	4.00	30.00	>=	35.00	1	3

上圖依據目標函數 $z = P_1(d_1^-) + P_2(d_2^-) + P_3(d_3^-)$ 於第 G 欄加權數均設定為 1，但第 H 欄的優先序設定準則 1、準則 2、準則 3 為 1、2、3 的優先序；表示最優先考量準則 1 的期望，再依次考量準則 2、準則 3。

選擇☞FOR/多準則決策分析/優先目標法 (Preemptive Method)/進行優先目標法分析☜，即得下圖的運算結果（請參閱 FOR07.xlsx 檔中試算表「PRE1」）。

	A	B	C	D	E	F	G	H	I	J
3	優先目標法試算表									
4	決策變數	X1	X2							
5	變數值→	6.00	0.00							
6	限制式1	100.00	60.00	600.00	<=	600.00	加權數↓	優先序↓		
7	準則1	7.00	3.00	42.00	>=	40.00	1	1		
8	準則2	10.00	5.00	60.00	>=	60.00	1	2		
9	準則3	5.00	4.00	30.00	>=	35.00	1	3		
10										
11	偏離變數	D1P	D1M	D2P	D2M	D3P	D3M	5.00	←目標函數值	
12	變數值→	2.00	0.00	0.00	0.00	0.00	5.00			
13	42.00	-1.00	1.00	0.00	0.00	0.00	0.00	40.00	=	40.00
14	60.00	0.00	0.00	-1.00	1.00	0.00	0.00	60.00	=	60.00
15	30.00	0.00	0.00	0.00	0.00	-1.00	1.00	35.00	=	35.00
16	第1優先D	0.00	0.00	0.00	1.67	0.00	3.33	0.00	=	0.00
17	第2優先D	2.00	0.00	0.00	0.00	0.00	5.00	0.00	=	0.00
18	第3優先D	2.00	0.00	0.00	0.00	0.00	5.00			各次z值↓
19	第1優先X	5.00	1.67							0.00
20	第2優先X	6.00	0.00							0.00
21	第3優先X	6.00	0.00							5.00

與如下的規劃求解結果試算表例題 7-5A、例題 7-5B、例題 7-5C 相符。

	A	B	C	D	E	F	G	H	I	J	K	L
1	例題 7-5-A (第1優先目標)											
2	決策變數	X1	X2	D1P	D1M	D2P	D2M	D3P	D3M			
3	變數值	5.00	1.67	0.00	0.00	0.00	1.67	0.00	3.33	0.00	←目標函數值	
4	目標1	7.00	3.00	-1	1	0	0	0	0	40.00	=	40.00
5	目標2	10.00	5.00	0	0	-1	1	0	0	60.00	=	60.00
6	目標3	5.00	4.00	0	0	0	0	-1	1	35.00	=	35.00
7	限制式4	100.00	60.00	0.00	0.00	0.00	0.00	0.00	0.00	600.00	≦	600.00

	A	B	C	D	E	F	G	H	I	J	K	L
1	例題 7-5B (第2優先目標)											
2	決策變數	X1	X2	D1P	D1M	D2P	D2M	D3P	D3M			
3	變數值	6.00	0.00	2.00	0.00	0.00	0.00	0.00	5.00	0.00	←目標函數值	
4	目標1	7.00	3.00	-1	1	0	0	0	0	40.00	=	40.00
5	目標2	10.00	5.00	0	0	-1	1	0	0	60.00	=	60.00
6	目標3	5.00	4.00	0	0	0	0	-1	1	35.00	=	35.00
7	限制式4	100.00	60.00	0.00	0.00	0.00	0.00	0.00	0.00	600.00	≦	600.00
8	新增限制	0.00	0.00	0.00	1.00	0.00	0.00	0.00	0.00	0.00	=	0.00

	A	B	C	D	E	F	G	H	I	J	K	L
1	例題 7-5C (第3優先目標)											
2	決策變數	X1	X2	D1P	D1M	D2P	D2M	D3P	D3M			
3	變數值	6.00	0.00	2.00	0.00	0.00	0.00	0.00	5.00	5.00	←目標函數值	
4	目標1	7.00	3.00	-1	1	0	0	0	0	40.00	=	40.00
5	目標2	10.00	5.00	0	0	-1	1	0	0	60.00	=	60.00
6	目標3	5.00	4.00	0	0	0	0	-1	1	35.00	=	35.00
7	限制式4	100.00	60.00	0.00	0.00	0.00	0.00	0.00	0.00	600.00	≦	600.00
8	新增限制	0.00	0.00	0.00	1.00	0.00	0.00	0.00	0.00	0.00	=	0.00
9	新增限制	0.00	0.00	0.00	0.00	0.00	1.00	0.00	0.00	0.00	=	0.00

Unit 7-13 層級分析法

某些決策問題的決策準則或限制條件不能以函數或方程式表示之，而僅能憑決策者的偏好，直覺來研判，則可使用層級分析法 (Analytic Hierarchy Process, AHP) 技術加以分析。AHP 技術是美國匹茲堡大學沙帝教授所提倡。例如某公司依據學歷、經歷、著作、年齡等項目甄選高級顧問，如果有 A、B、C 三君參與甄選；則這項決策問題有學歷、經歷、著作、年齡等四項決策準則 (Decision Criteria)，有 A 君、B 君、C 君等三項決策方案 (Decision Alternatives)。這類決策問題中的決策準則尚難以函數或方程式表示之，故無法以目標規劃法求解之。

層級分析法 (AHP) 需要決策者對於每一項決策準則賦予一個相對重要性的研判，並賦予一個重要性指標；然後由決策者針對每一項決策方案，就每一項決策準則評定其偏好度 (Preference)，則層級分析法 (AHP) 即可據以推算每一項決策方案的優先度 (Priority)，以供決策選擇。茲以例題 7-6 為例逐步說明層級分析法的演算步驟。

例題 7-6

某君研究許多汽車的特性並決定依價格 (Price)、舒適度 (Comfort)、耗油量 (MPG, Miles Per Gallon) 及外型 (Style) 等，來評選汽車 A、汽車 B 或汽車 C 等三種汽車；其中價格、舒適度、耗油量及外型等四項稱為決策準則 (Decision Criteria)；而汽車 A、汽車 B 或汽車 C 等三項稱為決策方案 (Decision Alternatives)。

建立層級圖

決策乃對個人生活或企業經營所遭遇的「問題」圖謀最適解決所做的決定。從解決某一「問題」的多個可能「替代方案」選擇一個最適方案，就需要一些「評估標準」來加以衡量。如果這些「評估標準」屬於個人偏好而無法以數值衡量，則須藉助 AHP 的演算法來做決策。問題、評估標準、替代方案等三要素的關係可以層級圖 (Hierarch Diagram) 表示如下：

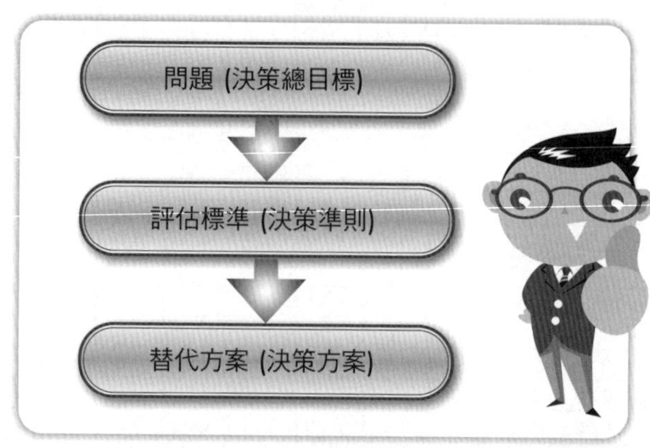

層級分析法的第一步為以層級圖 (Hierarch Diagram) 來表達決策總目標、決策準則與決策方案等關係，例題 7-6 的層級圖如下圖。

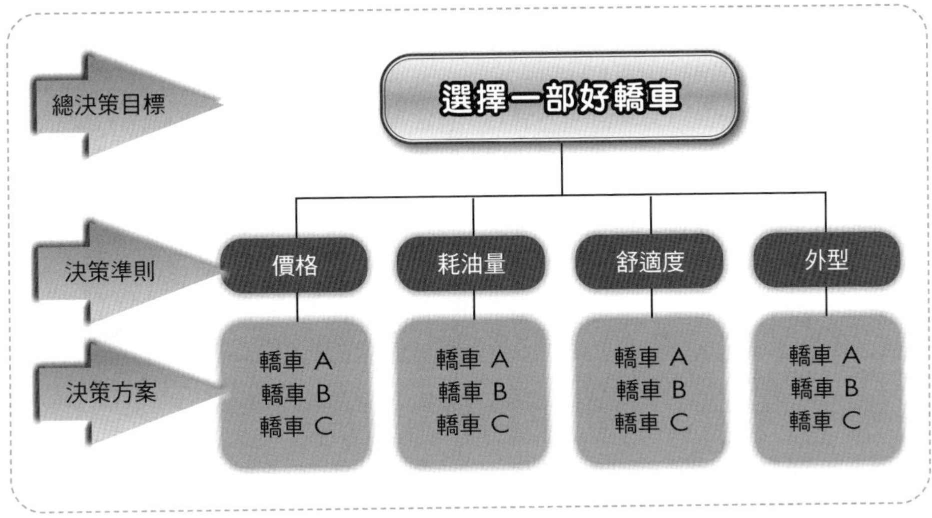

優先度

層級分析法 (AHP) 利用成對比較 (Pairwise Comparisons) 的技術，來推算各決策準則、決策方案的優先度以供決策之選擇。層級分析法所需計算例題 7-6 的優先度有：

① 四項決策準則的優先度 (priority)；
② 各決策方案 (汽車A、汽車B、汽車C) 對於價格 (Price) 的優先度 (Priority)；
③ 各決策方案 (汽車A、汽車B、汽車C) 對於耗油量 (MPG) 的優先度 (Priority)；
④ 各決策方案 (汽車A、汽車B、汽車C) 對於舒適度 (Comfort) 的優先度；
⑤ 各決策方案 (汽車A、汽車B、汽車C) 對於外型 (Style) 的優先度 (Priority)；
⑥ 計算決策方案的總優先度。

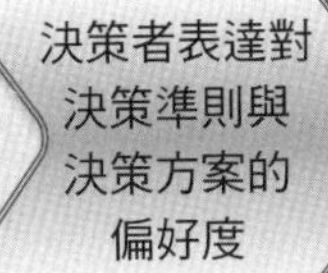

計算各決策準則的優先度

計算各決策方案的優先度

計算各決策方案的總優先度

層級分析法優先度演算順序

Unit 7-14 優先度的合成

成對比較

層級分析法 (AHP) 需要決策者就每兩種決策方案，依某一項決策準則表達其偏好度 (Preference)；例如，決策者必須就決策準則－價格 (Price) 表達汽車 A 對汽車 B 的偏好度，汽車 A 對汽車 C 的偏好度，汽車 B 對汽車 C 的偏好度，故稱成對比較 (Pairwise Comparisons)。偏好度 (Preference) 以整數值 1～9 表示之，其意義如以下的偏好度標準表。

偏好程度	偏好度 (Preference)
極度偏好 (Extremely Preferred)	9
非常強到極度偏好 (Very Strong to Extremely Preferred)	8
非常強度偏好 (Very Strong Preferred)	7
強度到非常強度偏好 (Strong to Very Strong Preferred)	6
強度偏好 (Strong Preferred)	5
中強度到強度偏好 (Moderately to Strong Preferred)	4
中強度偏好 (Moderately Preferred)	3
無差別到中強度偏好 (Equally to Moderately Preferred)	2
無差別偏好 (Equally Preferred)	1

就例題 7-6 而言，若決策者以舒適度 (Comfort) 一項比較，感覺汽車 A 比汽車 B 更舒適（或更偏好），則決策者應就上列的偏好度標準表來表達其偏好程度。如果決策者認為就舒適度 (Comfort) 而言，汽車 A 比汽車 B 屬中強度偏好，則應賦予偏好度 3；若賦予偏好度 5，則表示決策者感覺汽車 A 比汽車 B 屬強度偏好；若賦予偏好度 7，則表示決策者感覺汽車 A 比汽車 B 屬非常強度偏好；若賦予偏好度 9，則表示決策者感覺汽車 A 比汽車 B 屬極度偏好；其他 2、4、6、8 偏好度，則屬其上下偏好度之中間值；偏好度標準表保留偏好度 1，來表達兩種決策方案就某一決策準則並無偏好的差異。

若決策者就舒適度 (Comfort) 比較三種汽車表達偏好度如下表：

舒適度 (Comfort)	感　覺	偏好度
汽車 A 對汽車 B	無差別到中強度偏好 (Equally to Moderately Preferred)	2
汽車 A 對汽車 C	非常強到極度偏好 (Very Strong to Extremely Preferred)	8
汽車 B 對汽車 C	強度到非常強度偏好 (Strong to Very Strong Preferred)	6

成對比較矩陣

為便於推算各種優先度 (Priority)，必須將各種成對比較以成對比較矩陣 (Pairwise Comparison Matrix) 表示之。成對比較矩陣為一方形矩陣，其行數與列數均等於決策問題的決策方案個數。以下的 3 階成對比較矩陣為依據前頁的偏好度表達整理所得：

舒適度 (Comfort)	汽車 A	汽車 B	汽車 C
汽車 A		2	8
汽車 B			6
汽車 C			

上面成對比較矩陣中空白部分可由其他偏好度推算之；例如無論任何一種決策準則，汽車 A 與汽車 A 比較應屬無差別偏好（偏好度為 1）；同理，汽車 B 與汽車 B 比較也應屬無差別偏好（偏好度為 1），故成對比較矩陣的對角線元素應均為偏好度 1。已知汽車 A 比汽車 B 的偏好度為 2，則汽車 B 比汽車 A 的偏好度應為汽車 A 比汽車 B 的偏好度 (2) 的倒數，亦即 1/2；同理，汽車 C 比汽車 B 的偏好度應為汽車 B 比汽車 C 的偏好度 (6) 的倒數，亦即 1/6。舒適度 (Comfort) 的完整成對比較矩陣如下表：

舒適度 (Comfort)	汽車 A	汽車 B	汽車 C
汽車 A	1	2	8
汽車 B	1/2	1	6
汽車 C	1/8	1/6	1

優先度合成

依據舒適度成對比較矩陣可以推算汽車 A、汽車 B、汽車 C 對舒適度 (Comfort) 的優先度 (Priority)。這種由不同決策準則的成對比較矩陣推算各決策方案對該決策準則的優先度程序，稱為優先度合成 (Priority Synthesization)。

優先度合成步驟如下：

1. 計算成對比較矩陣中各欄 (Column) 的總和；
2. 將成對比較矩陣中每個元素除以該元素所在欄的總和；經此計算後的成對比較矩陣稱為正規化成對比較矩陣 (Normalized Pairwise Comparison Matrix)；
3. 計算正規化成對比較矩陣中每一列 (Row) 的平均值，即得各決策方案 (如汽車 A、汽車 B、汽車 C) 對某一決策準則 (舒適度) 的優先度。

Unit 7-15 優先度的推算 (一)

以前一單元的成對比較矩陣為例，優先度合成的逐步計算如下：

步驟①：計算成對比較矩陣中各欄 (Column) 的總和，如下表：

舒適度 (Comfort)	汽車 A	汽車 B	汽車 C
汽車 A	1	2	8
汽車 B	1/2	1	6
汽車 C	1/8	1/6	1
各欄總和	13/8	19/6	15

步驟②：計算每個元素除以該元素所在欄的總和而形成正規化成對比較矩陣，如下表：

舒適度 (Comfort)	汽車 A	汽車 B	汽車 C
汽車 A	8/13	12/19	8/15
汽車 B	4/13	6/19	6/15
汽車 C	1/13	1/19	1/15

步驟③：計算正規化成對比較矩陣中每一列 (Row) 的平均值，如下表：

舒適度(Comfort)	汽車 A	汽車 B	汽車 C	列平均值
汽車 A	0.615	0.632	0.533	0.593
汽車 B	0.308	0.316	0.400	0.341
汽車 C	0.077	0.053	0.067	0.066
總和				1.000

經過優先度合成演算可得各決策方案（如汽車 A、汽車 B、汽車 C）對某一決策準則（如舒適度）的相對優先度 (Priority)。由上表知三種決策方案中以汽車 A 的優先度為 0.593 最高，其次為汽車 B 的 0.341 與汽車 C 的 0.066。通常以如下的優先度向量來表達汽車 A、汽車 B、汽車 C 對於決策準則（舒適度）的優先度：

$$\begin{bmatrix} 0.593 \\ 0.341 \\ 0.066 \end{bmatrix}$$

成對比較的一致性

成對比較 (Pairwise Comparison) 是推算優先度 (Priority) 的重要資訊，因為成對比較係由決策者主觀認定，因此其認定偏好度的合理性將影響優先度計算的合理性。下表為某一求職者就薪資一項所給予三個工作機會的偏好度成對比較矩陣：

薪資	工作 1	工作 2	工作 3
工作 1	1	2	8
工作 2	1/2	1	3
工作 3	1/8	1/3	1

上表顯示就薪資而言，工作 1 對工作 2 的偏好度為 2，工作 2 對工作 3 的偏好度為 3，因此可推得，工作 1 對工作 3 的偏好度應該為 6；但上表中卻顯示，工作 1 對工作 3 的偏好度為 8，而發生不一致 (Inconsistence) 的現象。在一個決策準則與決策方案較多的決策問題中，決策者指定完全一致的成對比較矩陣，有一定的困難度。

層級分析法提供一套計算成對比較矩陣的一致性比 (Consistency Ratio) 計算程序，如果計算所得的成對比較矩陣一致性比 (Consistency Ratio) 不大於 0.1，則可認定該成對比較矩陣的指定偏好度是一致的。

茲以舒適度準則各汽車成對比較矩陣及優先度向量為例，展示成對比較矩陣一致性比 (Consistency Ratio) 的演算步驟如下：

步驟①：將成對比較矩陣各欄 (Column) 諸元素乘以優先度向量相當列 (Row) 元素；再將所得諸欄向量 (Column Vector) 的同列元素相加得一個優先度加權和向量 (Weighted Sum Vector)；如

$$0.593\begin{bmatrix}1\\ 1/2\\ 1/8\end{bmatrix}+0.341\begin{bmatrix}2\\ 1\\ 1/6\end{bmatrix}+0.066\begin{bmatrix}8\\ 6\\ 1\end{bmatrix}=\begin{bmatrix}0.593\\ 0.297\\ 0.074\end{bmatrix}+\begin{bmatrix}0.682\\ 0.341\\ 0.057\end{bmatrix}+\begin{bmatrix}0.528\\ 0.396\\ 0.066\end{bmatrix}=\begin{bmatrix}1.803\\ 1.034\\ 0.197\end{bmatrix}$$

步驟②：將優先度加權和向量諸元素除以優先度向量諸元素得

$$\frac{1.803}{0.593}=3.040$$

$$\frac{1.034}{0.341}=3.032$$

$$\frac{0.197}{0.066}=2.985$$

步驟③：將步驟 2 計算所得各值加以平均得平均值以 λ_{max} 名之，如

$$\lambda_{max}=\frac{3.040+3.032+2.985}{3}=3.019$$

步驟④：按下列公式計算一致性指數 (CI)

$$CI=\frac{\lambda_{max}-n}{n-1}$$ 其中 n 為決策方案數

如本例 $n=3$，因此 $CI=\frac{3.019-3}{3-1}=0.010$

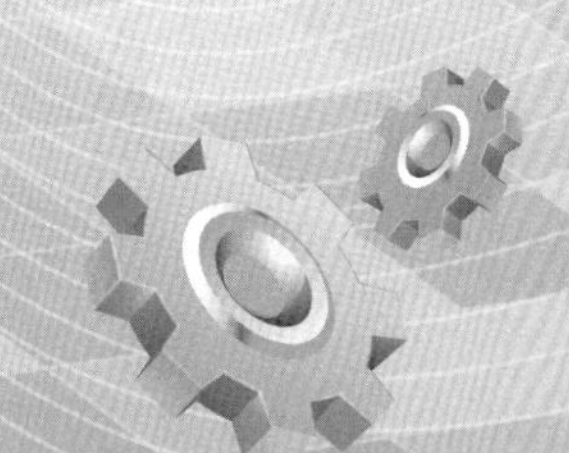

Unit 7-16 優先度的推算 (二)

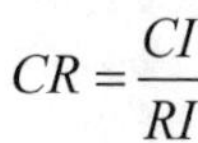

步驟⑤：按下列公式計算一致性比 (CR)

$$CR = \frac{CI}{RI}$$

RI 稱為隨機指數 (Random Index)，係由隨機產生的成對比較矩陣所計得，因決策方案個數不同而異；一般可依下表查得：

決策方案個數 n	隨機指數 (RI)
2	0.00
3	0.58
4	0.90
5	1.12
6	1.24
7	1.32
8	1.41
9	1.45
10	1.51

本例決策方案數 $n = 3$，查得 RI = 0.58，故一致性比 CR 為

$$CR = \frac{CI}{RI} = \frac{0.01}{0.58} = 0.017$$

以上的一致性比 (CR) 為依據決策者就各決策方案（汽車 A、汽車 B、汽車 C），對舒適度準則所體認指定的成對比較矩陣計算所得；一致性比 0.017 小於 0.10，表示決策者所指定的成對比較矩陣的一致性可以接受。

歸納言之，任何一個成對比較矩陣，都必須經過優先度合成計算取得優先度向量，再依原矩陣與優先度向量推算該矩陣的一致性比。每一個準則的成對比較矩陣的一致性比均必須不大於 0.10，才可進一步演算之。

若決策者就「價格」比較各決策方案間的偏好度，可得如下的成對比較矩陣：

價格 (Price)	汽車 A	汽車 B	汽車 C
汽車 A	1	1/3	1/4
汽車 B	3	1	1/2
汽車 C	4	2	1

依優先度合成步驟演算得優先度向量 $\begin{bmatrix} 0.123 \\ 0.320 \\ 0.557 \end{bmatrix}$，一致性比 (CR) 為 0.016。

同理，決策者就「耗油量」體認指定的成對比較矩陣，優先度向量及一致性比 (CR) 為

耗油量 (MPG)	汽車 A	汽車 B	汽車 C
汽車 A	1	1/4	1/6
汽車 B	4	1	1/3
汽車 C	6	3	1

優先度向量 $\begin{bmatrix} 0.087 \\ 0.274 \\ 0.639 \end{bmatrix}$，一致性比 (CR) 為 0.047。

決策者就「外型」指定的成對比較矩陣，優先度向量及一致性比 (CR) 為

外型 (Style)	汽車 A	汽車 B	汽車 C
汽車 A	1	1/3	4
汽車 B	3	1	7
汽車 C	1/4	1/7	1

優先度向量 $\begin{bmatrix} 0.265 \\ 0.655 \\ 0.080 \end{bmatrix}$，一致性比 (CR) 為 0.028。

就前四項決策準則推算的優先度向量及一致性比彙整如下表：

決策準則優先度→	價格	耗油量	舒適度	外型
汽車 A	0.123	0.087	0.593	0.265
汽車 B	0.320	0.274	0.341	0.655
汽車 C	0.557	0.639	0.066	0.080
一致性比 (CR)	0.016	0.047	0.017	0.028

就一致性而言，各決策準則的一致性比均不大於 0.10，故成對比較矩陣的一致性尚可接受。就「價格」而言，汽車 C 的優先度最高；「耗油量」以汽車 C 的優先度最高；「舒適度」以汽車 A 的優先度最高；「外型」以汽車 B 的優先度最高。上表顯示，沒有一種汽車在各種準則均優於其他汽車，因此尚難據以獲得評選結論。

Unit 7-17 決策方案總優先度

決策準則優先度

決策準則優先度，係乃依據決策者對每兩項決策準則主觀上指定的重要性（或偏好度）所產生的成對比較 (Pairwise Comparison)，按優先度合成演算法所推得。決策準則優先度配合前述的決策方案優先度，才能推算出最佳的決策方案。

下表為決策者所指定的決策準則成對比較矩陣：

決策準則↓→	價格	耗油量	舒適度	外型
價格	1	3	2	2
耗油量	1/3	1	1/4	1/4
舒適度	1/2	4	1	1/2
外型	1/2	4	2	1

推算決策準則優先度為 $\begin{bmatrix} 0.398 \\ 0.085 \\ 0.218 \\ 0.299 \end{bmatrix}$ 及一致性比為 0.068。

決策方案總優先度

各決策方案的總優先度 (Overall Priority)，為各決策方案對於各決策準則的優先度乘以各決策準則的優先度乘積的總和。

本例中，各決策方案對於各決策準則的優先度如下表：

決策準則優先度→	價格	耗油量	舒適度	外型
汽車 A	0.123	0.087	0.593	0.265
汽車 B	0.320	0.274	0.341	0.655
汽車 C	0.557	0.639	0.066	0.080

決策準則優先度為 $\begin{bmatrix} 0.398 \\ 0.085 \\ 0.218 \\ 0.299 \end{bmatrix}$。

則汽車 A 對各決策準則優先度為 0.123、0.087、0.593、0.265，分別乘以決策準則優先度 0.398、0.085、0.218、0.299 的總和，得汽車 A 總優先度如下式：

$$0.398 \times 0.123 + 0.085 \times 0.087 + 0.218 \times 0.593 + 0.299 \times 0.265 = 0.265$$

同理，汽車 B 總優先度為

$$0.398 \times 0.320 + 0.085 \times 0.274 + 0.218 \times 0.341 + 0.299 \times 0.655 = 0.421$$

汽車 C 總優先度為

$$0.398 \times 0.557 + 0.085 \times 0.639 + 0.218 \times 0.066 + 0.299 \times 0.080 = 0.314$$

或以矩陣方式計算如下

$$\begin{bmatrix} 0.123 & 0.087 & 0.593 & 0.265 \\ 0.320 & 0.274 & 0.341 & 0.655 \\ 0.557 & 0.639 & 0.066 & 0.080 \end{bmatrix} \times \begin{bmatrix} 0.398 \\ 0.085 \\ 0.218 \\ 0.299 \end{bmatrix} = \begin{bmatrix} 0.265 \\ 0.421 \\ 0.314 \end{bmatrix}$$

決策方案的總優先度：汽車 A 為 0.265，汽車 B 為 0.421，汽車 C 為 0.314；以汽車 B 的總優先度 0.421 最高。如果決策者相信各決策方案對決策準則的偏好度，與決策準則重要性所指定產生的成對比較矩陣，且服膺層級分析法，則應選購汽車 B。

層級分析演算法

綜合前面實例的演算步驟可歸納出層級分析演算法如下：

1. 將決策問題解析出各種決策方案 (Decision Alternatives)，及評選決策方案的決策準則 (Decision Criteria)，並繪製其層級圖。
2. 就每一決策準則，主觀評估指定所有決策方案中每兩個決策方案的偏好度 (Preference)，以產生成對比較矩陣 (Pairwise Comparison Matrix)；依據成對比較矩陣，推算各決策方案的優先度及該矩陣的一致性比。每一個決策準則可得到各決策方案的優先度行向量 (元素個數等於決策方案數)。每一個決策準則的成對比較矩陣一致性比，均不可大於 0.10，否則，決策者應該重新指定成對比較矩陣中的偏好度。
3. 決策者主觀指定所有決策準則間每兩個決策準則間的重要性或偏好度，以產生成對比較矩陣，並推算決策準則的優先度行向量 (元素個數等於決策準則個數) 及該矩陣的一致性比；如果一致性比大於 0.10，則決策者必須修改決策準則間的偏好度，重新計算決策準則優先度行向量。
4. 以步驟 2 所得的每一決策方案，對各種決策準則的優先度乘以步驟 3 所得的各決策準則優先度的乘積總和，為該決策方案的總優先度。
5. 總優先度最高的決策方案即為最佳決策方案。

Unit 7-18 層級分析法程式使用說明 (一)

使圖解作業研究軟體試算表以外的試算表處於作用中 (Active)，選擇☞FOR/多準則決策分析/層級分析法 (AHP)/建立決策準則成對比較矩陣☜，出現下圖的輸入畫面。

層級分析法(Analytic Hierarchy Process)

整體決策目標 層級分析法(Analytic Hierachy Process)

決策準則個數 4

決策方案個數 3

確定 取消

依據例題 7-6 輸入決策準則個數 (4)、決策方案個數 (3) 後，單擊「確定」鈕則出現如下的指導畫面，要求在淡黃色區內輸入層級分析法的決策準則成對比較數 (1－9)，亦可修改決策準則、決策方案名稱。

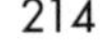

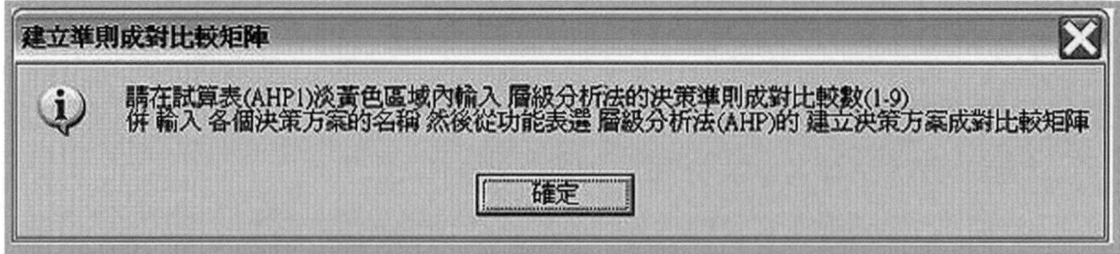

單擊「確定」鈕，即產生如下的層級分析法試算表（請參閱 FOR07.xlsx 檔中試算表「AHP1」）。

	A	B	C	D	E	F
3	層級分析法(Analytic Hierachy Process)					
4	1 to 9 only	準則1	準則2	準則3	準則4	準則優先度
5	準則1	1.000				
6	準則2		1.000			
7	準則3			1.000		
8	準則4				1.000	
9	行比數和					
10	方案1	方案2	方案3			
11						

	A	B	C	D	E	F
3	層級分析法(Analytic Hierachy Process)					
4	1 to 9 only	價格	耗油量	舒適度	外型	準則優先度
5	準則1	1.000	3.000	2.000	2.000	
6	準則2		1.000			
7	準則3		4.000	1.000		
8	準則4		4.000	2.000	1.000	
9	行比數和					
10	汽車A	汽車B	汽車C			
11						

如上圖，輸入決策準則成對比較數 (1－9)，並修改決策準則（如準則 1 改為價格；準則 2 改為耗油量等）、決策方案名稱（如方案 1 改為汽車 A；方案 2 改為汽車 B；方案 3 改為汽車 C），輸入決策準則成對比較表後的層級分析法試算表，僅需輸入成對比較數 1－9 的整數，倒數部分則由程式補算之。

選擇☞FOR/多準則決策分析/層級分析法 (AHP)/建立決策方案成對比較矩陣☜，出現如下圖的指導畫面，要求輸入各決策準則在每一個決策方案的成對比較數。

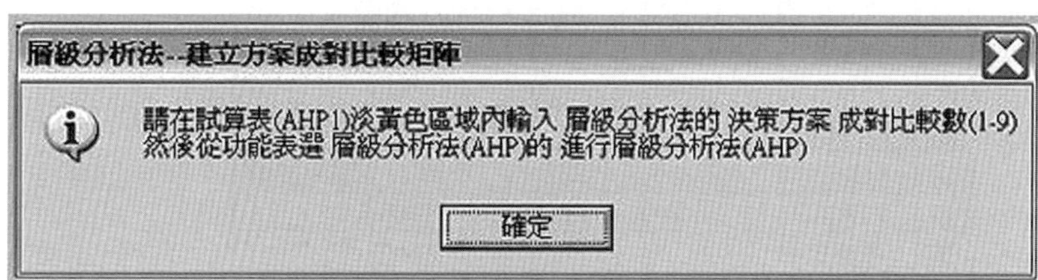

單擊「確定」鈕後，將層級分析法試算表修改成如下的圖，儲存格 F13：F16 為依據儲存格 B5：E8 的決策準則成對比較矩陣所推得的各決策準則優先度向量，儲存格 F17 則是該矩陣的一致性比 0.068；另外在試算表上接著產生空白決策方案成對比較矩陣，供決策者輸入每一決策準則的成對比較矩陣。

	A	B	C	D	E	F
3	層級分析法(Analytic Hierachy Process)					
4	1 to 9 only	價格	耗油量	舒適度	外型	準則優先度
5	價格	1.000	3.000	2.000	2.000	4.236
6	耗油量	0.333	1.000	0.250	0.250	4.077
7	舒適度	0.500	4.000	1.000	0.500	4.163
8	外型	0.500	4.000	2.000	1.000	4.264
9	行比數和	2.333	12.000	5.250	3.750	0.068
10	汽車A	汽車B	汽車C			
11						
12		價格	耗油量	舒適度	外型	準則優先度
13	價格	0.429	0.250	0.381	0.533	0.398
14	耗油量	0.143	0.083	0.048	0.067	0.085
15	舒適度	0.214	0.333	0.190	0.133	0.218
16	外型	0.214	0.333	0.381	0.267	0.299
17	行比數和	1.000	1.000	1.000	1.000	0.068
18	價格	汽車A	汽車B	汽車C	方案優先度	

Unit 7-19 層級分析法程式使用說明 (二)

在下圖輸入各決策準則在每一個決策方案的成對比較數。例如，就決策準則「價格」而言，比較各決策方案（汽車 A、汽車 B、汽車 C）的成對比較數。在每一個決策準則的決策方案成對比較矩陣中僅需輸入對角線以上或以下的比較數即可，其餘則由程式補算之。

	A	B	C	D	E	F
17	行比數和	1.000	1.000	1.000	1.000	0.068
18	價格	汽車A	汽車B	汽車C	方案優先度	
19	汽車A	1.000	0.333	0.250		
20	汽車B	3.000	1.000	0.500		
21	汽車C	4.000	2.000	1.000		
22	行比數和				1 to 9 only	
23	耗油量	汽車A	汽車B	汽車C	方案優先度	
24	汽車A	1.000	0.250	0.167		
25	汽車B	4.000	1.000	0.333		
26	汽車C	6.000	3.000	1.000		
27	行比數和				1 to 9 only	
28	舒適度	汽車A	汽車B	汽車C	方案優先度	
29	汽車A	1.000	2.000	8.000		
30	汽車B		1.000	6.000		
31	汽車C			1.000		
32	行比數和				1 to 9 only	
33	外型	汽車A	汽車B	汽車C	方案優先度	
34	汽車A	1.000		4.000		
35	汽車B	3.000	1.000	7.000		
36	汽車C			1.000		
37	行比數和				1 to 9 only	

各決策準則的決策方案成對比較矩陣輸入後，選擇☞FOR/多準則決策分析/層級分析法 (AHP)/進行層級分析 (AHP)☜，出現下圖的訊息畫面，顯示評選的結論。

下圖第 11 列顯示各決策方案的總優先度，其中以汽車 B 的 0.421 最高。

	A	B	C	D	E	F
3	層級分析法(Analytic Hierachy Process)					
4	1 to 9 only	價格	耗油量	舒適度	外型	準則優先度
5	價格	1.000	3.000	2.000	2.000	4.236
6	耗油量	0.333	1.000	0.250	0.250	4.077
7	舒適度	0.500	4.000	1.000	0.500	4.163
8	外型	0.500	4.000	2.000	1.000	4.264
9	行比數和	2.333	12.000	5.250	3.750	0.068
10	汽車A	汽車B	汽車C			
11	0.265	0.421	0.314			

選擇☞FOR/多準則決策分析/層級分析法 (AHP)/列印層級分析 (AHP) 報表☜，並選擇縱向列印或橫向列印後即可將運算結果印出。

層級分析法程式可按下列流程圖使用之。

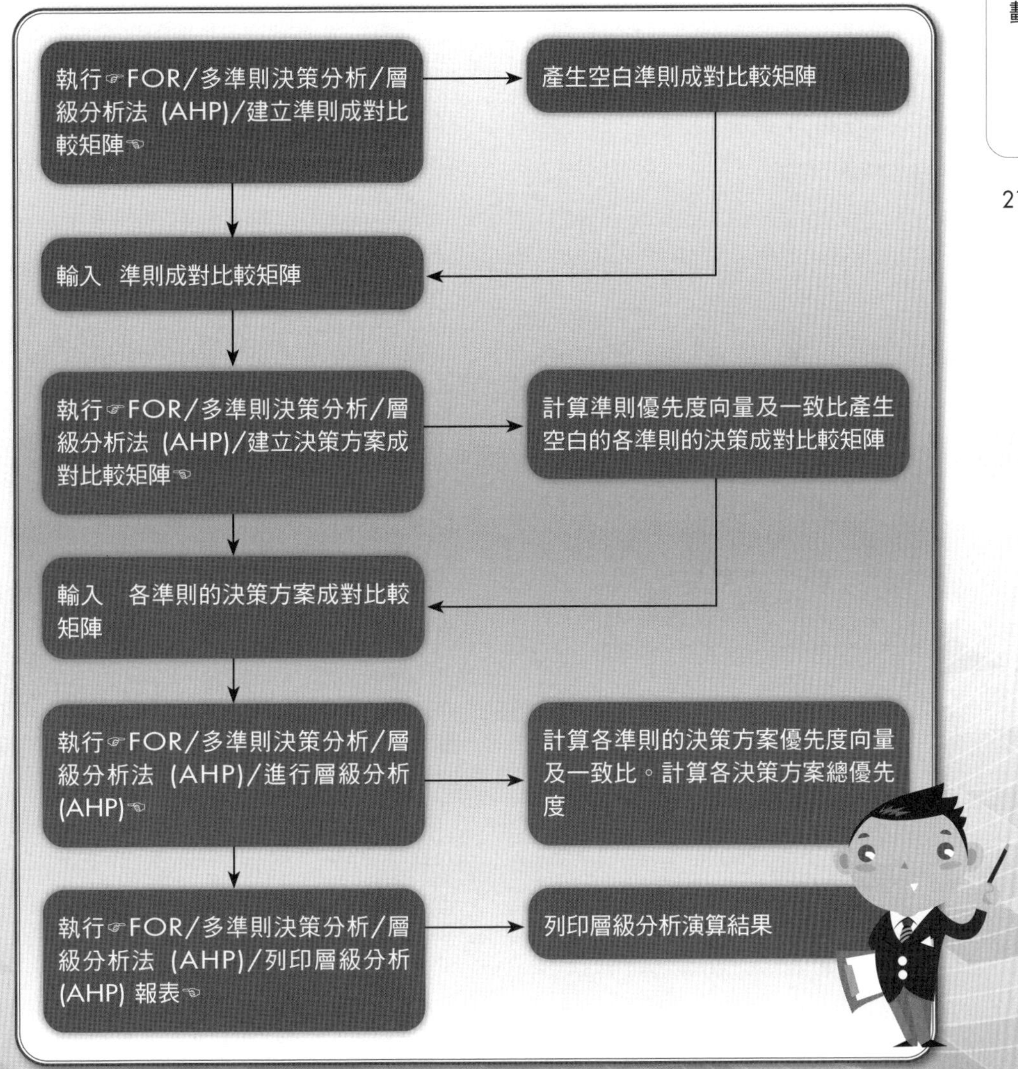

第 8 章

計畫評核術與要徑法

章節體系架構 ▼

Unit 8-1 計畫評核術的緣起

任何非常規性的任務或專案，由於缺乏經常性的經驗或牽涉許多人力、物力、財力等多方面資源的整體配合，如何能在預定時程及預算內圓滿達成任務是一種重要的管理技術。這種任務或專案可能大至各項國家經濟建設的推展、小到公司的廠房建設、產品研發、設備安裝、個人的房屋修繕或婚喪喜慶活動籌備等均須許多人力、部門與資源的協助與配合。這種大型或複雜的專案，已不允許單靠專案經理人的記憶來推動專案的進行，而須以某種文件方式讓相關部門了解整體進展與配合時程。

任何一項任務或專案常由許多作業項目（Job 或 Activity）的按序執行才能完成；由於這些作業項目間有其前後相互依賴性，使專案管理工作更為複雜。例如一項大型交通建設，可能由規劃、籌措財源、設計、招標、建設、載具購買、營運規劃等多種大型工作項目所組成，其先後有其一定的順序；任何一項大型工作專案又由許多的小型作業項目所組成，造成管理上的一大挑戰。

專案經理人應該隨時掌握下列諸問題，以便讓上司了解工作的進展、讓相關部門適時的配合與支援，讓下游工作人員或包商知所配合，甚至是責任釐清的根據。

整個專案可以完成的時間及準時完成的機率。

專案中每一作業項目應該何時才能開始？何時必須完成，以免影響下一個工作項目的進行？

哪些工作項目可以配合資源的調用，而有一些工作開始與完成的寬裕時間及寬裕時間的長短？

哪些工作項目必須準時開始、準時完成，否則便影響整個專案完成時程？

如有工作項目延遲到位，應能評估其對整個專案進程的影響及是否需要趕工措施。

趕工所需配合資源的評量等。

計畫評核術 (Program Evaluation and Review Technique, PERT) 與要徑法 (Critical Path Method, CPM) 是目前專案管理的兩項重要技術。計畫評核術是美國國防部於 1950 年代發展北極星潛艇飛彈計畫時的一種專案管理技術，以掌控計畫的進行。由於北極星潛艇飛彈計畫是前所未有的經驗，故計畫評核術 (PERT) 較偏重不確定作業時間的管控技術。要徑法 (CPM) 則是由杜邦公司所研發出來的一種專案管理技術，較偏重於進展時程的控管與如何投入資源的趕工評估。在今日的管理技術裡，該兩種技術之分界已經不再那麼明確，而是整合運用之。

利用 PERT/CPM 技術來管理專案的第一步，是解析整個專案為許多作業項目 (Activity)。下表為某公司引進一套辦公室自動化資訊系統的專案作業項目清單。任何專案管理，依據專業知識將該專案解析為許多不同作業項目，是成功管理專案進行的關鍵步驟；因為現今的專案管理技術均植基於作業項目。太過詳細或粗略的作業項目解析，均會造成專案管理的困難與錯誤。專案計畫的解析則屬專業，並非本書著墨所在，至於依據作業項目清單，前後作業關係及作業時間來管理專案，則屬計畫評核術及要徑法的範疇。

作業項目	說明	前置作業	作業時間 (週)
A	擬定需求規範	–	10
B	訂購軟體系統	A	8
C	安裝軟體系統	B	10
D	規劃訓練課程	A	4
E	執行教育訓練	D	10
F	系統測試	C、E	3

表中除了列出引進辦公室自動化資訊系統的作業項目清單外，尚有前置作業項目及作業時間。專案解析除了列出作業項目清單外，釐定作業項目間的前後關係及每一作業項目估計完成時間，也是重要工作。

通常為便於處理，作業項目均賦予一個代號；如作業項目--擬定需求規範--賦予代號 A；作業項目--訂購軟體系統--賦予代號 B 等。表中作業項目 B 的前置作業為 A，表示作業項目 B 必須等作業項目 A 完成後，始可進行；作業項目 A 的前置作業為空白或一個減號，表示作業項目 A 不必等其他作業項目完成就可進行。作業項目 F 的前置作業為 C、E，表示作業項目 F 必須等作業項目 C、E 均完成後始可進行。

前置作業項目是表達作業項目間關係的重要工具。表中也列出各作業項目的估計完成時間，如作業項目 A 需要 10 週才能完成。作業時間的單位不拘，但必須所有作業項目均採用一致的單位。本書例題中，除非有必要均僅列出作業項目代號而省略說明欄位。

知識補充站

計畫評核術主要提供專案中各作業項目的瑣碎計算工作，最重要的還是懂得專案計畫的專業人員。一個專案如何劃分成許多工作項目，工作項目的前置關係及所需工作時間的估計是專業人員的重要職責。前置關係及工作時間必須由許多專業人員共同討論與評估。

Unit 8-2 PERT/CPM 網路圖

下圖為前表的圖形表示，一般稱為 PERT/CPM 網路圖，或簡稱為網路圖。圖中包含表中的各作業項目及其前置作業與作業時間。網路圖係由一些節點 (node) 及有箭號的弧線或直線所組合而成。每一節點代表一個事件 (Event) 的發生，節點可賦予一個數字或符號，其作用僅是識別而已；例如，節點 2 表示作業項目 A 完成事件的發生，而作業項目 B 及作業項目 D 可以開始進行；節點 1 表示整個專案開始執行；節點 6 表示整個專案的結束。有箭號的弧線或直線，表示作業項目進行方向。讀者請檢視左圖是否完全表達 Unit 8-1 的表內容。

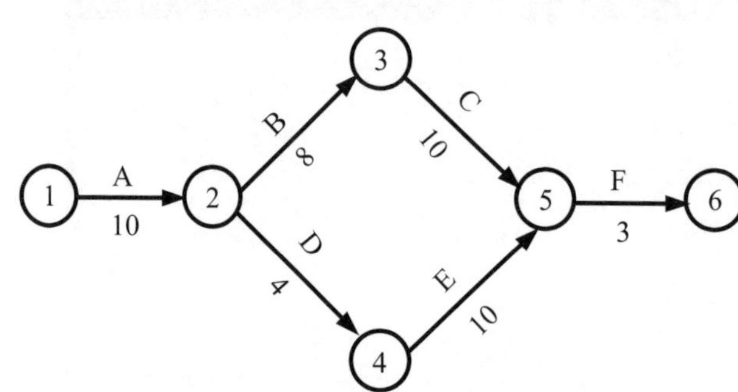

下圖為有箭號弧線或直線表示作業項目代號及作業時間的格式；在箭號線上方為作業項目代號；在箭號線下方為作業時間。

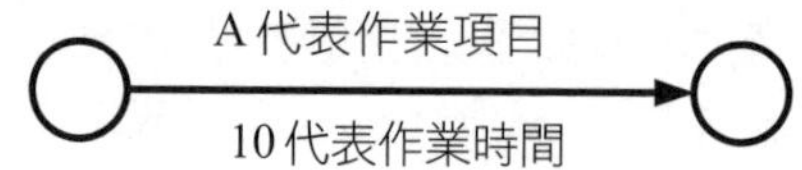

設下表是某專案的作業項目清單（不含作業時間），以下是以該清單說明網路圖繪製的一些注意事項。

作業項目	前置作業
A	–
B	–
C	B
D	A、C
E	C
F	C
G	D、E、F

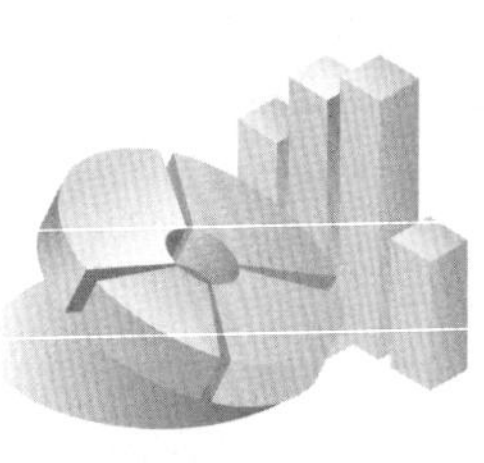

前面四項作業項目 A、B、C、D 可繪如下圖，節點 3 為作業項目 A、C 的會合點，也是作業項目 D 的出發點，表示作業項目 D 的前置作業為作業項目 A 及作業項目 C。

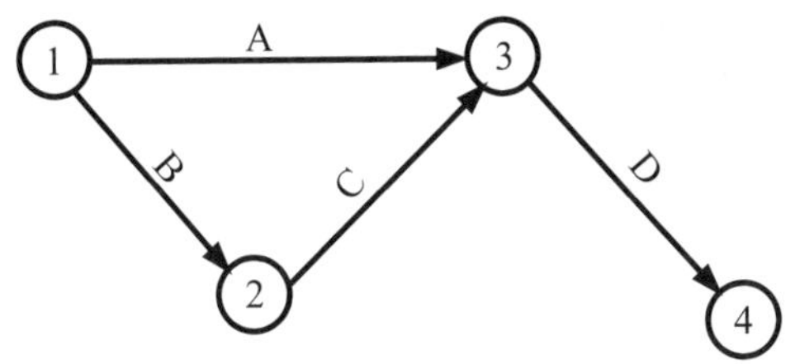

由上表知，作業項目 E 的前置作業為作業項目 C，如將作業項目 E 按下圖加入網路圖，則作業項目 E 將被解讀為，作業項目 E 的前置作業為作業項目 A 及作業項目 C，而與上表原意不符。

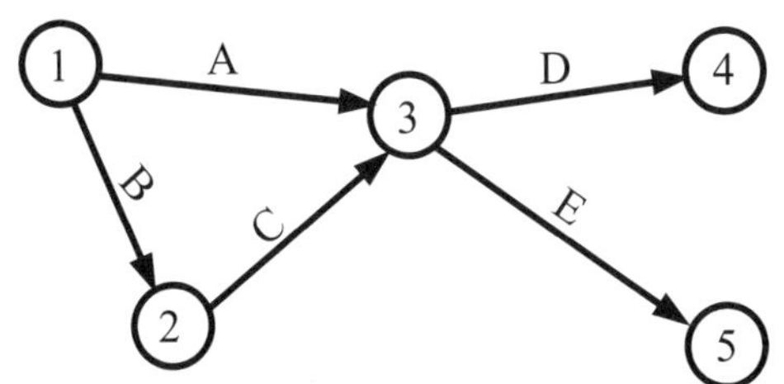

為解決前述問題，可於網路圖中適當位置加入一個虛擬作業項目 (dummy activity)，使作業項目的關係得以正確表達。虛擬作業項目通常以有箭號的虛弧線或虛直線表示之。正如其名，虛擬作業項目是一個杜撰的作業項目，其目的僅為使網路圖得以適當表達，故其作業時間為零。於上圖中加入一個適當的虛擬作業項目可得下圖。圖中節點 5 為作業項目 C 的終止點，也是作業項目 E 及虛擬作業項目的出發點，故作業項目 E 及虛擬作業項目均等作業項目 C 完成始可進行；節點 3 為作業項目 A 及虛擬作業項目的終止點，也是作業項目 D 的出發點，因為虛擬作業項目的作業時間為零，可視同作業項目 C 完成時間，故可推得作業項目 D 係等作業項目 A 及作業項目 C 完成才可進行。

將本單元前述作業項目及前置作業表的 PERT/CPM 網路圖繪製如下。

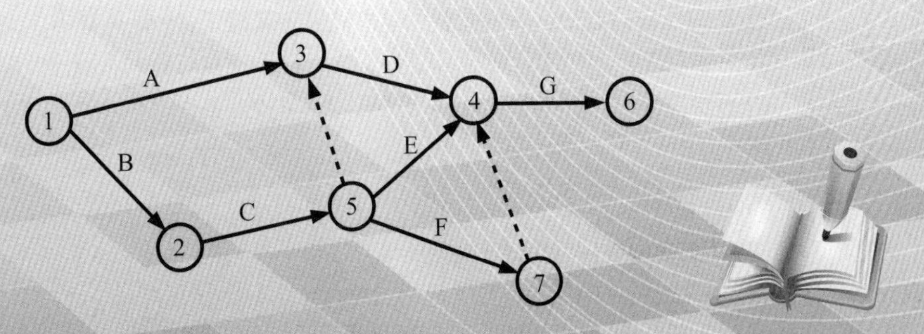

Unit 8-3 最早作業時間

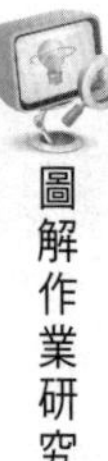

某公司構建大型賣場的專案計畫的作業項目清單，以及每一作業項目的前置作業項目與作業時間如下表。下圖則是相當的網路圖，箭號直線表示作業項目，直線上方表示作業項目的代號，直線下方的數字表示作業時間。由表可知，該專案各作業項目的作業時間總和為 97 週，但觀察網路圖，則可發現某些作業項目（如作業項目 A 與 B）可以並行進展，故其完成時間應該少於 97 週。

作業項目	前置作業	作業時間 (週)
A	–	10
B	–	11
C	A	9
D	A	8
E	A	6
F	E	10
G	D、F	19
H	B、C	17
I	G、H	7
	合計	97

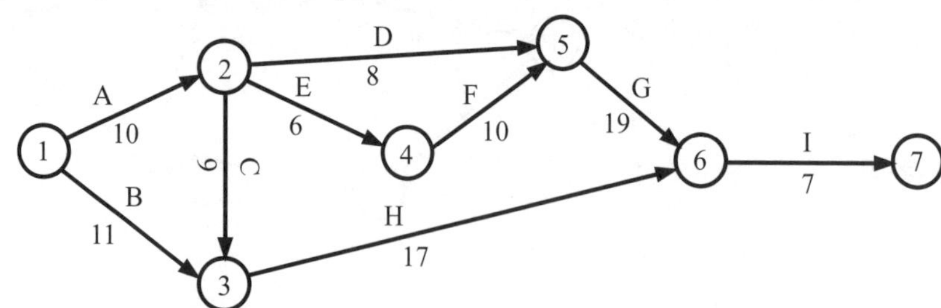

至於因作業的並行進展可使整個專案縮短為幾週完成，則尚難由作業項目清單或網路圖直接觀察得知。假設從網路圖的節點 1 開始作業的時間為 0，則可依序按下列公式計算各作業項目的最早開始時間 (Earliest Start Time)，及最早完成時間 (Earliest Finish Time)。

$EF = ES + t$，其中

ES = 某一作業項目的最早開始時間

EF = 某一作業項目的最早完成時間

t = 某一作業項目的作業時間

例如，作業項目 A 的最早開始時間為 $ES = 0$，作業時間 $t = 10$，故其最早完成時間為 $EF = 0 + 10 = 10$；推得作業項目 A 的最早完成時間後，則由網路圖知作業項目 D 的前置作業項目為 A，故作業項目 D 最早開始時間，即為作業項目 A 的最早完成時間 ($EF = 10$)，即 $ES = 10$；依此規則，可以依序推算各作業項目的最早開始與最早完成時間。計算某一作業項目的最早開始時間的規則如下：

作業項目最早開始時間判定規則

離開一個節點作業項目的最早開始時間 (*ES*) 為進入該節點所有作業項目的最早完成時間 (*EF*) 的最大值

這些每一作業項目的最早開始時間 (*ES*) 與最早完成時間 (*EF*) 最方便的表達方式，為註記於網路圖上，其規則如右圖所示。在有箭號弧線或直線的上方，註記作業項目代號及其 *ES* 及 *EF* 值 (在中括號內以逗點分隔之)，另也可計算每一作業項目的最晚作業時間，則標示於有箭號弧線或直線下方作業時間的右側。

B[0, 11]←作業最早開始、完成時間
11[17, 28]←作業最晚開始、完成時間

應用上述計算與表述規則所推得的作業項目 A、B、C 及 H，其最早作業時間網路圖如左圖。作業項目 A 是進入節點 2 的唯一作業項目，故其最早完成時間 ($EF = 10$)，即為離開節點 2 作業項目 C 的最早開始時間 ($ES = 10$)；節點 3 有作業項目 B 及 C 進入，故離開節點 3 作業項目 H 的最早開始時間 *ES*，應取進入節點 3 作業項目 B ($EF = 11$) 及作業項目 C ($EF = 19$) 最早完成時間的最大值 19，亦即作業項目 H 的最早開始時間 $ES = 19$，最早完成時間 $EF = 19 + 17 = 36$。

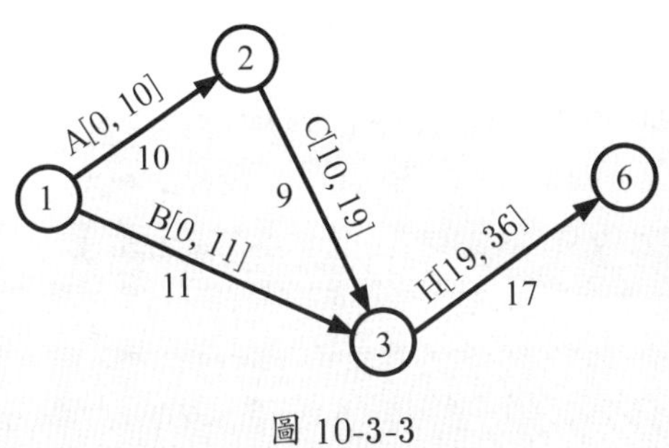

圖 10-3-3

這種由專案的起點依序套用作業項目最早開始時間判定規則，可推得整個專案各作業項目的最早開始時間及最早完成時間的步驟，稱為前行推展 (Forward Pass)，換言之，由作業項目的 *ES* 推算 *EF* 的過程，稱為前行進展 (Forward Pass)。左圖為含有全部作業項目的最早作業時間網路圖。

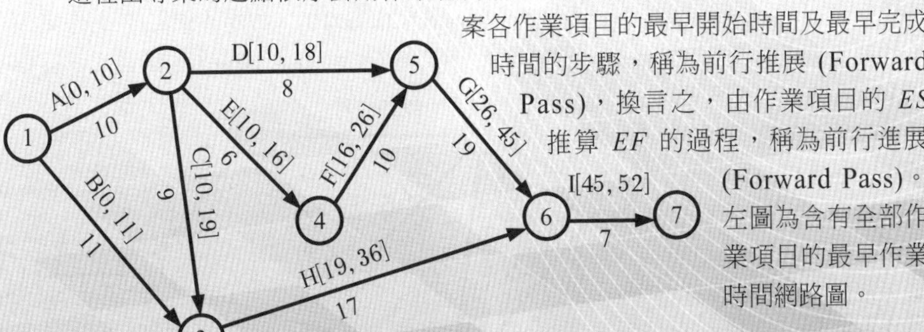

Unit 8-4 最晚作業時間與要徑判定

觀察前圖最後一個作業項目 I 的最早完成時間為 52，表示整個專案全部作業項目所需時間總和雖為 97 週，但因部分作業項目可以並行進展，故預估整個專案可在 52 週完成。只要專案作業項目的解析正確、作業時間估計準確、各項資源配合妥當，應可保證在 52 週完成整個專案。

以專案開始時間為 0 前行推展 (Forward Pass)，可以推得各作業項目的最早開始時間 (ES) 及最早完成時間 (EF)。反之，如以前行推展的成果（節點 7 的最早到達時間），再從專案終點（本例為節點 7）進行背行推展 (Backward Pass)，也可按下列公式推算每一作業項目的最晚作業時間：

$$LS = LF - t$$

其中

LS = 某一作業項目的最晚開始時間

LF = 某一作業項目的最晚完成時間

t = 某一作業項目的作業時間

作業項目 I 為專案的最後一個作業項目，故其最早完成時間 ($EF = 52$) 就是該作業項目的最晚完成時間 ($LF = 52$)，則依公式得最晚開始時間為 $LS = 52 - 7 = 45$。依據作業項目的前後相依關係，可得作業項目最晚完成時間判定規則如下：

作業項目最晚完成時間判定規則

進入一個節點作業項目的最晚完成時間 (LF)，為離開該節點所有作業項目的最晚開始時間 (LS) 的最小值。

下圖中離開節點 6 的唯一作業項目 I 的最晚開始時間為 $LS = 45$，故進入節點 6 的作業項目 G 及 H 的最晚完成時間均為 $LF = 45$，最晚開始時間分別為 $LS = 45 - 19 = 26$ 及 $LS = 45 - 17 = 28$；同理，圖中離開節點 2 作業項目 D、E 及 C 的最晚開始時間分別為 $LS = 18$、$LS = 10$ 及 $LS = 19$ (最小值為 10)，故進入節點 2 的作業項目 A 的最晚完成時間為 $LF = 10$，最晚開始時間為 $LS = 10 - 10 = 0$。換言之，這種由作業項目的 LF 推算 LS 的過程，稱為背行推展 (Backward Pass)。

右圖為含有全部作業項目的最早作業時間，及最晚作業時間的網路圖。

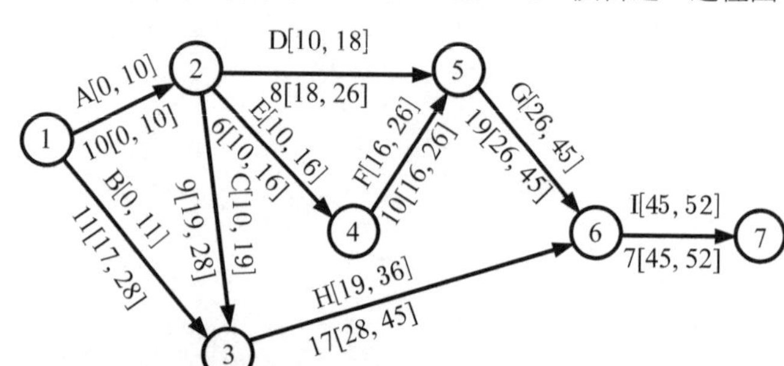

要徑判定

一個專案必僅有一個起點與一個終點，且從起點到終點可有多條路徑。一條路徑 (Path)，係指從起點到終點的一系列相連接的作業項目或節點；例如連接的作業項目 A、E、F、G 及 I（或節點 1、2、4、5、6、7）為一條路徑；連接的作業項目 B、H 及 I（或節點 1、3、6、7）亦為一條路徑。一個專案必須完成從起點到終點的所有路徑，才能完成該項專案。

每一條路徑均有其完成的作業時間，其中完成作業時間最長的一條路徑，稱為要徑 (Critical Path)，因為該要徑上的任一作業項目的進度有所推遲，則影響整個專案的完成時間，故稱為要徑 (Critical Path)。要徑上的每一個作業項目，稱為要徑作業 (Critical Activity)。

專案中各作業項目的最早開始時間 (ES)、最早完成時間 (EF)、最晚開始時間 (LS)，及最晚完成時間 (LF) 推定後，即可推算各作業項目的寬裕時間 (Slack Time)。一個作業項目的寬裕時間為該作業項目在不影響整個專案進度的前提下，可以延遲開始或完成的時間。依此定義，要徑上的各項作業項目的寬裕時間應該為零。每一作業項目的寬裕時間可依下列公式推算之。

寬裕時間 $= LS - ES = LF - EF$

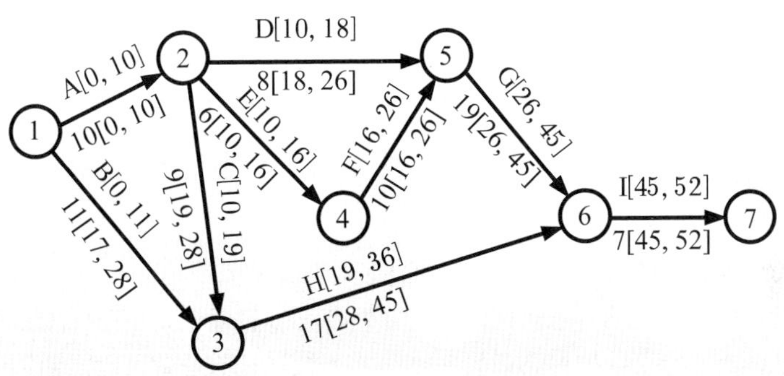

上圖為標示最早及最晚作業時間的 PERT/CPM 網路圖。作業項目 H 的寬裕時間為 $LS - ES = 28 - 19 = 9$ 或 $LF - EF = 45 - 36 = 9$，表示作業項目 H 延遲 9 週開始或完成並不影響專案的整體進度；作業項目 F 的寬裕時間為 $LS - ES = 16 - 16 = 0$ 或 $LF - EF = 26 - 26 = 0$，表示作業項目 F 沒有任何寬裕時間，任何遲延均影響專案整體完成時間，故屬要徑上的一個作業項目。

這種繪製 PERT/CPM 圖再推算註記各作業項目的最早開始時間、最早完成時間、最晚開始時間、最晚完成時間，以便推算寬裕時間來研判專案要徑與要徑作業項目的方法，適於大型專案管理顯得複雜而不易閱讀，因此有一種表格式的表述方法應運而生。

Unit 8-5 尋找要徑程序摘要

下表為依 PERT/CPM 圖中各作業項目的最早、最晚開始與完成時間整理推算各作業項目的寬裕時間，並判定哪些作業項目為要徑作業 (Critical Activity)，所有要徑作業即可連接成該專案的要徑。亦即，作業項目 A、E、F、G 及 I 連接成為本專案的要徑。

專案計畫--時間控制							
作業項目	作業時間	作業開始時間		作業完成時間		寬裕時間	
		最早(ES)	最晚(LS)	最早(EF)	最晚(LF)	(LS-ES)	要徑作業?
A	10.0	0.0	0.0	10.0	10.0	0.0	Yes
B	11.0	0.0	17.0	11.0	28.0	17.0	No
C	9.0	10.0	19.0	19.0	28.0	9.0	No
D	8.0	10.0	18.0	18.0	26.0	8.0	No
E	6.0	10.0	10.0	16.0	16.0	0.0	Yes
F	10.0	16.0	16.0	26.0	26.0	0.0	Yes
G	19.0	26.0	26.0	45.0	45.0	0.0	Yes
H	17.0	19.0	28.0	36.0	45.0	9.0	No
I	7.0	45.0	45.0	52.0	52.0	0.0	Yes

專案計畫經過解析與前述寬裕時間的推算與要徑的判定，可供專案經理人獲得下列重要資訊：

1. 專案可以完成的時間？如本例可在 52 週完成。
2. 專案中每一作業項目應該何時開始？何時必須完成？如 PERT/CPM 圖或上表均已算出每一作業項目的最早開始時間、最早完成時間、最晚開始時間、最晚完成時間。
3. 哪些作業項目為要徑作業而不得有任何延遲？上表中寬裕時間為 0 的作業項目均屬要徑作業。
4. 哪些作業項目非屬要徑作業而有一個寬裕時間的延遲且不影響專案進程？上表中寬裕時間非為 0 的作業項目均為非要徑作業，可以有一段延遲的時間。

專案管理尋找要徑的程序彙整如下：

1. 以專業知識解析完成一個專案所需的作業項目。
2. 以專業知識決定每一作業項目的前置作業。
3. 以專業知識推估每一作業項目的作業時間。
4. 依據步驟 1 與步驟 2 的作業項目關係繪製 PERT/CPM 網路圖。
5. 先以前行推展 (Forward Pass) 從專案起點推算各作業項目的最早開始時間(ES) 及最早完成時間 (EF)，終止節點前的作業項目的最早完成時間 (EF)，即為專案的完成時間。

6. 再以背行推展 (Backward Pass) 從專案終點推算各作業項目的最晚開始時間 (*LS*) 及最晚完成時間 (*LF*)。
7. 以每一作業項目的最早開始時間及最晚開始時間或最早完成時間及最晚完成時間，推算該作業項目的寬裕時間。
8. 判定寬裕時間為 0 的作業項目為要徑作業，連接各要徑作業而成整個專案的要徑。
9. 各作業項目的排程時間如步驟 5 及步驟 6 計算所得。

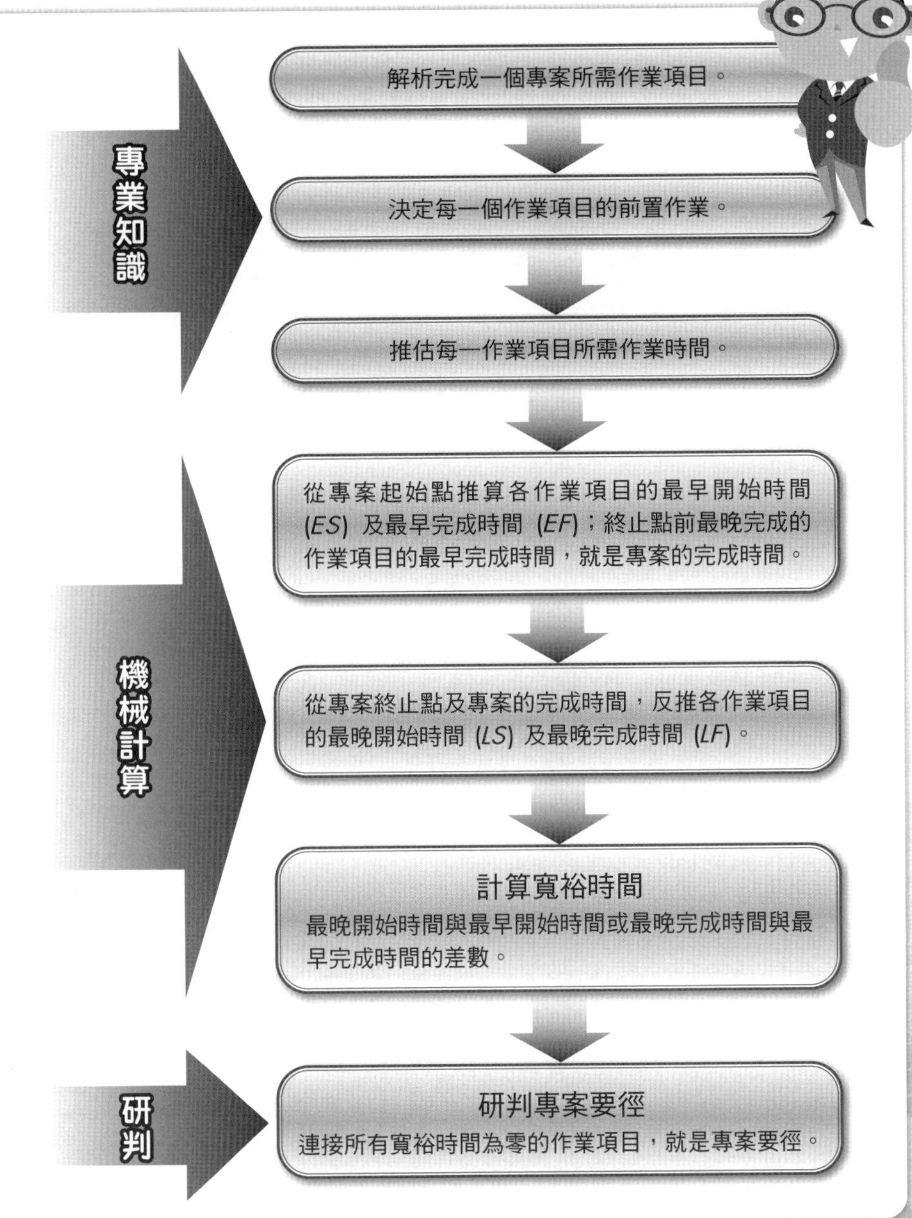

Unit 8-6 不確定作業時間之排程

美國國防部的北極星潛艇飛彈計畫是人類未曾經歷的專案、高速鐵路或捷運系統的興建均是國內未曾經歷的建設，國內沒有經驗的專案或可委請國外有經驗的顧問公司協助。事實上，任何專案均有其首次經歷，因此對於專案中的作業項目、作業時間可能因為缺乏經驗，而無法做出較為精確的估計。計畫評核術 (PERT) 為美國國防部的北極星潛艇飛彈計畫所發展的專案管理技術，因此有其一套不確定作業時間的處理方式。

假設下表為某公司研發新產品的作業項目清單，前置作業及作業時間，由於該公司對於本研究發展專案的作業項目沒有經驗，故其作業時間按樂觀、最可能、悲觀推估如下表。

作業項目	前置作業	作業時間估計		
		樂觀	最可能	悲觀
A	–	6	7	14
B	–	3	3.5	7
C	A	4	5	6
D	A	5	6	13
E	A	4	5	6
F	C	3.5	4	4.5
G	D	3.5	5	6.5
H	B、E	4.5	5.5	9.5
I	H	3.5	4	4.5
J	F、G、I	3	4	5

期望平均作業時間

計畫評核術 (PERT) 針對不確定作業時間的處理，要求專案經理人對每一作業項目提供下列三個估計時間：

- 樂觀時間 (a)：如果資源配合順利，作業項目可樂觀完成的作業時間；
- 最可能時間 (m)：正常狀況下作業項目最可能完成時間；
- 悲觀時間 (b)：在資源無法充分配合的悲觀情形，作業項目的估計作業時間。

專案經理人可憑個人專業知識估計最可能完成時間，再輔以最樂觀作業時間與最悲觀作業時間，以表達作業時間的不確定性。

計畫評核術乃依據 Beta 機率分配由樂觀時間 (a)、最可能時間 (m) 及悲觀時間 (b)，按下列公式推估期望平均作業時間 t 及變異數 σ^2，以表達其不確定性。

$$t = \frac{a + 4m + b}{6}$$

$$\sigma^2 = \left(\frac{b - a}{6}\right)^2$$

例如，作業項目 A 的樂觀時間 ($a = 6$)、最可能時間 ($m = 7$) 及悲觀時間 ($b = 14$)，則可推算期望平均作業時間 t 及變異數 σ^2 如下：

$$t_A = \frac{6 + 4 \times 7 + 14}{6} = 8$$

$$\sigma^2 = \left(\frac{14 - 6}{6}\right)^2 = 1.7778$$

作業項目 B 的樂觀時間 ($a = 3$)、最可能時間 ($m = 3.5$) 及悲觀時間 ($b = 7$)，則可推算期望平均作業時間 t 及變異數 σ^2 如下：

$$t_B = \frac{3 + 4 \times 3.5 + 7}{6} = 4$$

$$\sigma^2 = \left(\frac{7 - 3}{6}\right)^2 = 0.4444$$

其他作業項目的期望平均作業時間及變異數，均可按公式計算並整理如下表。

作業項目	期望平均作業時間	作業時間變異數
A	8	1.7778
B	4	0.4444
C	5	0.1111
D	7	1.7778
E	5	0.1111
F	4	0.0278
G	5	0.2500
H	6	0.6944
I	4	0.0278
J	4	0.1111
合計	52	

Unit 8-7 不確定作業時間之要徑推算

各作業項目的期望平均作業時間計得之後，可將期望平均作業時間視同作業時間確定的方法來計算，並判定要徑作業與專案要徑。其程序如下：

1. 首先依據作業項目前後關係及期望平均作業時間繪製網路圖。

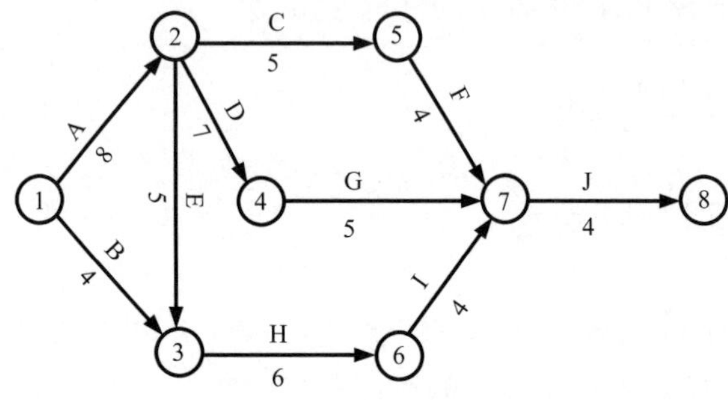

2. 以專案開始時間為 0 前行推展 (Forward Pass)，可以推得各作業項目的最早開始時間 (ES) 及最早完成時間 (EF)，如下圖。由最後一個作業項目 J 的最早完成時間，得知專案期望完成時間為 27 週。

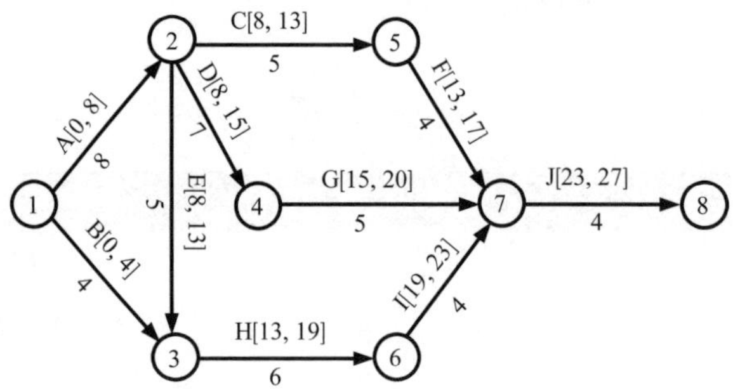

3. 再以背行推展 (Backward Pass)，從專案終點推算各作業項目的最晚開始時間 (*LS*) 及最晚完成時間 (*LF*)，如下圖。

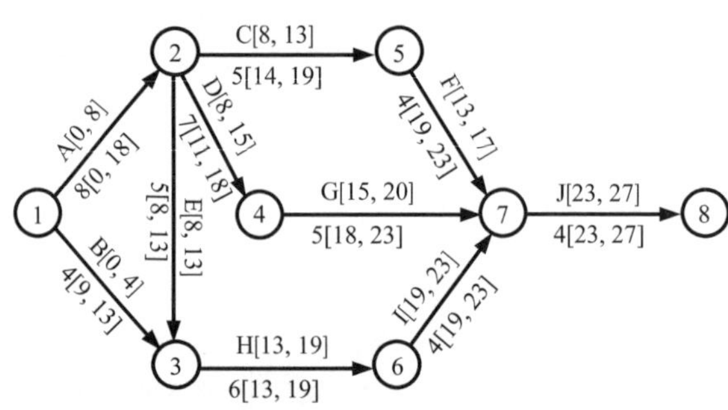

4. 將上圖專案作業的最早作業時間、最晚作業時間及期望平均作業時間、作業時間的變異數等資料整理，並計算各作業項目的寬裕時間如下表。作業項目 A、E、H、I、J 的寬裕時間均為 0，故屬要徑作業，從起點經作業項目 A、E、H、I、J 到終點的一連串作業項目，則為本專案的要徑。

專案計畫--時間控制								
作業項目	平均作業時間	變異數	作業開始時間		作業完成時間		寬裕時間	27.0
			最早(ES)	最晚(LS)	最早(EF)	最晚(LF)	(LS-ES)	要徑作業?
A	8.0	1.7778	0.0	0.0	8.0	8.0	0.0	Yes
B	4.0	0.4444	0.0	9.0	4.0	13.0	9.0	No
C	5.0	0.1111	8.0	14.0	13.0	19.0	6.0	No
D	7.0	1.7778	8.0	11.0	15.0	18.0	3.0	No
E	5.0	0.1111	8.0	8.0	13.0	13.0	0.0	Yes
F	4.0	0.0278	13.0	19.0	17.0	23.0	6.0	No
G	5.0	0.2500	15.0	18.0	20.0	23.0	3.0	No
H	6.0	0.6944	13.0	13.0	19.0	19.0	0.0	Yes
I	4.0	0.0278	19.0	19.0	23.0	23.0	0.0	Yes
J	4.0	0.1111	23.0	23.0	27.0	27.0	0.0	Yes
要徑作業時間=>		27.0	變異數=>	2.7222	標準差=>	1.6499		
專案計畫在		27.0	個單位時間內完成的機率為===>			0.50000		

上表為程式列印的作業時間不確定的專案排程，每項作業的作業時間有變異數，因此，整個專案的完成時間也有變異數，容於次一單元詳述之。

作業時間為 7（天）確定的作業項目，其樂觀時間 ($a = 7$)、最可能時間 ($m = 7$) 及悲觀時間 ($b = 7$)，則可推算期望平均作業時間 t 及變異數 σ^2 如下：

$$t = \frac{7 + 4 \times 7 + 7}{6} = 7$$

$$\sigma^2 = \left(\frac{7 - 7}{6}\right)^2 = 0.0$$

如果上表中作業項目 E（期望平均作業時間為 5，變異數為 0.1111）改為作業時間確定為 5 的作業項目，則可視同其樂觀時間 ($a = 5$)、最可能時間 ($m = 5$)，以及悲觀時間 ($b = 5$) 的作業時間不確定的作業項目（變異數應為 0.0），經程式排程得如下的排程表。

	A	B	C	D	E	F	G	H	I
18	專案計畫--時間控制								
19	作業	平均	變異數	作業開始時間		作業完成時間		寬裕時間	27.0
20	項目	作業時間		最早(ES)	最晚(LS)	最早(EF)	最晚(LF)	(LS-ES)	要徑作業?
21	A	8.0	1.7778	0.0	0.0	8.0	8.0	0.0	Yes
22	B	4.0	0.4444	0.0	9.0	4.0	13.0	9.0	No
23	C	5.0	0.1111	8.0	14.0	13.0	19.0	6.0	No
24	D	7.0	1.7778	8.0	11.0	15.0	18.0	3.0	No
25	E	5.0	0.0000	8.0	8.0	13.0	13.0	0.0	Yes
26	F	4.0	0.0278	13.0	19.0	17.0	23.0	6.0	No
27	G	5.0	0.2500	15.0	18.0	20.0	23.0	3.0	No
28	H	6.0	0.6944	13.0	13.0	19.0	19.0	0.0	Yes
29	I	4.0	0.0278	19.0	19.0	23.0	23.0	0.0	Yes
30	J	4.0	0.1111	23.0	23.0	27.0	27.0	0.0	Yes
31	要徑作業時間=>		27.0	變異數=>	2.6111	標準差=>	1.6159		
32	專案計畫在		27.0	個單位時間內完成的機率為===>			0.50000		

要徑作業項目 E 由期望平均作業時間 5、變異數 0.1111 改為確定作業時間 5、變異數 0.0 後的要徑作業時間仍為 27；變異數也由 2.7222 降為 2.6111。

Unit 8-8 專案完成時間的變動性

在要徑計算中，以期望平均作業時間當作確定時間，來計算各作業項目的寬裕時間及要徑；正如作業時間的變異數為每一作業項目帶來變異性，要徑作業的變異性也為專案完成時間帶來變異性。非要徑作業通常因寬裕時間的存在，而吸收了作業時間的變異性，並不會影響專案完成日期，但若延遲時間超過其寬裕時間，則可能變成新的要徑作業，也不排除影響專案完成日期。

作業項目的變動性並非一定延遲專案的完成時間，如果專案經理人較為保守的估計不確定作業時間，也可能使專案提早完成。僅就要徑作業的變異性對於專案完成時間的變異性討論如下：

設 T 為專案完成時間的期望值，則 T 應等於各要徑作業項目 A、E、H、I、J 的期望平均值的總和，亦即

$$T = t_A + t_E + t_H + t_I + t_J = 8 + 5 + 6 + 4 + 4 = 27 \text{ 週}$$

同理，專案完成時間的變異數 σ^2 也應等於各要徑作業項目 A、E、H、I、J 的變異數的總和，亦即

$$\begin{aligned}\sigma^2 &= \sigma_A^2 + \sigma_E^2 + \sigma_H^2 + \sigma_I^2 + \sigma_J^2 \\ &= 1.7778 + 0.1111 + 0.6944 + 0.0278 + 0.1111 \\ &= 2.7222\end{aligned}$$

上式為假設各作業項目的作業時間為相互獨立，但如果作業項目間的作業時間為相互依賴，則上式僅能獲得近似值。作業項目的作業時間相依性越低，則其近似性越高。按統計學上，標準差 σ 為變異數的正平方根，可得專案完成時間的標準差 σ 為

$$\sigma = \sqrt{\sigma^2} = \sqrt{2.7222} = 1.6499$$

計畫評核術的另一項假設為專案完成時間 T 為符合常態分配。按此常態分配，則可推算不同專案完成時間的機率。前一單元推算表最後一行顯示按各作業項目期望平均作業時間所推得的專案完成時間 27 週的完成機率為 0.5。欲計算專案完成時間為 30 週的完成機率，可先按下列公式將隨機變數 30 週化成標準常態分配的標準差個數，如次頁常態分配圖。

$$z = \frac{30 - 27}{1.6499} = 1.8183$$

以 $z = 1.8183$ 查標準常態分配表，得專案完成時間為 30 週的機率為 0.50000 + 0.46549 = 0.96549。

下表為各種不同專案完成時間的完成機率。

專案完成時間	機率
24 週	0.03451
25 週	0.11272
26 週	0.27223
27 週	0.50000
28 週	0.72777
29 週	0.88728
30 週	0.96549
31 週	0.99233

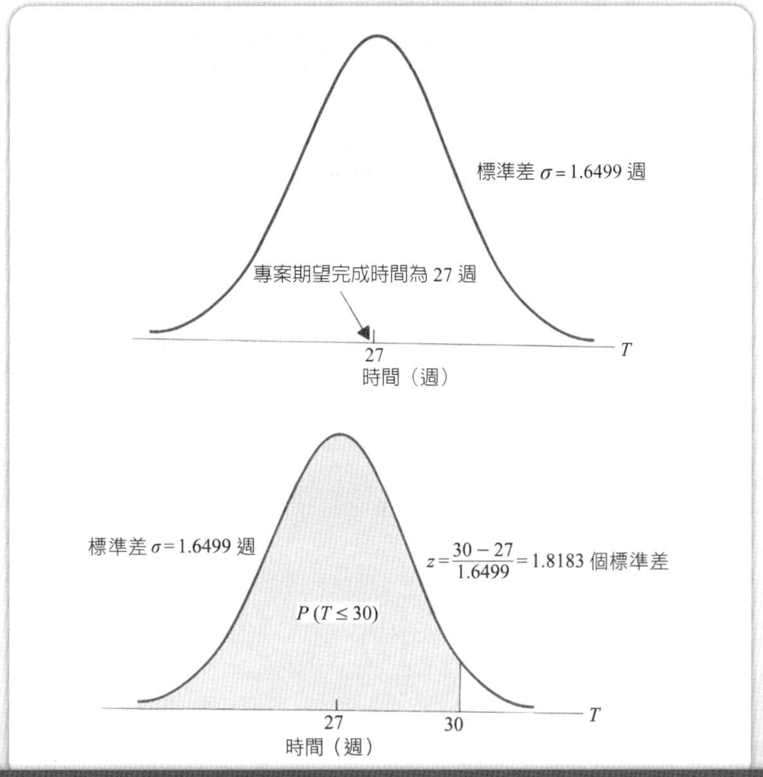

不確定作業時間排程程序摘要

1. 根據專案經理人對每一作業項目所推估的樂觀、最可能、悲觀作業時間，推算每一作業項目的期望平均作業時間及變異數。
2. 將期望平均作業時間視同確定作業時間，並依要徑計算順序判定專案要徑。
3. 專案完成時間的期望值為各要徑作業期望平均作業時間的總和。
4. 專案完成時間的變異數為各要徑作業變異數的總和。
5. 專案完成時間的標準差為專案完成時間變異數的正平方根。
6. 推估不同專案完成時間的完成機率。

Unit 8-9 專案計畫建置排程程式使用說明

專案計畫建置排程程式將專案計畫的管理工作分階段按序執行之，其順序如下：

1. 依據專案計畫的作業項目個數、前置作業項目個數，建立一個專案計畫分析試算表。
2. 在專案計畫分析試算表上輸入每一作業項目代號，每一作業項目的前置作業代號及作業時間；如須進行趕工，則應輸入每一作業項目趕工的總作業時間及作業成本；如屬不確定作業時間，則其專案完成時間亦有其變動性，故可推算某一指定完成時間的完成機率。
3. 進行時間排程（進行其他分析功能以前均必須先進行時間排程）。
4. 時間排程後，如屬不確定作業時間，則可推算某一指定完成時間的完成機率。
5. 如果已經輸入每一作業項目的趕工總作業時間與作業成本，則可選擇最佳趕工方案。

各項分析功能說明如下：

以 Unit 8-3「最早作業時間」的專案為例（複述如下），共有 9 個作業項目，每一作業項目最多有 2 個前置作業。

作業項目	前置作業	作業時間(週)
A	–	10
B	–	11
C	A	9
D	A	8
E	A	6
F	E	10
G	D、F	19
H	B、C	17
I	G、H	7
	合計	97

小博士解說

使用專案計畫建置排程程式以前，一定要充分了解整個專案有幾個工作項目；工作項目的前置作業項目最多有幾個；工作項目的作業時間是確定或者不確定（含樂觀、可能、悲觀三個時間)的；專案計畫中，只要有一個工作項目的作業時間屬不確定，則整個專案應選擇不確定作業時間。

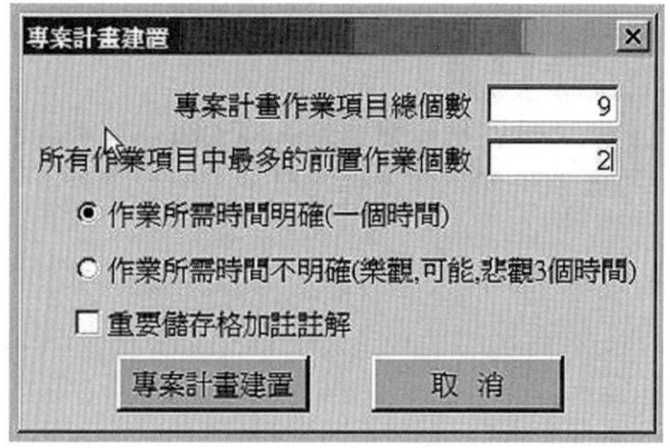

先使圖解作業研究軟體以外的某一試算表處於作用中 (active) 狀態，然後在圖解作業研究軟體功能表上，選擇☞FOR/PERT 與 CPM/專案計畫建置☜，即可出現如上圖的專案計畫建置輸入畫面。

專案計畫建置畫面中有兩個輸入欄位，一為「專案計畫作業項目總個數」(9)，一為「所有作業項目中最多的前置作業個數」 (2)；該兩數值可由專案計畫的作業項目清單中查得。畫面中另有兩個選項，其一為作業所需時間明確（一個時間），另一為作業所需時間不明確（樂觀、可能、悲觀 3 個時間），可依實際狀況選擇之，本例點選作業所需時間明確（一個時間）。必要資料及選項輸入完畢後，可單擊「專案計畫建置」鈕進行專案計畫試算表建置，或單擊「取消」鈕以結束程式的執行。

單擊「專案計畫建置」鈕後出現提醒畫面，在提醒畫面單擊「確定」鈕後，出現如下的試算表。填入 9 個作業項目的前置作業與各作業項目的正常作業時間如下。

專案計畫作業項目基本資料及關聯資訊										
作業	前置作業			正常作業		趕工作業		趕工作業		
項目	項目1	項目2	項目3	時間	成本	時間	成本	縮短時間	增加成本	單位成本
A				10.0						
B				11.0						
C	A			9.0						
D	A			8.0						
E	A			6.0						
F	E			10.0						
G	D	F		19.0						
H	B	C		17.0						
I	G	H		7.0						

在前一步驟所建立的試算表中，輸入各作業項目的前置作業及作業時間（如上表）後，即可在圖解作業研究軟體功能表上，選擇☞FOR/PERT 與 CPM/時間排程☜即進行要徑計算，算出各作業項目的最早開始時間、最早完成時間、最晚開始時間及最晚完成時間，並計算各作業項目的寬裕時間以判定要徑作業如下表（參閱 FOR08.xlsx 中試算表「PERT1」）。顯示專案計畫完成時間為 52 週，「要徑作業？」為 Yes 的作業項目A、E、F、G、I，即為專案要徑作業與 Unit 8-4「最晚作業時間與要徑判定」的推算結果相同。

專案計畫--時間控制						
作業	作業開始時間		作業完成時間		寬裕時間	52.0
項目	最早(ES)	最晚(LS)	最早(EF)	最晚(LF)	(LS-ES)	要徑作業?
A	0.0	0.0	10.0	10.0	0.0	Yes
B	0.0	17.0	11.0	28.0	17.0	No
C	10.0	19.0	19.0	28.0	9.0	No
D	10.0	18.0	18.0	26.0	8.0	No
E	10.0	10.0	16.0	16.0	0.0	Yes
F	16.0	16.0	26.0	26.0	0.0	Yes
G	26.0	26.0	45.0	45.0	0.0	Yes
H	19.0	28.0	36.0	45.0	9.0	No
I	45.0	45.0	52.0	52.0	0.0	Yes

Unit 8-10 不明確作業時間的程式排程

以 Unit 8-6「不確定作業時間之排程」的專案（複述如下）為例，除於專案計畫建置畫面指定專案計畫作業項目總個數 (10)，所有作業項目中最多的前置作業個數 (3)，亦應點選「作業所需時間不明確（樂觀、可能、悲觀 3 個時間）。

作業項目	前置作業	作業時間估計		
		樂觀	最可能	悲觀
A	–	6	7	14
B	–	3	3.5	7
C	A	4	5	6
D	A	5	6	13
E	A	4	5	6
F	C	3.5	4	4.5
G	D	3.5	5	6.5
H	B、E	4.5	5.5	9.5
I	H	3.5	4	4.5
J	F、G、I	3	4	5

單擊「專案計畫建置」鈕後，再單擊「確定」鈕出現如下的試算表，並依據上表填入各作業項目的前置作業及正常作業的三個時間。

	A	B	C	D	E	F	G	H	I	J
4	專案計畫作業項目基本資料及關聯資訊									
5	作業	前置作業			正常作業			正常作業	趕工作業	
6	項目	項目1	項目2	項目3	樂觀	最可能	悲觀	成本	時間	成本
7	A				6.0	7.0	14.0			
8	B				3.0	3.5	7.0			
9	C	A			4.0	5.0	6.0			
10	D	A			5.0	6.0	13.0			
11	E	A			4.0	5.0	6.0			
12	F	C			3.5	4.0	4.5			
13	G	D			3.5	5.0	6.5			
14	H	B	E		4.5	5.5	9.5			
15	I	H			3.5	4.0	4.5			
16	J	F	G	I	3.0	4.0	5.0			

然後在圖解作業研究軟體功能表上，選擇☞FOR/PERT 與 CPM/時間排程☜即進行要徑計算，先計算各作業項目的期望平均時間及變異數，再算出各作業項目的最早

開始時間、最早完成時間、最晚開始時間及最晚完成時間，並計算各作業項目的寬裕時間，以判定要徑作業如下表（參閱 FOR08.xlsx 中試算表「PERT2」）。

因為每一作業項目的作業時間有悲觀、最可能、樂觀等三種不確定性的時間，據以推算的專案完成時間也有不確定性，完成時間以機率表示之。下表顯示本專案有 50% 的機會可在 27 週完成。

	A	B	C	D	E	F	G	H	I
18	專案計畫--時間控制								
19	作業	平　均	變異數	作業開始時間		作業完成時間		寬裕時間	27.0
20	項目	作業時間		最早(ES)	最晚(LS)	最早(EF)	最晚(LF)	(LS-ES)	要徑作業?
21	A	8.0	1.7778	0.0	0.0	8.0	8.0	0.0	Yes
22	B	4.0	0.4444	0.0	9.0	4.0	13.0	9.0	No
23	C	5.0	0.1111	8.0	14.0	13.0	19.0	6.0	No
24	D	7.0	1.7778	8.0	11.0	15.0	18.0	3.0	No
25	E	5.0	0.1111	8.0	8.0	13.0	13.0	0.0	Yes
26	F	4.0	0.0278	13.0	19.0	17.0	23.0	6.0	No
27	G	5.0	0.2500	15.0	18.0	20.0	23.0	3.0	No
28	H	6.0	0.6944	13.0	13.0	19.0	19.0	0.0	Yes
29	I	4.0	0.0278	19.0	19.0	23.0	23.0	0.0	Yes
30	J	4.0	0.1111	23.0	23.0	27.0	27.0	0.0	Yes
31	要徑作業時間=>		27.0	變異數=>	2.7222	標準差=>	1.6499		
32	專案計畫在		27.0	個單位時間內完成的機率爲===>			0.50000		

若作業項目 E 改為明確作業時間 5，則將作業項目的樂觀時間、最可能時間及悲觀時間均改為 5，再求解之得要徑作業時間仍為 27 如下表（試算表「PERT2A」）。作業項目 E 原來的期望平均作業時間 5，變異數 0.1111 改為期望平均作業時間 5，變異數 0.0 以表示確定作業時間的作業項目。

	A	B	C	D	E	F	G	H	I
18	專案計畫--時間控制								
19	作業	平　均	變異數	作業開始時間		作業完成時間		寬裕時間	27.0
20	項目	作業時間		最早(ES)	最晚(LS)	最早(EF)	最晚(LF)	(LS-ES)	要徑作業?
21	A	8.0	1.7778	0.0	0.0	8.0	8.0	0.0	Yes
22	B	4.0	0.4444	0.0	9.0	4.0	13.0	9.0	No
23	C	5.0	0.1111	8.0	14.0	13.0	19.0	6.0	No
24	D	7.0	1.7778	8.0	11.0	15.0	18.0	3.0	No
25	E	5.0	0.0000	8.0	8.0	13.0	13.0	0.0	Yes
26	F	4.0	0.0278	13.0	19.0	17.0	23.0	6.0	No
27	G	5.0	0.2500	15.0	18.0	20.0	23.0	3.0	No
28	H	6.0	0.6944	13.0	13.0	19.0	19.0	0.0	Yes
29	I	4.0	0.0278	19.0	19.0	23.0	23.0	0.0	Yes
30	J	4.0	0.1111	23.0	23.0	27.0	27.0	0.0	Yes
31	要徑作業時間=>		27.0	變異數=>	2.6111	標準差=>	1.6159		
32	專案計畫在		27.0	個單位時間內完成的機率爲===>			0.50000		

一個專案可包括部分作業項目有明確作業時間，部分作業項目有不明確作業時間，建立專案計畫試算表時，應選擇作業所需時間不明確（樂觀、可能、悲觀 3 個時間）選項。所有作業時間之明確作業項目的樂觀、可能、悲觀3個時間均相同，專案計畫中有任何不明確作業時間的作業項目，整個專案就有完成的機率。

作業項目 E 改為明確作業時間 5 後，整個專案的完成機率也由 2.7222 降為 2.6111。

Unit 8-11 推算指定完成時間的機率

作業時間的不確定性也為專案完成時間帶來變動性。對於某一指定期望專案完成時間的完成機率，則可使用程式推算之。上一單元是作業時間不確定的時間排程。其結果顯示專案完成時間變動性的變異數 (Variance) 為 2.7222，標準差為 1.6499，27 週完成專案的機率為 0.5 或 50%。要徑作業為 A、E、H、I、J，如下圖。

	A	B	C	D	E	F	G	H	I
18	專案計畫--時間控制								
19	作業	平 均	變異數	作業開始時間		作業完成時間		寬裕時間	27.0
20	項目	作業時間		最早(ES)	最晚(LS)	最早(EF)	最晚(LF)	(LS-ES)	要徑作業?
21	A	8.0	1.7778	0.0	0.0	8.0	8.0	0.0	Yes
22	B	4.0	0.4444	0.0	9.0	4.0	13.0	9.0	No
23	C	5.0	0.1111	8.0	14.0	13.0	19.0	6.0	No
24	D	7.0	1.7778	8.0	11.0	15.0	18.0	3.0	No
25	E	5.0	0.1111	8.0	8.0	13.0	13.0	0.0	Yes
26	F	4.0	0.0278	13.0	19.0	17.0	23.0	6.0	No
27	G	5.0	0.2500	15.0	18.0	20.0	23.0	3.0	No
28	H	6.0	0.6944	13.0	13.0	19.0	19.0	0.0	Yes
29	I	4.0	0.0278	19.0	19.0	23.0	23.0	0.0	Yes
30	J	4.0	0.1111	23.0	23.0	27.0	27.0	0.0	Yes
31	要徑作業時間=>		27.0	變異數=>	2.7222	標準差=>	1.6499		
32	專案計畫在		27.0	個單位時間內完成的機率為===>			0.50000		

如欲掌握專案在 30 週完成的機率，則可在試算表上淡黃色（螢幕上顏色）區域（儲存格 C32）內輸入 30，然後在圖解作業研究軟體畫面功能表上，選擇☞FOR/PERT與 CPM/推算指定完成時間的機率☜，即推得完成機率為 0.96549 或 96.549%，如下圖（參閱 FOR08.xlsx 中試算表「PERT3」）。

	A	B	C	D	E	F	G	H	I
18	專案計畫--時間控制								
19	作業	平 均	變異數	作業開始時間		作業完成時間		寬裕時間	27.0
20	項目	作業時間		最早(ES)	最晚(LS)	最早(EF)	最晚(LF)	(LS-ES)	要徑作業?
21	A	8.0	1.7778	0.0	0.0	8.0	8.0	0.0	Yes
22	B	4.0	0.4444	0.0	9.0	4.0	13.0	9.0	No
23	C	5.0	0.1111	8.0	14.0	13.0	19.0	6.0	No
24	D	7.0	1.7778	8.0	11.0	15.0	18.0	3.0	No
25	E	5.0	0.1111	8.0	8.0	13.0	13.0	0.0	Yes
26	F	4.0	0.0278	13.0	19.0	17.0	23.0	6.0	No
27	G	5.0	0.2500	15.0	18.0	20.0	23.0	3.0	No
28	H	6.0	0.6944	13.0	13.0	19.0	19.0	0.0	Yes
29	I	4.0	0.0278	19.0	19.0	23.0	23.0	0.0	Yes
30	J	4.0	0.1111	23.0	23.0	27.0	27.0	0.0	Yes
31	要徑作業時間=>		27.0	變異數=>	2.7222	標準差=>	1.6499		
32	專案計畫在		30.0	個單位時間內完成的機率為===>			0.96549		

下圖顯示，專案在 28 週完成的機率應為 72.777%（參閱 FOR08.xlsx 中試算表「PERT3A」）。

	A	B	C	D	E	F	G	H	I
18	專案計畫--時間控制								
19	作業	平　均	變異數	作業開始時間		作業完成時間		寬裕時間	27.0
20	項目	作業時間		最早(ES)	最晚(LS)	最早(EF)	最晚(LF)	(LS-ES)	要徑作業?
21	A	8.0	1.7778	0.0	0.0	8.0	8.0	0.0	Yes
22	B	4.0	0.4444	0.0	9.0	4.0	13.0	9.0	No
23	C	5.0	0.1111	8.0	14.0	13.0	19.0	6.0	No
24	D	7.0	1.7778	8.0	11.0	15.0	18.0	3.0	No
25	E	5.0	0.1111	8.0	8.0	13.0	13.0	0.0	Yes
26	F	4.0	0.0278	13.0	19.0	17.0	23.0	6.0	No
27	G	5.0	0.2500	15.0	18.0	20.0	23.0	3.0	No
28	H	6.0	0.6944	13.0	13.0	19.0	19.0	0.0	Yes
29	I	4.0	0.0278	19.0	19.0	23.0	23.0	0.0	Yes
30	J	4.0	0.1111	23.0	23.0	27.0	27.0	0.0	Yes
31	要徑作業時間=>		27.0	變異數=>	2.7222	標準差=>	1.6499		
32	專案計畫在		28.0	個單位時間內完成的機率爲===>			0.72777		

下圖顯示，專案同樣在 28 週完成，因作業項目 E 的作業時間改為確定 5 週，減少變異性，使整個專案的完成機率由 72.777% 增為 73.199%（參閱 FOR08.xlsx 中試算表「PERT2B」）。

	A	B	C	D	E	F	G	H	I
18	專案計畫--時間控制								
19	作業	平　均	變異數	作業開始時間		作業完成時間		寬裕時間	27.0
20	項目	作業時間		最早(ES)	最晚(LS)	最早(EF)	最晚(LF)	(LS-ES)	要徑作業?
21	A	8.0	1.7778	0.0	0.0	8.0	8.0	0.0	Yes
22	B	4.0	0.4444	0.0	9.0	4.0	13.0	9.0	No
23	C	5.0	0.1111	8.0	14.0	13.0	19.0	6.0	No
24	D	7.0	1.7778	8.0	11.0	15.0	18.0	3.0	No
25	E	5.0	0.0000	8.0	8.0	13.0	13.0	0.0	Yes
26	F	4.0	0.0278	13.0	19.0	17.0	23.0	6.0	No
27	G	5.0	0.2500	15.0	18.0	20.0	23.0	3.0	No
28	H	6.0	0.6944	13.0	13.0	19.0	19.0	0.0	Yes
29	I	4.0	0.0278	19.0	19.0	23.0	23.0	0.0	Yes
30	J	4.0	0.1111	23.0	23.0	27.0	27.0	0.0	Yes
31	要徑作業時間=>		27.0	變異數=>	2.6111	標準差=>	1.6159		
32	專案計畫在		28.0	個單位時間內完成的機率爲===>			0.73199		

若專案設定在 15 週完成，則專案完成的機率為 0%（參閱 FOR08.xlsx 中試算表「PERT2C」）。

	A	B	C	D	E	F	G	H	I
18	專案計畫--時間控制								
19	作業	平　均	變異數	作業開始時間		作業完成時間		寬裕時間	27.0
20	項目	作業時間		最早(ES)	最晚(LS)	最早(EF)	最晚(LF)	(LS-ES)	要徑作業?
21	A	8.0	1.7778	0.0	0.0	8.0	8.0	0.0	Yes
22	B	4.0	0.4444	0.0	9.0	4.0	13.0	9.0	No
23	C	5.0	0.1111	8.0	14.0	13.0	19.0	6.0	No
24	D	7.0	1.7778	8.0	11.0	15.0	18.0	3.0	No
25	E	5.0	0.0000	8.0	8.0	13.0	13.0	0.0	Yes
26	F	4.0	0.0278	13.0	19.0	17.0	23.0	6.0	No
27	G	5.0	0.2500	15.0	18.0	20.0	23.0	3.0	No
28	H	6.0	0.6944	13.0	13.0	19.0	19.0	0.0	Yes
29	I	4.0	0.0278	19.0	19.0	23.0	23.0	0.0	Yes
30	J	4.0	0.1111	23.0	23.0	27.0	27.0	0.0	Yes
31	要徑作業時間=>		27.0	變異數=>	2.6111	標準差=>	1.6159		
32	專案計畫在		15.0	個單位時間內完成的機率爲===>			0.00000		

Unit 8-12 趕工單位成本

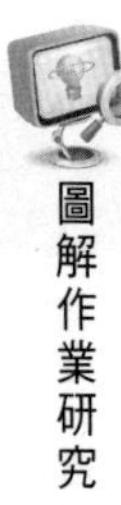

在「不確定作業時間之排程」單元中的實例，該專案完成時間為 27 週，其在 30 週內完成的機率為 96.549%，因此管理階層並無投入資源趕工的必要。如有提前專案完成時間的必要，則必須以加班、增加機具、人力等投入資源的方式加以趕工。如何以投入最少資源獲得最佳趕工效果，是專案經理人的重要課題。

下表為某公司一項專案計畫的作業項目清單、前置作業及作業時間。

作業項目	前置作業	作業時間 w
A	–	12 天
B	A	8 天
C	–	11 天
D	C	8 天
E	B、D	7 天

下圖為含有各作業項目最早作業時間及最晚作業時間的專案計畫網路圖。

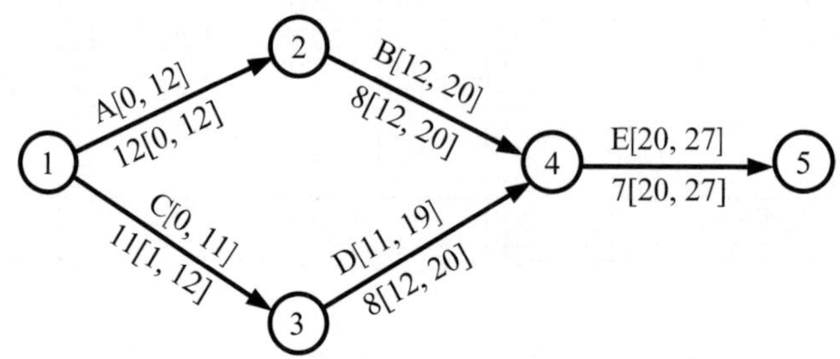

下表（參閱 FOR08.xlsx 中試算表「PERT4」）則為經要徑計算所得時間控制表，可知專案完成時間為 27 天，要徑作業為作業項目 A、B、E。

	A	B	C	D	E	F	G
13	專案計畫--時間控制						
14	作業	作業開始時間		作業完成時間		寬裕時間	27.0
15	項目	最早(ES)	最晚(LS)	最早(EF)	最晚(LF)	(LS-ES)	要徑作業?
16	A	0.0	0.0	12.0	12.0	0.0	Yes
17	B	12.0	12.0	20.0	20.0	0.0	Yes
18	C	0.0	1.0	11.0	12.0	1.0	No
19	D	11.0	12.0	19.0	20.0	1.0	No
20	E	20.0	20.0	27.0	27.0	0.0	Yes

該公司為配合某種需要必須使該專案計畫提前到 24 天內完工。為判斷哪些作業項目應該趕工幾天？必須先掌握每一作業項目可以趕工的天數及趕工總成本。一項需

要 10 人工作 10 天的作業項目，並非給予 100 個人就能在 1 天內完成，因此每一作業項目有其最大趕工可以完成的作業時間與作業成本。下表為本單元專案計畫各作業項目的正常及趕工的作業時間與成本。

作業項目	前置作業	正常		趕工	
		作業時間	作業成本	作業時間	作業成本
A	–	12	1,000	9	1,300
B	A	8	500	7	650
C	–	11	1,000	9	1,400
D	C	8	400	6	700
E	B、D	7	400	6	650

設 t_j 為作業項目 j 的正常作業時間。
設 $t_j^{'}$ 為作業項目 j 最大趕工的作業時間。
設 C_j 為作業項目 j 的正常作業成本。
設 $C_j^{'}$ 為作業項目 j 最大趕工的作業成本。
設 M_j 為作業項目 j 在最大趕工下可縮短的作業時間。
設 K_j 為作業項目 j 的趕工的單位成本。

則縮短的作業時間及趕工單位成本的計算公式如下：

$$M_j = t_j - t_j^{'}$$

$$K_j = \frac{C_j^{'} - C_j}{M_j}$$

例如，作業項目 A 的正常作業時間 $t_A^{'}$ 為 12 天，最大趕工作業時間 為 9 天，正常作業成本 $C_A^{'}$ 為 1,000，最大趕工作業成本 為 1,300，故

$$M_A = 12 - 9 = 3$$

$$K_A = \frac{C_A^{'} - C_A}{M_A} = \frac{1,300 - 1,000}{3} = 100$$

本專案計畫各作業項目最大可縮短天數與單位趕工成本計算如下表。

作業項目	正常作業所需總		趕工作業所需總		最大可縮短天數	趕　工單位成本
	時間	成本	時間	成本		
A	12	1,000	9	1,300	3	100
B	8	500	7	650	1	150
C	11	1,000	9	1,400	2	200
D	8	400	6	700	2	150
E	7	400	6	650	1	250

Unit 8-13 趕工方案

每一作業項目的趕工時間可能介於正常作業時間與最大趕工作業時間之間，其作業成本以直線分布決定之，如下圖。

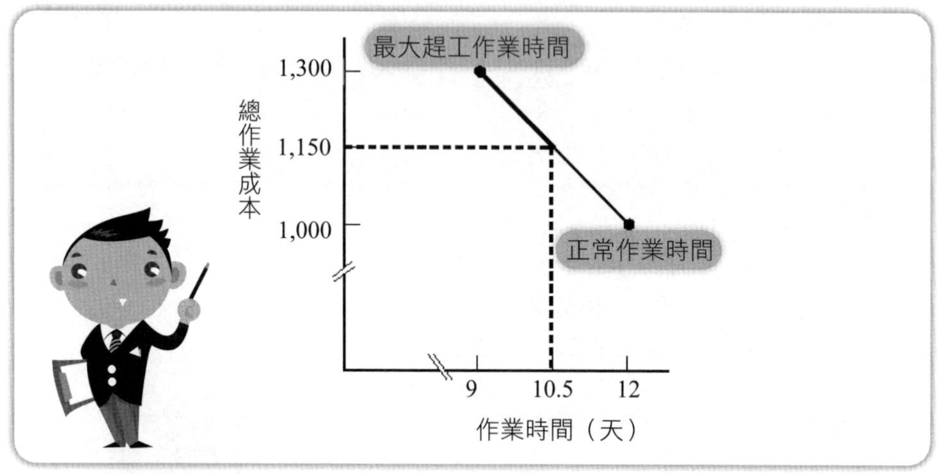

例如，作業項目 A 的正常作業時間為 12 天完成，最大趕工時間為 9 天完成，如果預計 10.5 天可以完成，則其作業成本計算如下：

$$C_{A,10.5} = 1{,}000 + (10.5 - 9) \times 100 = 1{,}150$$

每一作業項目的趕工單位成本計算以後，專案經理人應該決定哪些作業項目該要趕工及趕工多少天，以滿足在 24 天以內完成的任務？一般直覺反應是應從趕工單位成本最低的要徑作業著手，並決定趕工天數。本例中要徑作業 A、B、E 中，以作業項目 A 的趕工單位成本 (100) 最低，故選擇作業項目 A 趕工 3 天，以期專案完成時間可由 27 天縮短為 24 天。下表（參閱 FOR08.xlsx 中試算表「PERT4A」）為作業項目 A 改為 9 天的要徑計算結果，要徑作業已由原來的作業項目 A、B、E 改為作業項目 C、D、E，且專案完成時間為 26 天，而無法達成 24 天內完成的任務。

	A	B	C	D	E	F	G
13	專案計畫--時間控制						
14	作業	作業開始時間		作業完成時間		寬裕時間	26.0
15	項目	最早(ES)	最晚(LS)	最早(EF)	最晚(LF)	(LS-ES)	要徑作業?
16	A	0.0	2.0	9.0	11.0	2.0	No
17	B	9.0	11.0	17.0	19.0	2.0	No
18	C	0.0	0.0	11.0	11.0	0.0	Yes
19	D	11.0	11.0	19.0	19.0	0.0	Yes
20	E	19.0	19.0	26.0	26.0	0.0	Yes

如將作業項目 A 趕工 2 天改為 10 天，作業項目 B 趕工 1 天改為 7 天，則其要徑計算的結果如下表（參閱 FOR08.xlsx 中試算表「PERT4B」），但專案完成時間仍為26 天，而無法達成 24 天內完成的任務，要徑作業仍為作業項目 C、D、E。

	A	B	C	D	E	F	G
13	專案計畫--時間控制						
14	作業	作業開始時間		作業完成時間		寬裕時間	26.0
15	項目	最早(ES)	最晚(LS)	最早(EF)	最晚(LF)	(LS-ES)	要徑作業?
16	A	0.0	2.0	10.0	12.0	2.0	No
17	B	10.0	12.0	17.0	19.0	2.0	No
18	C	0.0	0.0	11.0	11.0	0.0	Yes
19	D	11.0	11.0	19.0	19.0	0.0	Yes
20	E	19.0	19.0	26.0	26.0	0.0	Yes

如將作業項目 C 趕工 2 天改為 9 天，作業項目 E 趕工 1 天改為 6 天，則其要徑計算的結果如下表（參閱 FOR08.xlsx 中試算表「PERT4C」），但專案完成時間仍為26 天，而無法達成 24 天內完成的任務，要徑作業改為作業項目 A、B、E。

	A	B	C	D	E	F	G
13	專案計畫--時間控制						
14	作業	作業開始時間		作業完成時間		寬裕時間	26.0
15	項目	最早(ES)	最晚(LS)	最早(EF)	最晚(LF)	(LS-ES)	要徑作業?
16	A	0.0	0.0	12.0	12.0	0.0	Yes
17	B	12.0	12.0	20.0	20.0	0.0	Yes
18	C	0.0	3.0	9.0	12.0	3.0	No
19	D	9.0	12.0	17.0	20.0	3.0	No
20	E	20.0	20.0	26.0	26.0	0.0	Yes

另一個可能方案可將作業項目 D 趕工 2 天改為 6 天，作業項目 E 趕工 1 天改為 6 天，則其要徑計算的結果如下表（參閱 FOR08.xlsx 中試算表「PERT4D」），但專案完成時間仍為 26 天，而無法達成 24 天內完成的任務，要徑作業仍為作業項目 A、B、E。

	A	B	C	D	E	F	G
13	專案計畫--時間控制						
14	作業	作業開始時間		作業完成時間		寬裕時間	26.0
15	項目	最早(ES)	最晚(LS)	最早(EF)	最晚(LF)	(LS-ES)	要徑作業?
16	A	0.0	0.0	12.0	12.0	0.0	Yes
17	B	12.0	12.0	20.0	20.0	0.0	Yes
18	C	0.0	3.0	11.0	14.0	3.0	No
19	D	11.0	14.0	17.0	20.0	3.0	No
20	E	20.0	20.0	26.0	26.0	0.0	Yes

這種某要徑作業的趕工，使整個專案計畫的要徑 (Critical Path) 有所改變，導致在趕工作業項目的選擇相當困難。如果僅以試誤法盲目測試，則將曠廢時日且尚難獲得最佳結果。一般以線性規劃法，以數學模式求解最為精準。

Unit 8-14 趕工線性規劃模式

趕工線性規劃模式仍應按照 (1) 決定決策變數、(2) 設定目標函數及 (3) 設定限制式的順序建立之。

① 決定決策變數

在專案網路圖上，當進入一個節點的所有作業項目均完成時，則稱該節點的事件(Event) 發生。本例中共有五個節點、五個作業項目，則可得下列 10 個決策變數。

x_i = 節點 i 事件發生的時間　　$i = 1,2,3,4,5$

y_i = 作業項目 j 趕工所縮短的天數　　$j = A,B,C,D,E$

② 設定目標函數

目標函數為使趕工成本最小，即

極小化　$\sum_j K_j y_j$

本例為　極小化　$100y_A + 150y_B + 200y_C + 150y_D + 250y_E$

③ 設定限制式

趕工線性規劃模式的限制式有三種，分別是事件發生時間限制式、作業縮短時間限制式及作業時間限制式。

- 事件發生時間限制式

  各節點事件發生時間除第 1 個節點為 0，最後一個節點為目標專案完成時間外，均無限制。

  本例為 $x_1 = 0$ 及 $x_5 \le 24$。

- 作業縮短時間限制式

  依據蒐集的各作業項目可縮短的時間來限制決策變數 y；如本例的

$y_A \le 3$

$y_B \le 1$

$y_C \le 2$

$y_D \le 2$

$y_E \le 1$

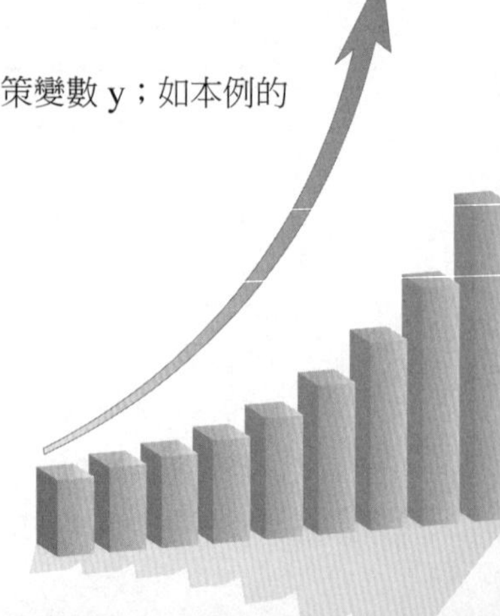

- 作業時間限制式

作業時間限制式應按下圖的通式逐一列出。

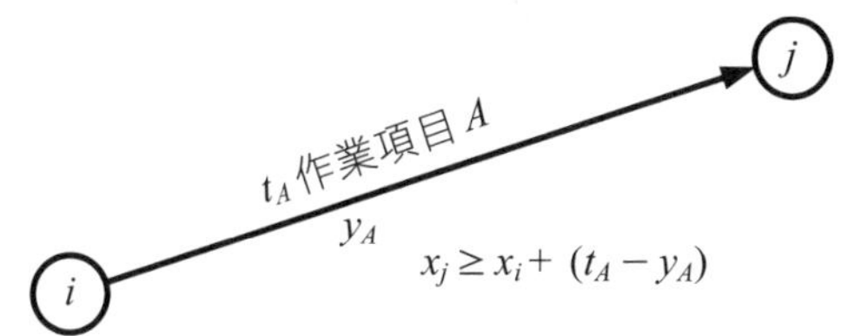

作業時間限制式的通式為 $x_j \geq x_i + (t_A - y_A)$

其中

i 為作業項目 A 的起始節點編號
j 為作業項目 A 的終止節點編號
x_i 為作業項目 A 起始節點事件發生時間
x_j 為作業項目 A 終止節點事件發生時間
t_A 為作業項目 A 正常作業時間
y_A 為作業項目 A 實際縮短的時間

作業時間限制式的通式中各項均為正數，故移項後可得

$$x_j - x_i + y_A \geq t_A$$

上式的口訣為：

口訣

某一作業項目 A 的終止節點事件發生時間變數 (x_j) 減去起始節點事件發生時間變數 (x_i) 加上該作業項目所縮短時間變數 (y_A) 必須大於該作業項目 A 的正常作業時間 (t_A)。

例如，作業項目 A 的起始節點為 1，終止節點為 2，縮短時間的決策變數為 y_A，正常作業時間為 ($t_A = 12$)，故得作業時間限制式為

作業項目 A：$x_2 - x_1 + y_A \geq 12$，同理可得其他作業項目的限制式分別為
作業項目 B：$x_4 - x_2 + y_B \geq 8$
作業項目 C：$x_3 - x_1 + y_C \geq 11$
作業項目 D：$x_4 - x_3 + y_D \geq 8$
作業項目 E：$x_5 - x_4 + y_E \geq 7$

Unit 8-15 趕工線性規劃模式 Solver 解

彙總前述各步驟所得，則線性規劃模式如下：

極小化 $z = 100y_A + 150y_B + 200y_C + 150y_D + 250y_E$

受限於

$x_2 - x_1 + y_A \geq 12$	作業項目 A 的限制式	(1)
$x_4 - x_2 + y_B \geq 8$	作業項目 B 的限制式	(2)
$x_3 - x_1 + y_C \geq 11$	作業項目 C 的限制式	(3)
$x_4 - x_3 + y_D \geq 8$	作業項目 D 的限制式	(4)
$x_5 - x_4 + y_E \geq 7$	作業項目 E 的限制式	(5)
$x_1 = 0$	專案起始時間	(6)
$x_5 \leq 24$	專案終止時間	(7)
$y_A \leq 3$	作業項目 A 趕工天數的限制	(8)
$y_B \leq 1$	作業項目 B 趕工天數的限制	(9)
$y_C \leq 2$	作業項目 C 趕工天數的限制	(10)
$y_D \leq 2$	作業項目 D 趕工天數的限制	(11)
$y_{\mathrm{E}} \leq 1$	作業項目 E 趕工天數的限制	(12)

$x_1, x_2, x_3, x_4, x_5, y_A, y_{\mathrm{B}}, y_{\mathrm{C}}, y_{\mathrm{D}}, y_{\mathrm{E}} \geq 0$

次頁上圖為利用規劃求解增益集 (Solver)，求解趕工線性規劃模式的結果（參閱 FOR08.xlsx 中試算表「PERT5」）。

儲存格 K12 的公式為 = SUMPRODUCT(A3:J3,A12:J12) 相當限制式 (1)，即作業項目 A 的限制式 $x_2 - x_1 + y_A \geq 12$；儲存格 K13 的公式為 = SUMPRODUCT(A3:J3,A13:J13) 相當限制式 (2)，即為作業項目 B 的限制式 $x_4 - x_2 + y_B \geq 8$ 等；儲存格 A5 含 = A3 的公式，相當於第 1 節點的事件發生時間（專案開始時間），故設定為 0；儲存格 E6 含 = E3 的公式，相當於第 5 節點的事件發生時間（專案結束時間），故設定為 ≤ 24；儲存格 F7 含 = F3 的公式，相當作業項目 A 趕工縮短時間的限制，相當限制式 (8)；儲存格 I10 含 = I3 的公式，相當作業項目 D 趕工縮短時間的限制，相當限制式 (11)；其餘類推之。

所得最佳解（如第 2、3 列）為第 1、2、3、4、5 節點事件發生於時點 0、9、11、17、24 天；工作項目 A 需趕工 3 天；工作項目 B、C、E 不需趕工；工作項目 D 需趕工 2 天；最低趕工成本為 600 元。

	A	B	C	D	E	F	G	H	I	J	K	L	M	N
1	專案計畫趕工線性規劃模式 Solver 解													
2	X1	X2	X3	X4	X5	YA	YB	YC	YD	YE	最低趕工成本			限制式編號
3	0	9	11	17	24	3	0	0	2	0	600			
4	0	0	0	0	0	100	150	200	150	250				
5	0											=	0	(6)
6					24							<=	24	(7)
7						3						<=	3	(8)
8							0					<=	1	(9)
9								0				<=	2	(10)
10									2			<=	2	(11)
11										0		<=	1	(12)
12	-1	1	0	0	0	1	0	0	0	0	12	>=	12	(1)
13	0	-1	0	1	0	0	1	0	0	0	8	>=	8	(2)
14	-1	0	1	0	0	0	0	1	0	0	11	>=	11	(3)
15	0	0	-1	1	0	0	0	0	1	0	8	>=	8	(4)
16	0	0	0	-1	1	0	0	0	0	1	7	>=	7	(5)

決策變數 X1 = 0 表示節點 1 發生的時間為第 0 天（專案起始時間）；X2 = 9 表示節點 2 發生的時間為第 9 天（作業項目 A 最早完成時間）；X3 = 11 表示節點 3 發生的時間為第 11 天（作業項目 C 最早完成時間）；X4 = 17 表示節點 4 發生的時間為第 17 天（作業項目 B、D 最早完成時間之較大者）；X5 = 24 表示節點 5 發生的時間為第 24 天（作業項目 E 最早完成時間或專案完成時間）。

依前述作業項目 A 趕工 3 天（由 12 天改為 9 天）；作業項目 D 趕工 2 天（由 8 天改為 6 天）；其餘作業項目 B、C、E 均不需趕工，推得專案完成時間為 24 天，如下圖（參閱 FOR08.xlsx 中試算表「PERT5A」）。

	A	B	C	D	E	F	G
13	專案計畫--時間控制						
14	作業	作業開始時間		作業完成時間		寬裕時間	24.0
15	項目	最早(ES)	最晚(LS)	最早(EF)	最晚(LF)	(LS-ES)	要徑作業?
16	A	0.0	0.0	9.0	9.0	0.0	Yes
17	B	9.0	9.0	17.0	17.0	0.0	Yes
18	C	0.0	0.0	11.0	11.0	0.0	Yes
19	D	11.0	11.0	17.0	17.0	0.0	Yes
20	E	17.0	17.0	24.0	24.0	0.0	Yes

專案完成時間為 27 天時，作業項目 C、D 各有 1 天的寬裕時間；經趕工規劃求解後，所有作業項目均無寬裕時間，每一作業項目均不得有所延遲，也真是名副其實的趕工啊！

Unit 8-16 最佳趕工方案程式使用說明

不論作業時間明確或不明確的專案計畫於時間排程後，如果需要研擬趕工方案，則應於該專案計畫試算表填入正常作業成本及趕工作業時間及成本，然後使用最佳趕工方案程式推算之。以 Unit 8-12「趕工單位成本」的專案為例，將該專案各作業項目的前置作業、正常作業時間與成本、趕工作業時間與成本輸入專案計畫試算表如下。

	A	B	C	D	E	F	G	H	I	J
4	專案計畫作業項目基本資料及關聯資訊									
5	作業	前置作業		正常作業		趕工作業		趕工作業		
6	項目	項目1	項目2	時間	成本	時間	成本	縮短時間	增加成本	單位成本
7	A			12.0	1,000.0	9.0	1,300.0	3.0	300.0	100
8	B	A		8.0	500.0	7.0	650.0	1.0	150.0	150
9	C			11.0	1,000.0	9.0	1,400.0	2.0	400.0	200
10	D	C		8.0	400.0	6.0	700.0	2.0	300.0	150
11	E	B	D	7.0	400.0	6.0	650.0	1.0	250.0	250

資料輸入後應先進行時間排程，而得如下圖（參閱 FOR08.xlsx 中試算表 PERT6）的要徑計算結果；專案完成時間為 27 天，要徑作業為作業項目 A、B、E。

	A	B	C	D	E	F	G
13	專案計畫--時間控制						
14	作業	作業開始時間		作業完成時間		寬裕時間	27.0
15	項目	最早(ES)	最晚(LS)	最早(EF)	最晚(LF)	(LS-ES)	要徑作業?
16	A	0.0	0.0	12.0	12.0	0.0	Yes
17	B	12.0	12.0	20.0	20.0	0.0	Yes
18	C	0.0	1.0	11.0	12.0	1.0	No
19	D	11.0	12.0	19.0	20.0	1.0	No
20	E	20.0	20.0	27.0	27.0	0.0	Yes

時間排程執行後可在作業研究軟體功能表上，選擇☞FOR/PERT 與 CPM/最佳趕工方案☜即可進行最佳趕工方案的選擇。

首先趕工方案程式以次頁上圖畫面告知本專案正常作業完成時間為 27 天，並請輸入期望專案完成時間。

小博士解說

使用最佳趕工方案程式可以免去線性規劃模式的建立，並可快速獲得趕工方案（以另一試算表呈現）；任何專案計畫趕工以前應先執行時間排程才可。

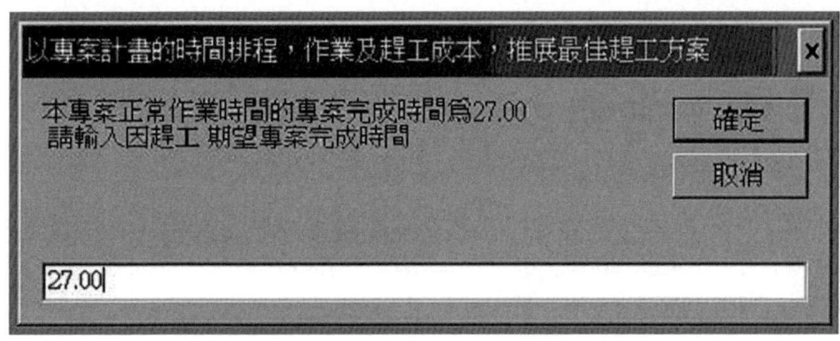

因為期望 24 天內完成該專案，故可輸入 24 後單擊「確定」鈕，即刻以線性規劃模式進行最佳趕工方案的選擇。選擇結果如下表的另一試算表（參閱 FOR08.xlsx 中試算表 PERT6-趕工）趕工報表顯示之。最佳趕工方案程式將原來試算表的趕工所縮短時間、所增加成本及單位成本均加以計算，並顯示於原來試算表。

	A	B	C	D	E	F	G	H	I	J
4	作業	節點		正常	趕工		最佳趕工方案		節點	事件
5	項目	起	止	作業時間	縮短	單位成本	縮短	作業時間		發生時間
6	A	1	2	12.0	3.0	100.0	3.0	9.0	1	0.0
7	B	2	4	8.0	1.0	150.0	0.0	8.0	2	9.0
8	C	1	3	11.0	2.0	200.0	0.0	11.0	3	11.0
9	D	3	4	8.0	2.0	150.0	2.0	6.0	4	17.0
10	E	4	5	7.0	1.0	250.0	0.0	7.0	5	24.0
11		正常完成時間		27.0	希望完成時間		24.0			
12		正常作業成本		3300.0	趕工增加成本		600.0			

上表中顯示作業項目 A 可以縮短 3 天，作業時間由原來的 12 天縮短成 9 天；作業項目 D 可以縮短 2 天，作業時間由原來的 8 天縮短成 6 天。增加趕工成本為作業項目 A 需要 300，作業項目 D 需要 300，共須 600。

下表（參閱 FOR08.xlsx 中試算表 PERT7-趕工 25）為趕在 25 天完工的最佳趕工方案，僅需將工作項目 A 縮減 2 天及工作項目 D 縮減 1 天，即可趕在 25 天完工；增加趕工成本為作業項目 A 需要 200，作業項目 E 需要 150，共須 350。

	A	B	C	D	E	F	G	H	I	J
3	趕 工 作 業									
4	作業	節點		正常	趕工		最佳趕工方案		節點	事件
5	項目	起	止	作業時間	縮短	單位成本	縮短	作業時間		發生時間
6	A	1	2	12.0	3.0	100.0	2.0	10.0	1	0.0
7	B	2	4	8.0	1.0	150.0	0.0	8.0	2	10.0
8	C	1	3	11.0	2.0	200.0	0.0	11.0	3	11.0
9	D	3	4	8.0	2.0	150.0	1.0	7.0	4	18.0
10	E	4	5	7.0	1.0	250.0	0.0	7.0	5	25.0
11		正常完成時間		27.0	希望完成時間		25.0			
12		正常作業成本		3300.0	趕工增加成本		350.0			

提前 3 天完工需要趕工成本 600 元，提前 2 天完工則僅需要趕工成本 350 元，蠻合理的嘛！

Unit 8-17 趕工方案之驗證

依據期望 24 天內完成該專案所建議的最佳趕工方案（作業項目 A 作業時間改為 9 天，作業項目 D 作業時間改為 6 天），當作一個新的專案，如下圖（參閱 FOR08.xlsx 中試算表「PERT8」）。

	A	B	C	D	E	F	G	H	I	J
4	專案計畫作業項目基本資料及關聯資訊									
5	作業	前置作業		正常作業		趕工作業		趕工作業		
6	項目	項目1	項目2	時間	成本	時間	成本	縮短時間	增加成本	單位成本
7	A			9.0						
8	B	A		8.0						
9	C			11.0						
10	D	C		6.0						
11	E	B	D	7.0						

再經時間排程功能，則可得要徑計算的結果，如下圖 (請參閱 FOR08.xlsx 中試算表「PERT8」)。如期望專案計畫可在 24 天完成，且每一作業項目均屬要徑作業，亦即每一作業項目均不得有任何延遲，否則影響專案完成時間。

	A	B	C	D	E	F	G
13	專案計畫--時間控制						
14	作業	作業開始時間		作業完成時間		寬裕時間	24.0
15	項目	最早(ES)	最晚(LS)	最早(EF)	最晚(LF)	(LS-ES)	要徑作業?
16	A	0.0	0.0	9.0	9.0	0.0	Yes
17	B	9.0	9.0	17.0	17.0	0.0	Yes
18	C	0.0	0.0	11.0	11.0	0.0	Yes
19	D	11.0	11.0	17.0	17.0	0.0	Yes
20	E	17.0	17.0	24.0	24.0	0.0	Yes

依據期望 25 天內完成該專案所建議的最佳趕工方案（作業項目 A 作業時間改為 10 天，作業項目 D 作業時間改為 7 天），當作一個新的專案，如下圖（參閱 FOR08.xlsx 中試算表「PERT9」）。

	A	B	C	D	E	F	G	H	I	J
5	作業	前置作業		正常作業		趕工作業		趕工作業		
6	項目	項目1	項目2	時間	成本	時間	成本	縮短時間	增加成本	單位成本
7	A			10.0						
8	B	A		8.0						
9	C			11.0						
10	D	C		7.0						
11	E	B	D	7.0						

再經時間排程功能，則可得要徑計算的結果，如下圖（請參閱 FOR08.xlsx 中試算表「PERT9」）。如期望專案計畫可在 25 天完成，且每一作業項目均屬要徑作業，亦即每一作業項目均不得有任何延遲，否則影響專案完成時間。

	A	B	C	D	E	F	G
12							
13	專案計畫--時間控制						
14	作業	作業開始時間		作業完成時間		寬裕時間	25.0
15	項目	最早(ES)	最晚(LS)	最早(EF)	最晚(LF)	(LS-ES)	要徑作業?
16	A	0.0	0.0	10.0	10.0	0.0	Yes
17	B	10.0	10.0	18.0	18.0	0.0	Yes
18	C	0.0	0.0	11.0	11.0	0.0	Yes
19	D	11.0	11.0	18.0	18.0	0.0	Yes
20	E	18.0	18.0	25.0	25.0	0.0	Yes

第9章

非線性規劃

章節體系架構 

Unit 9-1 線性與非線性規劃的差異

在線性規劃模式中除常數項外，其目標函數及限制式函數均為決策變數的線性函數；在有限解的情況下，其可行解區域為多邊形，目標函數的極大值或極小值，均必發生於可行解區域多邊形的端點，且可從任一端點起在有限步驟內，沿對目標函數值有利方向的鄰接端點覓得最佳解。單純法 (Simplex Method) 為推解線性規劃模式的有效方法，也是許多線性規劃軟體的開發基礎。

但在現實世界裡，最適化問題的目標函數與限制式函數未必均為線性關係；例如，生產工廠的原料購價可能因為採購量的增加而減少；經濟產量造成生產成本的降低；產品售價可能因為銷量增加而減少等，造成非線性的目標函數或限制式函數。這種含有決策變數非線性函數的目標函數及（或）限制式函數的最適化問題 (Optimization Problem)，稱為非線性規劃 (Nonlinear Programming, NLP) 問題。

單純法幾乎可以解決所有的線性規劃 (LP) 問題，但非線性規劃 (NLP) 問題因為非線性函數的型態及行為變化太大，致無法獲得單一解法可以適用於各類型非線性函數的非線性規劃 (NLP) 問題；不同類型的非線性目標函數及（或）非線性限制式函數，使非線性規劃問題的解法更為複雜且解法效率偏低。

線性規劃問題僅是將現實問題加以簡化的模式，故非線性規劃模式更能準確描述現實世界，因此非線性規劃問題求解方法的需求更為殷切。

除非是無限值解 (Unbounded LP) 或無解的 (Infeasible) 線性規劃模式，其可行解區必是凸性多邊形，且其最佳解必發生於可行解區的端點；非線性規劃模式的最佳解，則未必發生於可行解區的端點。

例題 9-1

某公司投資 K 單位資金與 L 單位的人力，可以生產 KL 單位的產品。每單位資金成本為 4,000 元，每單位人力成本為 1,000 元，若總共有 8,000 元可以投入資金及人力，試求該公司的最大產量？

【解】

設決策變數為 K、L，則依據題意可得如下的非線性規劃模式：

極大化　$z = KL$

受限於　$4K + L \le 8$　　（以千元為單位）

　　　　$K, L \ge 0$

因為目標函數並非是決策變數 K、L 的線性函數，故無法適用單純法求解。

下圖為例題 9-1 的可行解區及不同目標值的目標函數曲線；因為目標函數曲線並非直線，故其最佳解為可行解區的某一邊與目標函數曲線的切點 D。

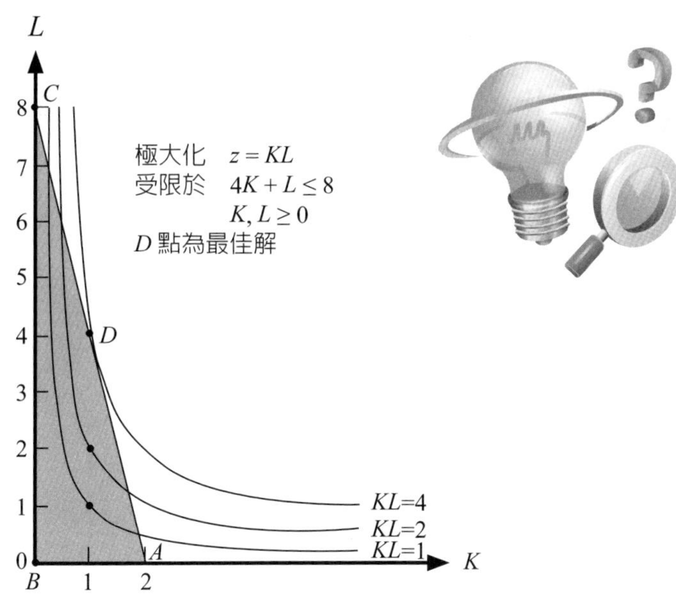

事實上，非線性規劃的最佳解亦未必發生於可行解區的周邊，亦可能發生於可行解區內之某一點。假設下圖為下列非線性規劃模式的可行解區與目標函數曲線，則下列模式的最佳解卻發生於可行解區 $0 \le x \le 1$ 的中間點 $x = 0.5$。

極大化　　$z = f(x)$

受限於　　$0 \le x \le 1$

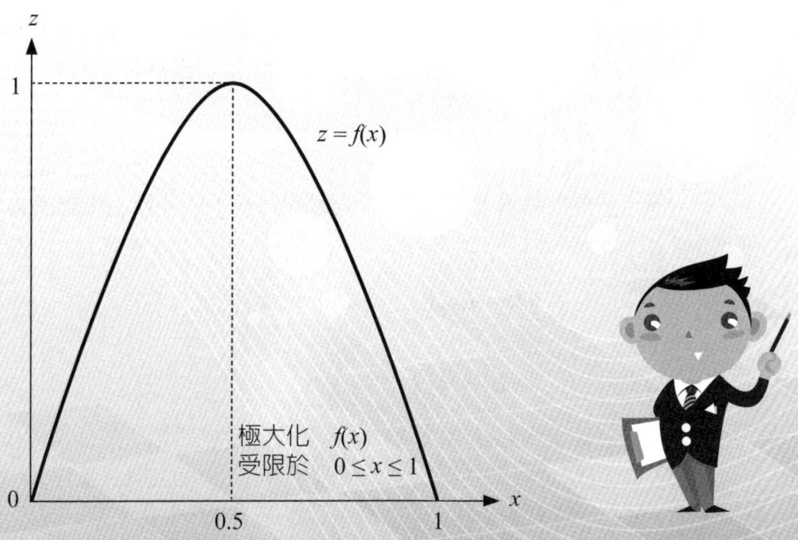

非線性規劃模式的另一項特徵為模式中可能沒有條件限制式，因為目標函數既非線性，則目標函數曲線本身即有極大值或極小值；線性目標函數本身為一直線，因此必有限制式才能尋找其最大值或最小值。

Unit 9-2 非線性規劃模式的規劃求解 (Solver)

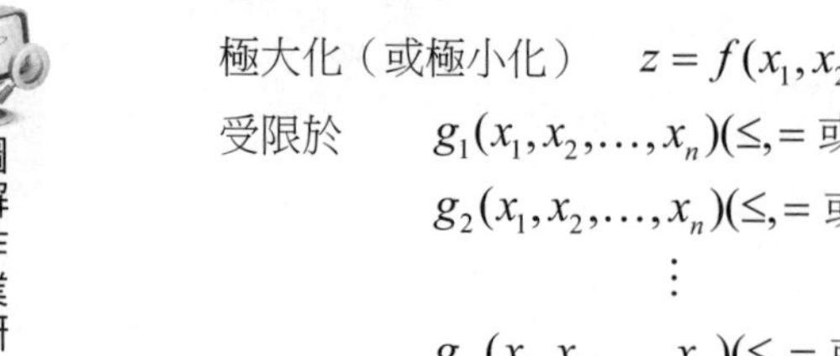

非線性規劃模式 (Nonlinear Programming, NLP) 的通式為

$$
\begin{aligned}
&\text{極大化（或極小化）} \quad z = f(x_1, x_2, \ldots, x_n) \\
&\text{受限於} \quad g_1(x_1, x_2, \ldots, x_n)(\leq, = \text{或} \geq) b_1 \\
&\qquad\qquad g_2(x_1, x_2, \ldots, x_n)(\leq, = \text{或} \geq) b_2 \\
&\qquad\qquad \vdots \\
&\qquad\qquad g_m(x_1, x_2, \ldots, x_n)(\leq, = \text{或} \geq) b_m
\end{aligned}
$$

正如線性規劃模式，非線性規劃模式中的函數 $f(x_1, x_2, \ldots, x_n)$，稱為目標函數，函數 $g_1(x_1, x_2, \ldots, x_n)(\leq, = \text{或} \geq) b_1, \ldots, g_m(x_1, x_2, \ldots, x_n)(\leq, = \text{或} \geq) b_m$，則稱為限制式。

滿足所有限制式的決策變數值的集合，稱為該非線性規劃模式的可行解區 (Feasible Region)；在可行解區內的所有點，稱為可行解點 (Feasible Points)；不在可行解區內的點，稱為不可行解點 (Infeasible Points)。

可行解區內某一點 $\overline{x}$ 與其他可行解點 x 能夠維持 $f(\overline{x}) \geq f(x)$，則稱可行解點 $\overline{x}$ 為極大化的最佳解；同理，若 $f(\overline{x}) \leq f(x)$，則稱可行解點 $\overline{x}$ 為極小化的最佳解。

例題 9-2

某公司投資 K 單位資金與 L 單位的人力可以生產 KL 單位的產品。每單位資金成本為 4,000 元，每單位人力成本為 1,000 元，若總共有 8,000 元可以投入資金及人力，試求該公司的最大產量？

【解】

設決策變數為 K、L，則依據題意可得如下的非線性規劃模式：

$$
\begin{aligned}
&\text{極大化} \quad z = KL \\
&\text{受限於} \quad 4K + L \leq 8 \quad \text{（以千元為單位）} \\
&\qquad\qquad K, L \geq 0 \\
&\qquad\qquad K, L \text{ 為整數}
\end{aligned}
$$

因為目標函數並非是決策變數 K、L 的線性函數，故無法適用單純法求解之，但微軟公司試算表軟體的規劃求解 (Solver) 增益集程式仍可用以求解之，規劃求解試算表如下圖（請參閱 FOR09.xlsx 中試算表「例題 9-2」）。

	A	B	C	D	E	F
1	非線性規劃 例題 9-2					
2		資金(K)	人力(L)	總產量↓		
3	購置量	1	1	1		可用資本↓
4	單位成本	4	1	5	≦	8

下圖為顯示上圖中公式的試算表。儲存格 B3、C3 分別為決策變數資金 (K) 與人力 (L)；儲存格 D4 的公式 = SUMPRODUCT(B3:C3,B4:C4) 代表線性限制式 $4K + L \leq 8$ 的左端公式。儲存格 D3 則為總產量，其公式為 = B3*C3。

	A	B	C	D	E	F
1	非線性規劃 例題 9-2					
2		資金(K)	人力(L)	總產量↓		
3	購置量	1	1	=B3*C3		可用資本↓
4	單位成本	4	1	=SUMPRODUCT(B3:C3,B4:C4)	≦	8

非線性規劃如線性規劃在「規劃求解參數」畫面中設定目標函數、決策變數儲存格位址，設定相關限制式，更應該在「選取求解方法」的下拉選單選取GRG Nonlinear以要求規劃求解按非線性規劃求解之，如下圖。如有限制決策變數為整數者，也要單擊「選項」鈕，以消除「忽略整數限制式」的預設值。

規劃求解參數

設定目標式:(T) $D$3

至: ◉ 最大值(M) ○ 最小(N) ○ 值:(V) 0

藉由變更變數儲存格:(B)
$B$3:$C$3

設定限制式:(U)
$D$4 <= $F$4
$B$3:$C$3 = 整數

新增(A) 變更(C) 刪除(D) 全部重設(R) 載入/儲存(L)

☑ 將未設限的變數設為非負數(K)

選取求解方法:(E) GRG Nonlinear 選項(P)

單擊規劃求解參數畫面的「求解」鈕，得最佳解如下圖。該公司用盡 8,000 元投資 1 單位資金與 4 單位的人力可以生產 4 單位的產品。

	A	B	C	D	E	F
1	非線性規劃 例題 9-2					
2		資金(K)	人力(L)	總產量↓		
3	購置量	1	4	4		可用資本↓
4	單位成本	4	1	8	≦	8

Unit 9-3 非線性規劃模式實例 (一)

例題 9-3

試以規劃求解程式解下列非線性規劃模式：

極大化　$z=(x-1)(x-2)(x-3)(x-4)(x-5)$

受限於　$x \geq 1$，$x \leq 5$

【解】

下圖為本例題的規劃求解模式試算表（請參閱 FOR09.xlsx 檔中的試算表「例題 9-3」）的規劃求解參數，畫面設定目標函數儲存格及限制式條件。

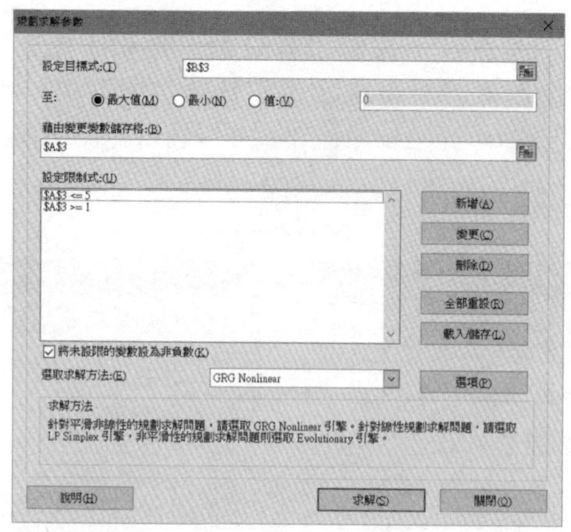

下圖規劃求解試算表中儲存格 A4 的「X 起始值 = 1.0」表示求解以前，儲存格 A3（決策變數 X）的值為 1.0 時，求解以後解得當 X = 1.3556 時，可得最大目標值為 3.6314。當儲存格 A3 設定為1.5、1.6、1.7 等，直到設定值為 2.45 時，均可得到相同的結果（請修改 FOR09.xlsx 檔中試算表「例題 9-3」中的儲存格 A3 並求解之）；亦即在 X = 1.3556 時，最大目標函數值為 3.6314。

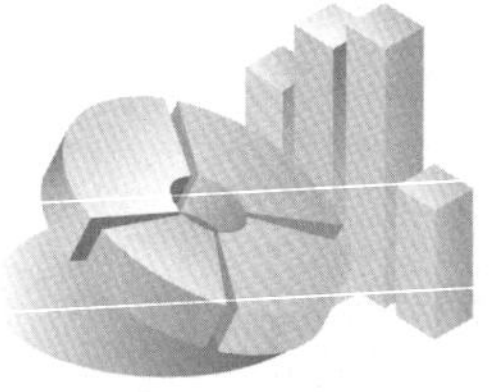

	A	B
1	極大化 F(x)	
2	X	F(X)
3	1.3556	3.6314
4	X起始值=1.0	

下圖試算表中儲存格 A4 的「X 起始值 = 2.46」表示求解以前，儲存格 A3（決策變數 X）的值為 2.46 時，求解之可得當 X = 3.5439 時，可得最大目標值為 1.4187。當儲存格 A3 設定為 2.5、2.6、2.7 等，直到設定值為 4.6 時，均可得到

相同的結果（請修改 FOR09.xlsx 檔中試算表「例題 9-3A」中的儲存格 A3 並求解之）；亦即在 X = 3.5439 時，最大目標函數值為 1.4187。

	A	B
1	極大化 F(x)	
2	X	F(X)
3	3.5439	1.4187
4	X起始值=2.46	

下圖試算表中儲存格 A4 的「X 起始值 = 4.65」表示求解以前，儲存格 A3（決策變數 X）的值為 4.65 時，求解之可得當 X = 5.0 時，可得最大目標值為 0.0。當儲存格 A3 設定為 4.7 至 5.0 時，均獲得 X = 5 時，最大目標函數值為 0 的結果（請修改 FOR09.xlsx 檔中試算表「例題 9-3B」中的儲存格 A3 並求解之）；亦即在 X = 5 時，最大目標函數值為 0.0。

	A	B
1	極大化 F(x)	
2	X	F(X)
3	5.0000	0.0000
4	X起始值=4.65	

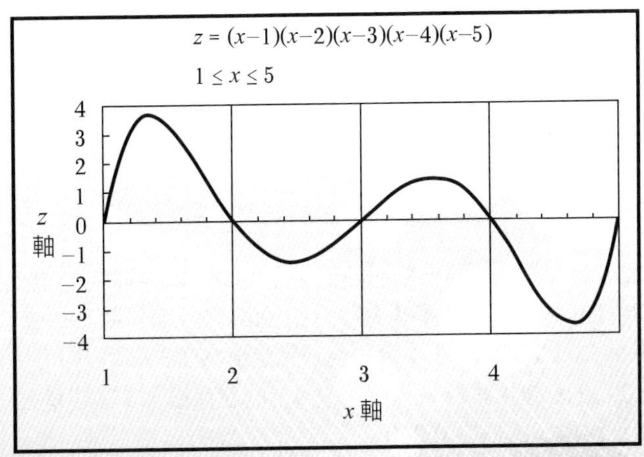

上圖為目標函數在 $1 \le x \le 5$ 區間的雙峰雙谷曲線，第一個谷底發生於 $x = 2.4561$ 處，故當變數值約在 $1 \le x \le 2.45$ 間時，最大值均趨近於 X = 1.3556 處的峰頂得極大值 3.6314；第二個谷底發生於 $x = 4.6444$ 處，故當變數值約在 $2.45 \le x \le 4.6$ 間時，其最大值均趨近於 X = 3.5439 處的峰頂得極大值 1.4187；當變數 x 值超過 4.6444 時則得極大值 0 如圖所示。

在線性規劃問題中，除非無解或無限值解，均有一個唯一解（多重解時兩端點及其間諸點均得一個最佳解），但非線性規劃問題則因其目標函數的非線性而形成曲線的目標函數，因此有可能多個不同的極大值或極小值。該多個極大值或極小值均由決策變數（如例題 9-3 的變數 X）的起始值而定。

Unit 9-4 非線性規劃模式實例（二）

例題 9-4

試以規劃求解程式解下列非線性規劃模式：

極小化　$z=(x-1)(x-2)(x-3)(x-4)(x-5)$

受限於　$x \geq 1$，$x \leq 5$

【解】

下圖為本例題的規劃求解試算表（請參閱 FOR09.xlsx 檔中試算表「例題 9-4」）的規劃求解參數，畫面設定極小化目標函數儲存格及限制式條件。

下圖試算表中儲存格 A4 的「X 起始值 = 1.0」表示求解以前，儲存格 A3（決策變數 X）的值為 1.0 時，求解後解得當 X = 1.000 時，可得最小目標值為 0.0000。當儲存格 A3 設定為 1.1、1.2、1.3 等，直到設定值為 1.35 時，均可得到相同的結果（請修改 FOR09.xlsx 檔中試算表「例題 9-4」的儲存格 A3 並求解之）；亦即在 X = 1.000 時，最小目標函數值為 0.000。

	A	B
1	極小化 F(x)	
2	X	F(X)
3	1.0000	0.0000
4	X起始值=1.0	

下圖儲存格 A4 的「X 起始值 = 1.36」表示求解以前，儲存格 A3（決策變數 X）的值為 1.36 時，求解之可得當 X = 2.4561 時，可得最小目標值為 –1.4187。當儲存格 A3 設定為 1.4、1.5、1.6 等，直到設定值為 3.5 時，均可得到相同的結果

（請修改 FOR09.xlsx 檔中試算表「例題 9-4A」的儲存格 A3 並求解之）；亦即在 X = 2.4561 時，最小目標函數值為 –1.4187。

	A	B
1	極小化 F(x)	
2	X	F(X)
3	2.4561	-1.4187
4	X起始值=1.36	

下圖儲存格 A4 的「X 起始值 = 4.5」表示求解以前，儲存格 A3（決策變數 X）的值為 4.5 時，求解之可得當 X = 4.6444 時，可得最小目標值為 –3.6314。當儲存格 A3 設定值由 3.6 逐漸增加到 5.0 時，均可得到相同的結果（請修改 FOR09.xlsx 檔中試算表「例題 9-4B」的儲存格 A3 並求解之）；亦即在 X = 4.6444 時，最小目標函數值為 –3.6314。

	A	B
1	極小化 F(x)	
2	X	F(X)
3	4.6444	-3.6314
4	X起始值=4.5	

依據例題 9-4 知目標函數曲線（如下圖）中的兩個峰頂發生於 X = 1.3556 及 X = 3.5439 處；再觀察目標函數曲線有兩個谷底，故有兩個極小值及變數下限值處 (X = 1) 的極小值，整理如下表。

變數 X 的值域	極小值時的 X 值	極小值
$1 \le x < 1.3556$	1.0	0.0
$1.3556 < x < 3.5439$	2.4561	−1.4187
$3.5439 < x \le 5$	4.6444	−3.6314

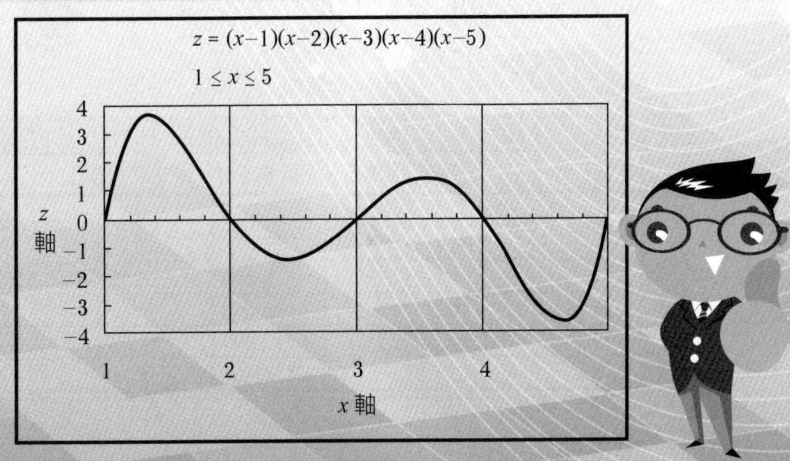

Unit 9-5 非線性規劃應用實例（一）

例題 9-5

某公司針對 4 大客戶配送其產品，設 4 大客戶的 x、y 軸座標位置及每年送貨次數如下表：

顧客	坐落座標		運送次數
	x	y	
1	5	10	200
2	10	5	150
3	0	12	200
4	12	0	300

該公司擬於適當位置（x、y 軸座標）設置一座倉庫，使每年運送總里程數為最少。

【解】

非線性規劃模式建置亦如線性規劃模式按設定決策變數、建立目標函數及束約條件限制式等工作。因為本例題擬求倉庫的設置位置，故設倉庫位置的 x、y 座標為決策變數。

另設倉庫到各大客戶的距離為 D_1、D_2、D_3、D_4，則目標函數為

極小化 $z = 200D_1 + 150D_2 + 200D_3 + 300D_4$

其中 $D_1 = \sqrt{(x-5)^2 + (y-10)^2}$

$D_2 = \sqrt{(x-10)^2 + (y-5)^2}$

$D_3 = \sqrt{(x-0)^2 + (y-12)^2}$

$D_4 = \sqrt{(x-12)^2 + (y-0)^2}$

	A	B	C	D	E	F
1	例題 9-5 (最適倉庫位置)					
2	客戶↓	X	Y	運輸次數	距離	總里程
3		9.31	5.03			
4	1	5	10	200	6.58	5,456.54
5	2	10	5	150	0.69	
6	3	0	12	200	11.63	
7	4	12	0	300	5.70	

上圖（請參閱 FOR09.xlsx 中試算表「例題 9-5」）為本例題的規劃求解試算表及其最佳解為倉庫應設置於 $x = 9.31$、$y = 5.03$ 處，每年運送總里程為 5,456.54。

例題 9-6

設 s 為三角形三邊邊長 a、b、c 總和的一半，則公式 $\sqrt{s(s-a)(s-b)(s-c)}$ 為該三角形的面積。試寫出以 60 公尺的繩子圍出面積最大的三角形各邊邊長的非線性規劃模式，並以試算表軟體中的規劃求解增益集求解之？

【解】

以 60 公尺的繩子圍出三角形，則邊長之總和為 60 公尺，$s = 60/2 = 30$。設決策變數 A、B、C 為三角形三邊邊長，則三角形面積最大的非線性規劃模式為

$$
\begin{aligned}
\text{極大化} \quad & z = \sqrt{30(30-A)(30-B)(30-C)} \\
\text{受限於} \quad & A + B + C = 60 \\
& A, B, C \geq 0
\end{aligned}
$$

本例僅目標函數式為非線性關係，規劃求解試算表（請參閱 FOR09.xlsx 中試算表「例題 9-6」）如下：

	A	B	C	D	E
1	例題9-6 以60公尺繩子圍出 面積最大的三角形				
2	A邊邊長	B邊邊長	C邊邊長		
3	20.00	20.00	20.00		
4		三邊邊長和	60.00	=	60.00
5		三邊邊長和之一半 s	30.00		
6		三角形面積→	173.21		

三角形邊長均為 20 公尺，可得最大面積為 173.21 平方公尺。試算表中的公式如下列試算表：

	A	B	C	D	E
1	例題9-6 以60公尺繩子圍出 面積最大的三角形				
2	A邊邊長	B邊邊長	C邊邊長		
3	20	20	20		
4		三邊邊長和	=SUM(A3:C3)	=	60
5		三邊邊長和之一半 s	30		
6		三角形面積→	=SQRT(C5*(C5-A3)*(C5-B3)*(C5-C3))		

記得嗎？Excel 2007 以後版本的規劃求解增益集，是在規劃求解參數畫面選擇 GRG (平滑曲線) 或 Evolutionary (非平滑曲線) 非線性求解方法的。

Unit 9-6 非線性規劃應用實例 (二)

例題 9-7

某原油公司規劃次二年的原油產量，若第 1 年生產 x_1 百萬桶原油，則每桶售價為 $30-x_1$ 元，抽取 x_1 百萬桶原油需要成本 x_1^2 百萬元；若第 2 年生產 x_2 百萬桶原油，則每桶售價為 $35-x_2$ 元，抽取 x_2 百萬桶原油需要成本 $2x_2^2$ 百萬元。原油公司擁有的油藏量為 20 百萬桶及資金 250 百萬元，試決定獲利最大的年產量？

【解】

設決策變數 x_1、x_2 分別為第 1、2 年所生產原油（百萬桶），則非線性規劃模式為

$$
\begin{aligned}
\text{極大化} \quad & z = x_1(30-x_1)+x_2(35-x_2)-x_1^2-2x_2^2 = 30x_1+35x_2-2x_1^2-3x_2^2 \\
\text{受限於} \quad & x_1^2+2x_2^2 \le 250 \\
& x_1+x_2 \le 20 \\
& x_1, x_2 \ge 0
\end{aligned}
$$

下兩圖（請參閱 FOR09.xlsx 中試算表「例題 9-7」）為非線性規劃模式試算表及表中公式，最佳解為第一年生產 7.5 百萬桶、第二年生產 5.83 百萬桶，僅開採原有油藏量 20 百萬桶的 13.33 百萬桶；資金僅用 250 百萬元的 124.31 百萬元；最大獲利為 214.58 百萬元。

	A	B	C	D	E
1	例題 9-7原油產量非線性規劃求解試算表				
2	第1，2年生產原油(百萬桶)		獲利		
3	X1	X2			
4	7.50	5.83	214.58		
5	1.00	1.00	13.33	≦	20
6	限制式$X_1^2+2X_2^2$ ==>		124.31	≦	250

	A	B	C	D	E
1	例題 9-7原油產量非線性規劃求解試算表				
2	第1，2年生產原油(百萬桶)		獲利		
3	X1	X2			
4	7.5	5.83	=30*A4+35*B4-2*A4*A4-3*B4*B4		
5	1	1	=SUMPRODUCT(A4:B4,A5:B5)	≦	20
6	限制式$X_1^2+2X_2^2$ ==>		=A4*A4+2*B4*B4	≦	250

例題 9-8

登雅廣告公司為促銷新品飲料，擬在連續劇與足球賽電視節目播放廣告。每次在連續劇節目廣告費用為 50,000 元，在足球賽節目廣告費用為 100,000 元。根據過去經驗，S 次的連續劇廣告可達 $5\sqrt{S}$ 百萬男性觀眾、$20\sqrt{S}$ 百萬女性觀眾；F 次的足球賽廣告可達 $17\sqrt{F}$ 百萬男性觀眾、$7\sqrt{F}$ 百萬女性觀眾。

試寫出至少可達 40 百萬男性觀眾及 60 百萬女性觀眾所需最低廣告費用的非線性規劃模式，並以試算表軟體中的規劃求解增益集求解之？

【解】

設決策變數 S、F 為連續劇與足球賽廣告次數，則最低廣告費的非線性規劃模式為

極小化	$z = 50S + 100F$	千元為單位
受限於	$5\sqrt{S} + 17\sqrt{F} \ge 40$	男性百萬觀眾
	$20\sqrt{S} + 7\sqrt{F} \ge 60$	女性百萬觀眾
	$S, F \ge 0$	且為整數

模式中的目標函數式屬線性關係，但兩個限制式均為非線性關係式。下圖為非線性規劃求解試算表（請參閱 FOR09.xlsx 中試算表「例題 9-8」）如下：

	A	B	C	D	E	F
1	例題9-8 馨雅廣告公司飲料促銷廣告案					
2		連續劇廣告S次	足球賽廣告F次			
3		6	3			
4	每次廣告費用(千元)	50	100	600.00		
5	男性觀眾數(百萬)	12.25	29.44	41.69	≧	40
6	女性觀眾數(百萬)	48.99	12.12	61.11	≧	60

登雅廣告公司需要廣告費 600,000 元在連續劇節目廣告 6 次、在足球賽節目廣告 3 次，可達男性觀眾 41.69 百萬人、女性觀眾 61.11 百萬人。試算表中的公式如下列試算表：

	A	B	C	D	E	F
1	例題9-8 馨雅廣告公司飲料促銷廣告案					
2		連續劇廣告S次	足球賽廣告F次			
3		6	3			
4	每次廣告費用(千元)	50	100	=SUMPRODUCT(B3:C3,B4:C4)		
5	男性觀眾數(百萬)	=5*SQRT(B3)	=17*SQRT(C3)	=SUM(B5:C5)	≧	40
6	女性觀眾數(百萬)	=20*SQRT(B3)	=7*SQRT(C3)	=SUM(B6:C6)	≧	60

知識補充站

因為規劃求解增益集的預設條件是「☑忽略整數限制式」，若問題中含有決策變數的整數限制式時，應在「求解」前，應單擊「選項」鈕，在出現的畫面中，點選☑使成「☐忽略整數限制式」以解除整數限制式的忽略。

Unit 9-7 非線性規劃應用實例 (三)

例題 9-9

某公司生產一套四個汽車輪胎共 100 磅；輪胎製造需要橡膠、混合油及碳粉三種原料；其每磅價格如下表：

原料	元/磅
橡膠	4
混合油	1
碳粉	7

每 100 磅輪胎至少含有 25 磅至 60 磅的橡膠，至少有 50 磅的碳粉。輪胎的產品規範有張力、彈性與硬度三項；張力值至少 12、彈性值至少 16；硬度應介於 25 與 35 之間。假設

R 為每 100 磅輪胎中橡膠的含量（磅數）
O 為每 100 磅輪胎中混合油的含量（磅數）
C 為每 100 磅輪胎中碳粉的含量（磅數）

則張力、彈性及硬度的計算公式如下：

張力 $T = 12.5 - 0.10(O) - 0.001(O)^2$
彈性 $E = 17 + 0.35R - 0.04(O) - 0.002R^2$
硬度 $H = 34 + 0.10R + 0.06(O) - 0.3C + 0.001R(O) + 0.005(O)^2 + 0.001C^2$

試寫出該非線性規劃模式，並以 Excel 試算表中規劃求解增益集推求最佳原料用量，使生產 100 磅輪胎的成本最低？

【解】

設決策變數 R、O、C 分別代表生產 100 磅輪胎所需橡膠、混合油及碳粉的磅數，則目標函數為極小化 $z = 4R + O + 7C$；依據成分含量推算張力 (T)、彈性 (E) 及硬度 (H) 如題述。相關限制式為

$R + O + C = 100$　　$T \geq 12$　　$E \geq 16$
$H \geq 25$　$H \leq 35$　　$R \geq 25$　$R \leq 60$　　$C \geq 50$
$R, O, C \geq 0$

下圖為本例題的規劃求解試算表及最佳解（請參閱 FOR09.xlsx 檔中的試算表「例題 9-9」），最佳解為每 100 磅輪胎應使用 45.23 磅的橡膠、4.77 磅的混合油及 50 磅的碳粉，總成本為 535.68 元。

	A	B	C	D	E	F
1	例題9-9 生產100磅輪胎最低成本					
2	橡膠	混合油	碳粉			
3	45.23	4.77	50.00	100.00	=	100.00
4	4.00	1.00	7.00	535.68	<==最低成本	
5	張力	12.00	≧	12.00		
6	彈性	28.55	≧	16.00		
7	硬度	26.64	≧	25.00	≦	35.00
8	橡膠	45.23	≧	25.00	≦	60.00
9	碳粉	50.00	≧	50.00		

例題 9-10

維齊公司生產 W 產品銷售市場。維齊公司有二處生產工廠，各廠產能為每月 70 個；生產工廠 1 生產 x 個產品所需成本為 $20x^{\frac{1}{2}}$，生產工廠 2 生產 x 個產品所需成本為 $40x^{\frac{1}{3}}$。若每個產品售價為 10 元，且每月可銷售 120 個產品，試寫出每月最大利潤的非線性規劃模式，並以試算表軟體中的規劃求解增益集求解之？

【解】

設決策變數 x_1、x_2 為生產工廠 1、2 的生產量，則最大利潤非線性規劃模式為

極大化 $z = 10x_1 + 10x_2 - 20x_1^{\frac{1}{2}} - 40x_2^{\frac{1}{3}}$

受限於 $x_1 + x_2 \le 120$ $\quad x_1 \le 70$

$x_2 \le 70$ $\quad x_1, x_2 \ge 0$ 且為整數

因為規劃求解增益集的預設條件是「 忽略整數限制式」，因本題是含有整數限制式的線性規劃模式時，故在「求解」前，應單擊「選項」鈕出現如下畫面，點選使成「☑忽略整數限制式」以解除整數限制式的忽略。

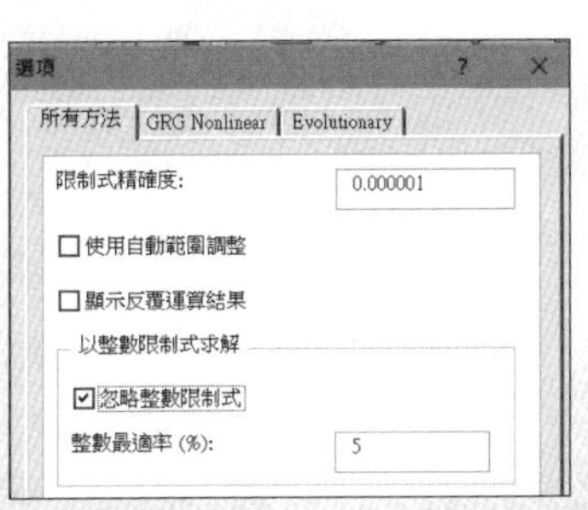

下圖為規劃求解試算表（請參閱 FOR09.xlsx 中試算表「例題 9-10」），維齊公司每月應由生產工廠 1 生產 50 個產品、生產工廠 2 生產 70 個產品，可獲最大利潤為 893.73 元。

	A	B	C	D	E
1	例題9-10 維齊公司最大獲益生產計畫				
2	X1	X2			
3	50	70	總利潤↓		
4	10	10	893.73		
5	1	1	120	≦	120
6	1	0	50	≦	70
7	0	1	70	≦	70
8	1	0	50	≧	1
9	0	1	70	≧	1

國家圖書館出版品預行編目資料

圖解作業研究/趙元和, 趙英宏, 趙敏希著. -- 二版. -- 臺北市 : 五南圖書出版股份有限公司, 2022.03

面； 公分

ISBN 978-626-317-548-8(平裝)

1.CST: 作業研究

494.19 111000218

1FRG

圖解作業研究

作　　者 — 趙元和、趙英宏、趙敏希

發 行 人 — 楊榮川

總 經 理 — 楊士清

總 編 輯 — 楊秀麗

主　　編 — 侯家嵐

責任編輯 — 吳瑀芳

文字校對 — 陳俐君

封面設計 — 姚孝慈

出 版 者：五南圖書出版股份有限公司

地　　址：106台北市大安區和平東路二段339號4樓

電　　話：(02)2705-5066　　傳　　真：(02)2706-6100

網　　址：https://www.wunan.com.tw

電子郵件：wunan@wunan.com.tw

劃撥帳號：01068953

戶　　名：五南圖書出版股份有限公司

法律顧問：林勝安律師事務所　林勝安律師

出版日期：2011年12月初版一刷

2016年 9 月初版二刷

2022年 3 月二版一刷

定　　價：新臺幣350元